## 中文出版资助者：

国家甜菜产业体系

（白晨、杨骥、王燕飞、张惠忠、孙佰臣、王维成、刘焕霞、
李承业、苏文斌、孙桂荣、牛素清等）

黑龙江农垦明达种业有限公司

北京金色谷雨种业科技有限公司

荷兰安地国际有限公司北京代表处

先正达(中国)投资有限公司隆化分公司

丹麦麦瑞博国际种业有限公司哈尔滨代表处

仅以此书献给依然在中国甜菜制糖战线苦苦探索的人们！

# 甜菜病虫草害

[德]Fritz Brendler　[德]Bernd Holtschulte　[德]Walter Rieckmann　著

张海泉　马亚怀　译

中国农业出版社

# 中文版前言

2008德文版《甜菜病虫草害》是目前欧洲甜菜种植区关于甜菜病害、虫害、草害及营养和环境胁迫等诸多方面唯一系统、全面、并配备丰富彩色图谱的科技专业类图书。主要面对的使用者为甜菜科技人员、甜菜教学人员、糖厂农务员、种子公司技术人员、农业技术人员等。

全书共介绍病害22种（其中，病毒性病害4种，细菌性病害3种，真菌性病害15种），害虫等80种（其中，蚜虫3种，椿象10种，蝉类4种，蓟马3种，跳甲3种，千足虫2种，甲虫19种，鳞翅目类12种，双翅目类5种，蟋蟀1种，蜗牛8种，线虫4种，哺乳动物7种，鸟类1种），非病理性病害9种（其中，营养缺失4种，环境胁迫5种），杂草50多种（其中，典型类33种，其他类19种）。全书272页，彩图610幅，图表10幅。

虽然，中国的甜菜制糖业已走过100多年的历史，但也只有欧洲甜菜制糖历史一半左右。甜菜在中国仍然属年轻的作物，很多方面依然迫切需要实实在在的技术和方法进行不断的完善和改进，特别需要引进更加实用、更加基础的技术等。正是本着这样的理念，我们选择了本书的翻译工作。

受时间、专业、语言等诸多方面因素的影响，翻译工作遇到了许许多多的艰难与困惑。当然，近年来甜菜制糖行业的急剧萎缩也时不时地严重动摇着坚持下去的勇气和信心，并严重影响了工作进度。几度寒暑，数载坚持，在目前甜菜制糖业已处寒冬的当下仍毅然决然地出版此书，不仅仅是兑现当初的承诺，也希望为"甜蜜事业"今后能有所转机和重振尽一份力。

我们的工作始终得到了方方面面的支持，在此特别要感谢的有：①德国KWS公司，该公司为本书的出版购买了中文版权；②国家甜菜体系的首席和专家，陈连江、白晨、杨骥、王燕飞、张惠忠、孙佰臣、王维成、刘焕霞、韩成贵、李承业、苏文斌、孙桂荣、牛素清等，他们不仅为本书的出版提供可贵的技术和精神的支持，而且提供了必要的经费支持；③黑龙江农垦明达种业有限公司、北京金色谷雨种业科技有限公司、荷兰安地国际有限公司北京代表处、先正达(中国)投资有限公司隆化分公司、丹麦麦瑞博国际种业有限公司哈尔滨代表处等，他们提前预订了本书。

张海泉　马亚怀

2015年10月

# 前　言

　　虽然甜菜经历了一系列结构性改革，但其作为工业原料生产食糖、生物乙醇、沼气以及许多其他工业原料，仍然是非常重要的栽培作物。防治杂草以及病虫害是高效种植甜菜的关键技术。甜菜因为自身与杂草的竞争能力有限，如果不能有效控制杂草就不能经济地种植。因此，在现今的经济以及生态环境条件下，详细了解各种杂草、重要病害、虫害以及其他胁迫因子就显得非常重要。只有对病虫草害的生长及发育条件有了深刻了解，甜菜种植者才能正确确诊，并采取有效地、有针对性地控制措施。

　　因此本书的目的是帮助甜菜种植者精确地诊断甜菜种植过程中的病害、虫害、草害等。

　　对真菌病害、虫害、细菌以及病毒病害，本书详细描述了其侵染和发病过程、发生区域及其重要性。众多的彩色照片、发育周期图例等生动地显示了病害的发生过程以及病原体的存活方式。

　　为正确识别田间杂草，本书详细描述了杂草的特征特性、生命周期和发生与分布。大多杂草除了开花期照片外，还有子叶期和2～4叶期的彩照。

　　本书在描述病虫草害时，未列举任何农药，因为农药经常有变化，但本书提及了栽培上的预防措施，以防止或减轻病虫草害的发生。

　　书中在描述各个病原体时均列出了重要的专业文献，这也为读者提供了更进一步阅读的材料。

　　本书主要读者对象为甜菜种植者、从事植物保护及甜菜种植咨询的人员、在校学生等，以及希望通过图示全面了解甜菜病虫草害的人们。

　　作者感谢所有为本书提供照片以及专业性建议的同事们。

*弗里茨·布莱德，柏恩德·霍尔特舒尔德，瓦尔特·雷克曼*

2008年元月

# 目　录

# 甜菜发育阶段（BBCH分类）

| 编码 | 描述 |
|---|---|
| **阶段 0** | **发芽及幼芽发育期** |
| 00 | 干燥的种子 |
| 01 | 膨胀，种子开始吸水 |
| 03 | 种子膨胀结束，种壳裂开，或者丸粒裂开 |
| 05 | 胚芽根从种球或丸粒中长出 |
| 07 | 胚芽叶从种球或丸粒中长出 |
| 09 | 出苗，胚芽顶破土壤表层出土 |

| 编码 | 描述 |
|---|---|
| **阶段 1** | **叶片发育期（幼苗发育期）** |
| 10 | 子叶期，子叶水平生长，叶片针头般大小 |
| 11 | 1对子叶明显可见，豌豆大小 |
| 12 | 2片真叶(第一对)发育 |
| 14 | 4片真叶(第二对)发育 |
| 15 | 5片叶发育 |
| 1.. | 继续至 |
| 19 | 9片或更多的叶片发育完成 |

16

33

49

| 编码 | 描述 | 编码 | 描述 |
|---|---|---|---|
| 阶段 3 | 叶簇发育期（封垄期） | 阶段 4 | 营养器官发育期（甜菜块根） |
| 31 | 封垄期开始，10%的植株与相邻垄上的植株有接触 | 49 | 块根达到可收获大小 |
| 33 | 30%的植株开始接触相邻垄上的植株 | | |
| 39 | 封垄完成，90%的植株与相邻垄的植株有接触 | | |

# 病害部分

# 真菌性病害

## 甜菜镰刀菌萎蔫及根腐 (*Fusarium* spp.)

### （1）病原菌，寄主植物

多种镰刀菌在甜菜上可以引起不同的病害。一般认为引起较大甜菜植株萎蔫的原因是 *Fusarium oxysporum*，很可能是 f. sp. *betae*。感病机理复杂，目前还不完全清楚其过程。在病变部位也可以分离出其他病原菌，如猝倒菌 *Pythium* spp.，丝核菌 *Rhizoctonia solani* 等。

镰刀菌同样可以从腐烂的根部被分离出来。在粮食作物上已知的镰刀菌 *Fusarium culmorum* 在甜菜块根上一般只能引起次级感染。在甜菜上发现的其他镰刀菌属（*F. graminearurn*, *F. acuminatum*, *F. solani*, *F. vcrticillioides* 和 *F. avenaceum*）是否能导致病害至今还不太清楚。

### （2）病害症状以及与其他相似病害的区别

植株正常出苗到 6～12 片真叶时，一般 5 月底至 6 月初突然萎蔫并猝倒。感病植株在根茎部位紧束，叶基与根体的连接部位非常细，因此只能承受一定大小的叶基。除紧束部位以外，地上及地下根体均发育正常。紧束部位带有疮痂，比周围组织色深。感病植株的田间分布不均匀，特大的和特小的植株均易感病。如果小植株感病，易与苗期立枯病混淆，大植株感病后会在紧束部位会形成典型的病害特征——根钮。

因镰刀菌 *F. oxys-porum* f. sp. *betue* 引起的根腐发病较晚，典型症状是大叶脉间颜色泛黄，早期病害症状易与缺素症状相混淆。随病情发展，叶片

叶基部太重引起倾倒

根部缩窄

甜菜幼苗根部缢缩

2

死亡。切开根体，通常导管束呈黄色，属典型症状，但一般难观察到。*Fusarium culmorum* 在单个植株上能引起次生根腐，这主要是因为前期植株被机械损伤、线虫 *Ditylenchus dissaci* 侵染、其他根腐病（如蛇眼菌引起的根头腐烂）危害或缺硼影响等。

### （3）生物学及发病条件

*Fusarium oxysporum* 在土壤中以厚垣孢子、分生孢子和寄生在植物残体上的菌丝体等形式存在，寄主植围广泛。发病通常需要高温条件。例如镰刀菌猝倒萎蔫据推测可能是在一定的气候条件下通过根皮上的裂隙进行侵染。播种及出苗后气温低，但随后气温快速上升，甜菜苗快速生长。因

横向生长，幼苗下胚轴外围崩裂使其受病菌侵染成为可能。至于中后期出现的镰刀菌根腐，叶部症状则是因为镰刀菌分泌的毒素引起的。此外，植株体内的菌丝阻碍导管束内的水分运送，而植株出于自卫关闭导管，从而引起叶片萎蔫，导管束变色。

### （4）病害的重要性及分布

镰刀菌猝倒萎蔫，进而引起植株死亡的情况比较少见，而同样的病菌引起甜菜根腐的重要性还不太清楚。镰刀菌根腐在德国基本不发生。在美国，镰刀菌根腐也叫镰刀菌黄化，能引起较大损失。在荷兰，镰刀菌可能是疑难病"Gele 坏死"病原菌之一。在法国 Pithiviers 地区，有迹象表明，

镰刀菌萎蔫

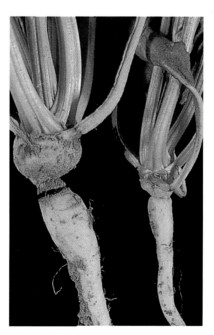

向下收缩的根钮

镰刀菌侵染后的叶部症状

镰刀菌根腐与丛根病同时出现。其他镰刀菌种类，属于土壤中的腐生生物，常常感染禾谷类作物，如玉米等，但对甜菜的重要性不明。目前的科研项目专门研究镰刀菌如何在甜菜中产生真菌毒素。

## （5）预防措施

以上提到的镰刀菌种类可在土壤中长期存活，因此通过轮作不能减轻病害压力。受侵染的甜菜要早收获，并尽快加工。抗丛根病及线虫病的品种能减轻镰刀菌的次级侵染。抗镰刀菌的抗性育种目前主要集中在美国。

**Literatur**

Draycott,A.P. (Hrsg.), 2006: Sugar Beet. Blackwell Publishing

Hanson, L. E, Hill, A.s., Panella, L.W., 2003: Variable virulence and genetic diversity in Fusarium oxysporum from sugar beet. First joint IIRB-ASSBT Congress San Antonio,TX, S. 887

Hillmann, U, Schlösser, E., 1987: *Fusarium oxysporum* f. sp. *betae* als Erreger von Umfallkrankheit und Hypocotylfäule an Zuckerrüben. Gesunde Pflanzen, 39, S.78-83

König, K., 1983: Umfallkrankheit der Rüben. Die Landtechnische Zeitschrift 34, S. 323 McFarlane, IS., 1981: Fusarium stalk blight resistance in sugarbeet. Society of Sugar Beet Technologists, part l, 8, S. 241-246

  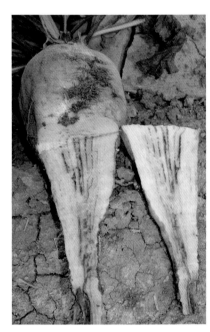

感染 *F. oxysporum* 后叶色变淡并坏死　　感染 *F. oxysporum* 后叶片一半黄化　　根体内导管束呈褐色（*F. oxysporum*）

# 腐霉及苗腐立枯病 （*Pythiurn ultimum, Aphanomyces cochlioodes, Phoma betae*）

### （1）病原及寄主植物

苗期立枯病主要是由土壤病原菌以及种子所带病原菌引起。土壤病原菌包括腐霉菌类 *Pythium*，特别是 *P. ultimum* Trow 最为重要。它现在同时也叫 *P. debaryanum* Hesse，与 *P. irregulare* Buismann 有亲缘关系。腐霉菌 *P. ultimum* 有很广的寄主植物，包括栽培植物和杂草，而其他土壤病原菌，如苗腐菌 *Aphynomyces cochlioodes* 只寄生在甜菜及相近的种属植物上，如 *Chenopodium album*，*Spinacia oleracea*，*Amaranthus* spp. 以前认为由苗腐菌 *A. laevis* 引起的病害现在认为其实是苗腐菌 *Aphynomyces cochlioodes*。到目前为止没有证据证明有新的病原菌产生。

从病根部分离出的其他真菌如镰刀菌 *Fusarium oxysporum*、*Fusarium conglutinans*、丝核菌 *Rhizoctonia solani* 等土壤病原菌，对苗期立枯病来说并不重要。

*Pleospora björlingii Byford* 是一种种传病害。它的分生孢子的形式就是蛇眼菌——*Phoma betea Frank* （*Pleosporales*），是能侵染甜菜幼苗、叶片和种子，并引起根腐的病原菌，同时在牛皮菜、红甜菜和菠菜上也能引起苗期病害。

### （2）病害症状以及与其他相似病害的区别

甜菜出苗期在行中间出现缺苗或者大面积成片缺苗。发芽时，根或者子叶变成棕褐色甚至黑色，使得幼苗未能破土即死亡。

刚破土的幼苗枯萎、猝倒。这些幼苗的根体可发现棕褐色至黑色的缢缩部位。变色的根组织继续缢缩至线状，导管断裂，植株死亡。

有时在出第二对真叶展开时子叶的叶柄才变黑，这样的植株也可能死亡。将幼苗从土中挖出，可见根的上部变黑。

因为霜冻或其他非生物性因素也能产生近似

出苗后萎蔫并倾倒

根茎变色并缢缩

症状，因而在田间直接诊断较为困难。

### （3）生物学及发病条件

在中欧的甜菜种植环境中，苗腐菌 *A. cochlioides* 在湿热土壤条件下，腐霉菌 *P. ultimum* 在冷湿土壤条件下，而蛇眼菌 *Phoma betae* 在干冷的土壤条件下易引发甜菜立枯病。

苗腐菌和腐霉菌在土壤中的分布不同，它取决于种植甜菜的频度以及前茬作物种类。

苗腐菌通过带鞭毛的游动孢子感染甜菜幼苗。因此它需要土壤湿度高。腐霉菌则是通过萌发管侵染甜菜幼苗的，因此在较为干燥的土壤条件下也能发生。这两种病菌以卵孢子的形式存在于分解的植物残体或土壤中。它们的卵孢子的发育过程不同：苗腐菌通过长型游动孢子囊释放非常多的原生游动孢子，这些孢子离开母体后各自成囊。然后它们又形成带鞭毛的次生游动孢子从而感染植株。

腐霉菌则生成可萌发的卵孢子囊，这些卵孢子囊再形成萌发管。一般情况下，腐霉菌 *P. ultimum* 在土壤中密度较低，不会使甜菜致病。只有在甜菜种植频繁而气候条件适宜时才产生危害。

蛇眼菌以附着在甜菜种子上的厚壁菌丝越冬，它侵染甜菜幼苗较早，但一般情况下幼苗依然能破土出苗，然后根茎变成褐色。在种子成熟过程中，蛇眼菌通过性孢子从外部或者通过土壤内吸性的吸收而侵染种子。

### （4）病害的重要性及分布

立枯病造成的危害因地点及年份不同而不同，因为它的发病因播种时土壤条件，播种时间以及播种后的气候条件以及它们的相互作用有关。虽然苗腐菌和腐霉菌广泛存在于各种可种植甜菜的土

子叶叶柄变黑

因苗腐菌 *Aphanomyces* 引起的幼苗死亡

壤中，但腐霉菌因为普遍的适时早播而显得更为重要。在气候温暖的地区或者晚期播种而土壤湿度又高，苗腐菌可能大面积发病。蛇眼菌属种传病害，通过在干旱地区，如意大利和法国进行种子生产，加之种子在加工过程中要通过磨光、拌杀菌剂等措施，它在甜菜立枯病上变得不太重要了。

以上同样的病菌除了侵染甜菜幼苗产生立枯病外，在条件适宜的情况下特别是土壤湿度足够的条件下，它们也能感染较大的甜菜植株，使侧根及侧根根尖腐烂，块根生长变缓或受阻。这种侧根腐烂现象可能很普遍，但从地表上看不出任何迹象，因此它对产量的影响也还不清楚。

## （5）预防措施

有计划的轮作倒茬能避免苗期病害。通过栽培措施尽量促进甜菜早发，加快苗期生长。土壤

肥力高，特别是土壤有效磷含量高有助于幼苗发育生长，在一定程度上能保护幼苗不受侵染。从播种期来看，没有最好的播期，但播种越早，风险越大。当然太晚播种同样有风险。

播种太深、土表结块以及土壤pH过低都能诱发甜菜立枯病。土壤滞水必须进行排涝。通过施用石灰调节土壤酸碱度，改善土壤表层的团聚体结构也能减少立枯病发病风险。

种子处理对防止蛇眼菌立枯病有一定的作用，同时也能有效控制苗腐菌和腐霉菌立枯病发生。

### Literatur

Booth, C., 1967: *Pleospora björlingii*. C.M.I. Descriptions of Pathogenic Fungi and bacteria, Nr. 149, S. 2

Brix, H. D., 1992: Zur Wirkung von Hymexazol (Tachigaren) gegen bodenbürtige Wurzelbranderreger. Zuckerrübe 41, S. 334-336

Draycott, A.P. (Hrsg.), 2006: Sugar Beet. Blackwell Publishing

Hall, G., 1989: *Aphanomyces cochlioides*. C.M.I. Descriptions of Pathogenic Fungi and Bacteria, Nr. 972, S. 2

König, K., 1980: Wurzelbrand der Rüben. Die Landtechnische Zeitschrift, 31, S. 80

Schäufele, W. R., 1991: Fruchtfolge ein wichtiger Faktor des integrierten Pflanzenschutzes in Zuckerrüben. Zuckerrübe 40, S. 76-78

Smith, I. M., et al., 1988: European Handbook of Plant Diseases. Blackwell Scientific Publications Oxford

Winner, C, 1988: Schutz der Rübensaat vor Wurzelbrand. Zuckerrübe 37, S. 294-297

后期立枯病：子叶（上），下胚轴（下）

缢缩后的下胚轴　　　　　　　　侧根腐烂

# 白粉病（*Erysiphe betae*）

### （1）病原菌及寄主植物

甜菜白粉病的病原菌是真菌 *Erysiphe betae*，它属于 Erysiphaceae 科。以前它被鉴定为 *Erysiphe communis* 或者 *Eryslphe polygoni*。它的寄主植物有限，仅限于甜菜（beta）属，这有别于其他病原菌的特点之一。

### （2）病害症状以及与其他相似病害的区别

开始时在中老龄叶片的上表面形成较单一的圆形灰白色斑点，然后逐渐发展为成片灰白色、带毛的面粉式的菌丝体覆层。这些菌丝体可以在不损伤叶片表皮情况下而被擦掉。随着病情发展叶片背面也可能受侵染。病情特别严重时，心叶上也好像撒上了面粉。发病初期只是单一植株，而随后将连成片。发病初，在白色菌丝体覆层下叶片还呈绿色，但随病情发展叶片将变黄至棕褐色最后干枯。白色菌丝体覆层最初形成小的黄色的球状物，随后变成黑色点状物（闭囊壳）。

叶片正反面好像被撒上了面粉是白粉病的典型症状，不会与其他病害相混淆。

### （3）生物学及发病条件

甜菜白粉病多发生在高温和干旱的条件下。菌丝体通过基部的吸器（特殊的吸器）附着于甜菜叶片的表皮细胞。

这些表面菌丝体通过简单分生孢子载体分离出圆柱形或椭圆形的分生孢子。如果气温在15℃以上，空气相对湿度在30%～40%，分生孢子将被排出，引起进一步侵染。孢子可以在5～35℃萌发，而最佳温度为25～30℃。空气湿度越高，越利于白粉病孢子萌发（100%空气湿度萌发率最

叶片上的灰白色病斑

如撒上米面的叶片

高），但30%～40%相对空气湿度也能有70%的分生孢子萌发。光照有利于萌发，因此在正午时萌发率达最高。白粉病孢子是依靠风力传播的。

菌丝体中生成的果体（闭囊壳）有8个子囊，每个子囊含有3～5个子囊孢子，可以帮助度过不利的环境条件。至于这些孢子在其整个生命周期的作用还不是很清楚。一般认为，子囊孢子不是重要的原生病原菌。在粮食作物上，白粉病闭囊壳的形成对生成新的生理小种非常重要。

昼夜温差变化大、有露水形成的气候条件有利于甜菜白粉病发生。温暖少雨的气候有助于孢子的风力传播。

## （4）病害的重要性及分布

与褐斑病一样，在湿热条件下，白粉病可以在温暖及少雨的气候条件下影响甜菜产质量。白粉病一般在7月初到9月初发病，而造成损失的严重程度与发病时间与发病的过程有关。发病越早，损失越大。氮肥水平高，发病严重。

白粉病减少了叶片光合作用面积，甜菜呼吸作用增强，因而根产量降低，含糖量降低，非糖分物质增加。如果发病条件适宜，白粉病可能造成根产量减产

16%，含糖下降20%。

白粉病一般8月中旬后对甜菜产质量的影响有限。如果7月发病，需要防治，而8月下旬后发病，虽然看上去很危险，但对甜菜产质量不会造成大的影响。这时感病的叶片也不会过早死亡。甜菜白粉病在全球甜菜种植区都能发生。在欧洲，白粉病在大陆性气候和半干旱气候区尤为重要。

## （5）预防措施

首先栽培上要注重轮作倒茬。目前甜菜育种将抗白粉病也作为抗性育种的一个目标，但目前种植的品种对白粉病抗性不

一。如果将甜菜叶片残留在地里，需要将叶片深翻到土壤中，以减轻来年病害压力。也可以通过田间试验确定化学防治的临界值，帮助有效使用化学杀菌剂。

**Literatur**

Engels,T., 2002: Weisse Invasion im Rübenfeld—Ist der Echte Mehltau bekämpfungswürdig? Zuckerrübe, 51, 194-196

Kapoor, J. N., 1967: *Erysiphe betae*. C.M.I. Description of Pathogenic Fungi and Bacteria, Nr. 151, S. 2

Weltzien, H. C., 1963: *Erysiphe betae* (Vanha) Comb.nov., the powdery mildew of Beets Phytopath. Zeitschrift. S. 123-128

Wolf, P.F.J., Vereet. J.A., 2002: An integrated pest management system in Germany for the control of fungal leaf diseases in sugar beet. Plant Disease, 86. S. 336-344

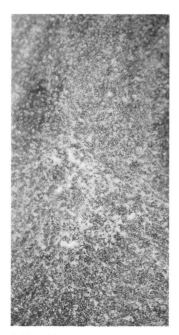
侵染开始

严重白粉病引起叶片发黄

# 霜霉病 (*Peronospora farinosa* f. sp. *betae*)

### （1）病原菌及寄主植物

霜霉病的病原菌是真菌*Peronospora farinosa*，*Peronospora*属。它能侵染糖用甜菜、饲料甜菜、牛皮菜和红甜菜。

### （2）病害症状以及与其他相似病害的区别

最初发病从幼苗期的甜菜植株的心叶开始。叶片向下卷曲，变为浅绿色，厚囊状，易碎。感病后卷曲的叶片向外生长而不向上，整个植株变得宽矮。个别感病后的植株的新叶可能变黑死亡。

孢子丛一般在叶片的背部。如果感病严重或者气候湿润，在叶片的正面也能看到暗灰色到灰紫色的毛绒式病菌覆盖层。如果早期感病后植株不死亡，通过不断产生新叶，病害可愈。

霜霉病与甜菜缺硼而引起的心叶死亡的干腐病易于混淆，但缺硼叶片不会有毛绒般的病菌覆盖层。

### （3）生物学及发病条件

霜霉病原菌喜欢冷湿的气候条件。病菌的冬孢子存在于土壤或植物残体中（如甜菜种株或种子）。在春天气候合适的条件下萌发重新侵染甜菜。较有利的发病条件是空气湿度高，可高至90%（最适宜是85%），温度低，一般1～22℃，（最适宜为7～15℃），6～10h时间因雨水或露水而形成水滴。干热气候阻止该病害发生。

霜霉菌在叶片内部生长，通过吸器在寄主植株细胞吸取营养，并通过气孔产生多次分叉的带有椭圆形的分生孢子的孢子载体，这些分生孢子呈灰色覆盖层，肉眼可见。除了这种在植株生育期内的无性繁殖外，霜霉菌还可形成卵孢子越冬。另外，感病后的甜菜根头因为没有深埋，越冬后

浅绿色厚囊状叶片

叶片背部的菌斑（左）和典型的叶片正面的变色（右）

的菌丝也能感染新甜菜。

霜霉菌在春天气候条件适宜时感染甜菜幼苗和种株，而秋天易感染种株。老叶明显比新叶有抵抗力。甜菜茬口太密，工业甜菜与制种甜菜空间上不分离以及长期的冷湿气候都有利于甜菜霜霉病的发生。

### （4）病害的重要性及分布

不论病害能否治愈，感病后的原料甜菜产量要受到影响。 如果感病严重，损失也可能会很严重。对于甜菜制种来说，霜霉病更危险。因为主分枝的伸长严重受阻，种子的产量和质量均受到影响。

霜霉病在欧洲以及欧洲以外的甜菜种植区有发生。 在德国，这种病害目前对甜菜生产的影响十分有限。因为将甜菜制种与甜菜原料生产空间上分离，大大降低了霜霉病的发病可能。

### （5）预防措施

通过茬口管理可以有效减少病原菌的传播。如果发现植株感病，要将感病植株仔细销毁。 该病害通过种子传播可能性很小，因为甜菜种子是在不利于霜霉病发生的气候条件下生产的，而且通过随后的种子处理，病菌也会被杀死。

**Literatur**

Francis. S. M., Byford.W.J., 1983: CMI Descriptions of Pathogenic Fungi and Bacteria. Nr.765, S. 2

Haluschan, M. 1992: Falscher Mehltau weiter im Vormarsch. AGROZUCKER, （2），29-31

Heinze, K., 1983: Leitfaden der Schädlings bekämpfung, BandIII: Schadlingc und Krankheiten im Ackerbau. Wissenschaftliche Verlagsgesellschaft mbH, Stuttgart

Smith. l. M.. et al. 1988: European Handbook of Plant Diseases Blackwell Scientific Publications. Oxford

叶片正面病变（右）

心叶部位叶片腐烂

# 褐斑病（*Cercospora beticola*）

## （1）病原菌及寄主植物

褐斑病是全世界最重要的甜菜叶部病害，其病原菌是 *Cercospora beticola*，它属于 Demetiaceae 科。我们可以根据它对甜菜不同品种的不同反应，对它的侵染性进行生理小种分类。

*C. beticola* 除侵染糖用和饲料甜菜外，还侵染红甜菜、牛皮菜和菠菜。其他 *Beta* 种属（*Beta maritima*、*B. procumbens*、*B. trigyna*）也是寄主植物。此外，在很多不同种属的杂草也能发现褐斑病菌，如 *Amaranthus retroflexus*、*Chenopodium* spec.、*Atriplex* spec.、*Plantago* spec.、*Malva rotundifolia* 以及 *Lactuca sativa.*。准确定义寄主植物有困难，因为 *C. beticola* 可能与其他褐斑病菌，如 *Cercospora apii* Fress 在不同寄主上引发相同的病害。

## （2）病害症状以及与其他相似病害的区别

从6月底开始，一般更晚，在田间零星可见，有时也成片发生，老叶片出现2～3mm大小的圆环形的褐色斑点。随后早期的深色组织枯死，斑点中间呈灰棕色至银灰色。叶片上的众多斑点带红色或棕色的圆环，但有时圆环不明显。斑点明显区别于健康的组织。在病斑上，有时有白黄色的覆盖，而在其上的黑色小点上可发现褐斑病菌的分生孢子及分生孢子载体。

枯死后的组织有裂隙、易碎，但一般不会自动脱落。随病情的发展，病斑连成一片，叶片死亡、干枯、掉落地上。但干枯的叶柄还能在甜菜上残留一定时间。散落地表的枯叶上，病斑一般还清晰可见。

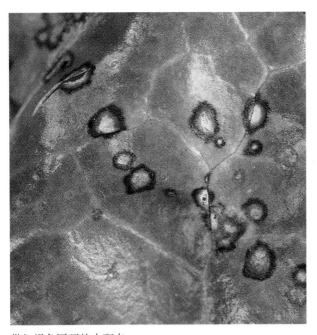

带红褐色圆环的小斑点

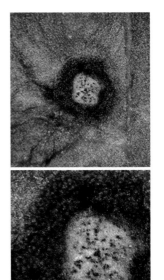
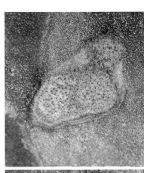
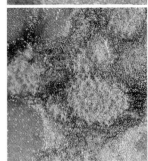

叶斑（上左）
近距离照片（下左）

孢子丛（上右）
孢子（下右）

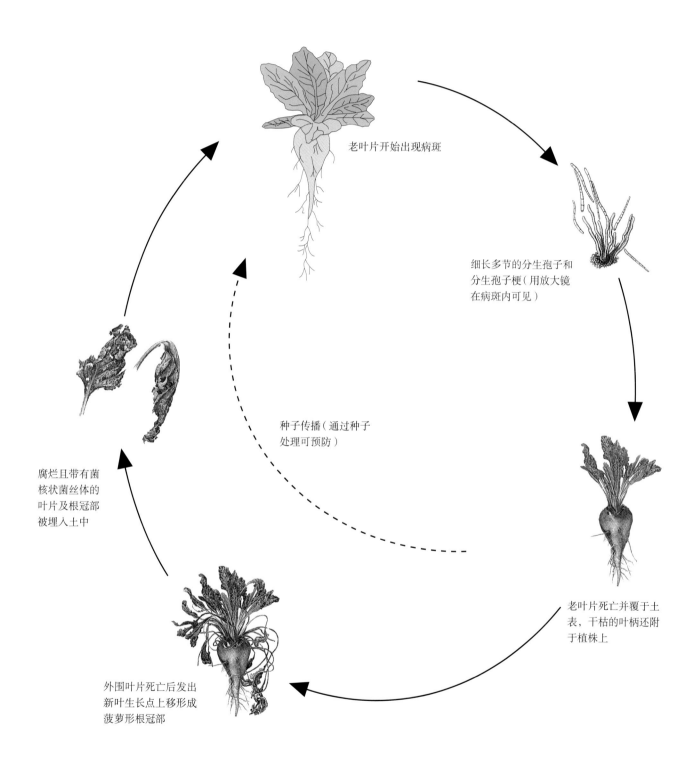

老叶片开始出现病斑

细长多节的分生孢子和
分生孢子梗（用放大镜
在病斑内可见）

种子传播（通过种子
处理可预防）

腐烂且带有菌
核状菌丝体的
叶片及根冠部
被埋入土中

老叶片死亡并覆于土
表，干枯的叶柄还附
于植株上

外围叶片死亡后发出
新叶生长点上移形成
菠萝形根冠部

**褐斑病的侵染循环**

褐斑从外部叶片开始向内发展，心叶一般不发病。因叶片损失刺激植株萌发新叶，从而使生长点上移。如果发病早或者严重，可以形成菠萝式根冠部（俗称：大青顶）。

褐斑病可与叶斑病混淆。一般叶斑病的斑点较大些，没有红棕色的环。在叶斑病斑内部，没有黑色的小点。

### （3）生物学及发病条件

在带有明显圆环斑点的枯死组织上，形成深色的菌丝节或稠密菌丝体（假子座）。由此产生未分枝的棕色分生孢子梗，通过叶片气孔向外突出。通过放大镜可观察到浅色叶片上由此而产生的黑点，这些黑点附带众多，具隔膜、细长、伸展或轻度弯曲的分生孢子。分生孢子形成后纠集在一起覆盖在黑斑上。

褐斑病菌在残留叶片上以深色基质形式休眠（菌核状菌丝体）。在春天生成分生孢子，引起初级感染。休眠菌丝体理论上也可以附着在甜菜种子上进行传播。但如今甜菜种子都要进行加工处理，种子传播褐斑病基本没有了可能。残留叶片上菌核状菌丝体的侵染性在土壤中能保持两年。

*C. beticola* 喜欢湿热的气候条件。分生孢子在100%的相对空气湿度下的最适宜萌发温度是25～30℃，但只要空气相对湿度90%以上，在6～35℃均可萌发。侵染的温度与分生孢子的萌发温度相近。如果没有降雨，露水也能为侵染提供必要的湿度。在此情况下，萌发管只需几个小时的时间就能通过气孔侵染到叶片内部。条件不利时，菌丝也可以在植物细胞间生长、传播。在田间的潜伏期因温度、湿度而变化，一般为8～14d。斑点坏死刚显现时，斑点两面就能生成孢子。在

感病愈来愈严重

病斑连成一片，叶片死亡

温度高于27℃，而相对湿度98%～100%时，孢子生成将达到峰值。

孢子的传播主要依靠风力和雨滴，此外，文献记载灌溉水和昆虫也可能成为传播介质。风越大、气温越高而同时空气湿度下降，孢子密度就越大。病菌传播最强于降雨后或形成露水后的高温干燥条件下。如果冬季较温暖，接着春季相对湿热，随后温度又高，褐斑病就有可能形成大面积传播。特别是轮作倒茬不够、收获后甜菜叶片留存田里、因为经济或土壤保护因素等，又没有将叶片深翻压埋。在这种情况下，感病品种很难保证甜菜种植的经济效益。

### （4）病害的重要性及分布

病原菌使甜菜叶片组织不断受到破坏。植株的反应是利用现存的养分重新生成新叶片。结果使

根产量降低，含糖量下降，从而产糖量减少。调查显示感病甜菜块根的储存性会降低。损失的大小与感病时间有关。时间上从7月初到9月初均可发病，但具体发病与种植地点的平均气温，降雨分布以及品种的抗病性有关。多年喷施化学杀菌剂的防病试验显示，与不防治相比因感染程度不同可以提高产糖量4%～20%，个别可以提高40%。

*C. beticola* 在全世界所有甜菜种植区均有发生。特别是在温暖的地区与年份。在欧洲主要在希腊、西班牙、意大利、奥地利、捷克，以及巴尔干地区。在德国近几年在各个种植区均有发生。发病最严重的是德国南部沿多瑙河沿岸地区。

### （5）预防措施

栽培上要严格轮作倒茬制度。目前市场上有耐褐斑病的品种，但此类品种在丰产性、含糖等

枯死的叶片上病斑仍然清晰可见

感病与抗病品种的区别

方面还需要通过育种继续改进。

在某个特定的区域，通过多年的试验，了解发病规律，建立病害模型，对有效的化学防治提出切实可行的建议有重要意义。在德国，通过多年的研究实验，我们总结的化学防治的临界值模型得到广泛应用。通过所谓的"叶片诊断法"农民或农务员可以根据100片中等叶龄的叶片的临界值来判断是否需要进行化学防治（7月底前5%的叶片感病，8月中旬前15%叶片，8月中旬后45%叶片）。超过了临界值就需要进行化学防治了。在此基础上可以结合气象资料以及种植区域的条件（轮作、上年的病害发生等）对病害的发生与发展进行预测并提出最优的喷施杀菌剂的时间。

因为政府要求减少化学农药的使用，所以在考虑品种的抗性同时，整体地考虑甜菜种植，从而更加优化甜菜叶部病害的化学防治。

## Literatur

Anonym,2006: Versuchsbericht 2005. Arbeitsgemeinschaft zur Förderung des Zuckerrübenanbaues Regensburg

Asher et al., 2000: Cercospora beticola Sacc. -biology, agronomic influence and control measures in sugar beet. Advances in sugar beet research, vol. 2, IIRB, Brussels, Belgium, 215 S.

Hoffmann, G. M., Schmutterer, H.,1999: Parasitäre Krankheiten und Schädlinge an landwirtschaftlichen Kulturpflanzen, 2. erw. und erg. Auflage. Verlag Ulmer, Stuttgart

Kaiser, U., Rößner, H., Varrelmann, M., Märländer, B., 2006: Reaktion unterschiedlich anfälliger Zuckerrübensorten auf den Befall mit Cercospora beticola. Zuckerindustrie 131, S. 69-79

Kirk, P. M., 1982: *Cercospora beticola*. CMI Descriptions of Pathogenic Fungi and Bacteria, Nr. 721, S. 2

Racca, P., Jörg, E., 2003: Prognose von Cercospora beticola mit den CERCBET-Modellen. Gesunde Pflanzen, 55, S. 62-69

Solel, Z., Wahl, J., 1971: Pathogenic specialization of Cercospora beticola. Phytopathology, 61, s. 1081-1083

Wolf, P.F.J., Verreet, J.A., 2002: The IPM sugar beet model. Plant Disease, 86, S. 336-344

新叶没有病斑

菠萝状根冠部（俗称：大青顶）

# 叶斑病（*Ramularia beticola*）

## （1）病原及寄主植物

引起甜菜叶斑病的病原菌是*Ramularia Beticola Fautr. et Lamb.* 属*Moniliaceae*科。*Ramularia*属包含众多叶部病害的病原菌，寄主植物因为缺乏分类还不能完全界定。

*Ramularia beticola*除侵染糖用及饲料甜菜外，很可能还侵染黎科*Chenopodiaceae*的其他种类。

## （2）病害症状以及与其他相似病害的区别

*Ramularia*引起的叶斑不规则，多角形或4～8mm直径的圆形斑（可达12mm），与健康组织间有一道不明显的较窄的棕色边缘。斑内的组织颜色可从灰色到浅棕色。

通常较大的病斑带多个环，这是因为病斑连接在一起所致。部分死亡的叶片组织破裂或者完全脱落。最后叶片完全死亡并干枯、落地，叶柄会附在根冠部保留较长时间。植株从老叶片开始发病，逐渐向新叶片扩展。心叶一般不发病。叶片损失会刺激植株不断产生新叶。如果病害重且延续时间长，生长点会向上突出形成菠萝状根冠部。

绿色叶簇周围全是感染叶斑、部分棕色的叶片。环绕块根地上部有很多枯死叶片的症状易与褐斑病症状相混淆。但这两种斑病的病斑在大小、边沿以及颜色上有区别。两种病害可在同一叶片上同时发生。

## （3）生物学及发病条件

孢子体束首先从叶片背面坏死的病斑上以白色的小点出现。随后在叶片病斑的正面也能发现。

田间叶部症状

叶斑不规则，通常带集中的圆环，多数没有明显深色边缘

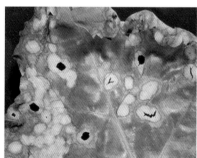

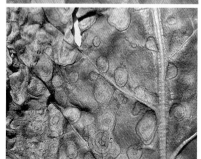

典型的叶斑病斑（上）比褐斑病斑（下）明显大

小点上呈现短链状、单胞或双胞、伸长式、常常不规则、两端钝的分生孢子。最优的萌发与发育条件是16～20℃和较高的空气湿度（超过70%相对湿度）。但一般气温在5～25℃都能萌发。众多的分生孢子梗与孢子链呈白色的包层覆盖在病斑上。在田间，如果条件适宜，90%的孢子能在2～3d内萌发并通过叶片气孔感染叶部组织。在气温17℃时潜伏期为16～18d。病原菌在叶片组织中传播，破坏薄壁海绵组织。以枯死叶组织中的假菌核的形式在土壤中休眠。而最早的初级感染很可能就此开始。它可以在土壤中存活两年以上并保持侵染性。

轮作倒茬不够，收获后叶片留存田间，免耕种植，多雨的气候条件，夏秋适宜的温度都有助于病害发生。

## （4）病害的重要性及分布

与褐斑病一样，*Ramularia beticola* 造成甜菜叶片损失，并使植株不断萌发新叶，消耗了块根里储存的养分，从而使甜菜产量降低。这个过程同时也降低了块根的含糖，产糖量也因而降低，但损失的大小与发病时间（一般7月中旬到9月均能发生），病害过程以及收获期有关。

叶斑病在西欧以及西北欧温带气候带时有发生，特别是在海洋性气候或冷湿地区或年份，如在丹麦、英国、前捷克斯洛伐克、奥地利以及德国能造成很大危害。试验表明，在种植不感病的品种时，延迟起收产糖量降低8%，而感病品种减产25%。

病斑连在一起

病斑不规则

感病叶片枯死

*Ramularia*对甜菜造成的危害程度不易确定，因为一般情况下，叶斑病与褐斑病同时发生，只是严重程度有区别。它们的适宜温度也部分重叠。在过去气温较高的几年，大约从2001年开始，德国叶斑病发病率逐渐减低，褐斑病开始占主导地位。

### （5）预防措施

首先要重视轮作倒茬。品种间对叶斑病的抗性有差异，但在实际种植上没有多少意义。因为单个叶斑病，一般不可能会造成大的经济损失。如果病害压力大，可以采取化学防治的方法。残留田间的甜菜叶片最好深翻，以便减少下年的感染。

**Literatur**

Adams, H., 1998: Gibt es Resistenz und/oder Toleranz gegen die Ramularia-Blattfleckenkrankheit bei Zuckerrüben? Zuckerindustrie. 123. S. 702-705

Ahrens W., 1987: Feldversuche zum Auftreten der Ramariablattfleckenkrankheit an Zuckerrüben. Gesunde Pflanzen, 39 (3), S.113-119

Steck. U., 1993: Roben: Blattkrankheiten nicht unterschátzcn. top agrar (6) S.56-58

Wiesener. K., l967: Die *Ramularia*-Blatt- fleckenkrankheit, eine in der Deutschen Demokratischen Republik bisher nicht nachge-wiesene Erkrankung der Beta-Rüben. Nachrichtenblatt des Pflanzenschutzdienstes der DDR 18，S.130-132

重新萌发新叶片

菠萝型根冠部

# 焦枯病（*Alternaria alternata*）

### （1）病原及寄主植物

使叶片变成棕黑色的病原菌是链格孢属的交链孢菌 *Alternaria alternata*（Fr.: Fr）（同名 *Alternaria tenius* Nees）属 Dematiaceae 科。此类病原菌属弱势病原，只能感染老龄叶片或胁迫状况（干旱、黄化病毒、缺素等）下的老化叶片。它的寄主较多，但有特定寄主。它的侵染性因种类不同而不同，而且，引起的病症也不尽相同。

### （2）病害症状以及与其他相似病害的区别

在夏末，老龄的外围叶片开始从叶尖或叶缘死亡，粗叶脉间组织变成棕色。病害从上至下发展，叶脉以及相邻组织起初可能还是绿色，已经呈棕色的叶脉间的组织逐渐变黑。随病情发展，叶脉死亡，最后整片叶子变黑而亡。叶脉间的病变组织呈波浪形或上翘，随后变得易碎并掉落。

在有水分的条件下，黑色的叶组织上形成由孢子和孢子体组成的闪光的绒状深色菌丝层，通常呈同心圆状排列。病害刚开始时，叶片边缘焦枯易与细菌性病斑相混淆。细菌性焦枯大多先从中部叶脉间发生，病变组织边缘的黑色也更突出。如果褐斑病和叶斑病严重，已经被损害的叶片可能产生焦枯病的次级感染。但最早的病状基本无法辨认。

### （3）生物学及发病条件

*Alternaria* 是腐生菌，感染老龄或衰弱的叶片。有利的感染条件是气温在 25 ～ 30℃，叶片上湿度大，或机械损伤（如甜菜蝇咬伤、强光照损伤、除草剂损伤等），植株本身感染其他病害（例如黄化病毒），缺素（例如缺镁、钾、硼）或遇到干旱后。

发病始于叶缘和叶脉之间

## （4）病害的重要性及分布

虽然病症看上去因为叶片枯死以及黑色焦枯很严重，但实际的损失一般不大。这也是因为焦枯病一般在生育后期和老龄的叶片上发生。焦枯病的病原菌在所有甜菜种植地区都能发现。

## （5）预防措施

*Alternaria* 焦枯病一般不需要防治，而且，普通叶病的防治措施对其防治也有效果。最重要的防病措施是排除不利因素使甜菜植株不衰弱，叶片不黄化。例如合理有效的施肥，对种子进行杀虫剂拌种处理（保护甜菜不受带毒蚜虫的侵扰），以及适时防治虫害等。

**Literatur**

Hoffmann, G. M. Schmutterer., 1999: Parasitäre Krankheiten und Schädlinge an landwirtschaftlichen Kulturpflanzen. 2. erw. und erg. Auflage Verlag Eugen Ulmer, Stuttgart

König, K., 1984: Alternaria an Rüben. Die Landtechnische Zeitschrift 35. S.972

病害发展到中部叶脉

剩下枯死的深色叶组织

# 甜菜锈病（*Uromyces betae*）

### （1）病原及寄主植物

这种通过大量的红色孢子粉使甜菜叶片变红的病原是真菌 *Uromyces betae* Kick x（别称 *U. beticola* Bell），属于担子菌纲类。它除了感染糖用及饲用甜菜外，还感染红甜菜、菠菜、牛皮菜，以及野生甜菜 *B. vulgaris* spp. *Maritima*。有证据显示甜菜锈病病菌可产生生理小种。

### （2）病害症状以及与其他相似病害的区别

夏季后期至秋天，甜菜中部及外围叶片的正面，有时也在反面，形成大量大约1mm大小的棕红色锈斑，锈斑下叶片失绿（黄色）。一般情况下个别植株感病严重，而田间其他植株没有感病症状。感病严重的老叶片萎蔫，干枯最后死亡。新叶片不枯萎但表面变得不规则、卷曲，并逐渐黄化。病害十分严重时，整株植株可能死亡，但此情况在欧洲中部一般不发生。锈病不会与其他病害混淆。

### （3）生物学及发病条件

甜菜锈病的整个过程都在甜菜上发生，与禾谷类锈病不一样，不更换寄主。在春天，甜菜残留物、杂草甜菜或窖藏甜菜上越冬后的冬孢子萌发，产生担孢子。担孢子感染植株，在叶片的背面产生锈菌精子器以及锈春孢子，由风传播。感染植株后，形成棕红色的锈斑（夏孢子），夏孢子主要通过风，也可以通过雨滴传播。在病害后续发展过程中，秋天夏孢子变成冬孢子，使病原菌越冬成为可能。冬孢子为椭圆形，单细胞，有较厚的细胞壁。在甜菜种株上，锈病的发生比

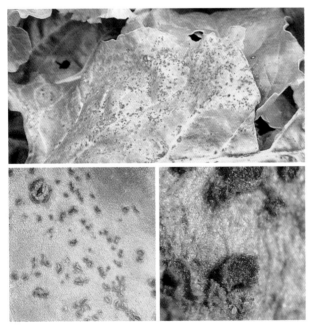

甜菜锈病（上）单个锈病病斑（下）

严重感病

在原料甜菜上早，且循环快。甜菜锈病对温度敏感。在较高湿度条件下夏孢子在10～22℃萌发，15～22℃有较强的侵染性。暖冬后，夏孢子也可直接侵染甜菜。在气温适宜且工业甜菜与制种甜菜不能完全隔离时会加重感染。氮肥过量也加重锈病发生。

### （4）病害的重要性及分布

锈病一般不会造成有经济意义的危害。它在所有甜菜种植区都有发生，但因为发病晚，危害轻。

### （5）预防措施

实行合理轮作，将工业甜菜与制种种甜菜在空间上隔离开来，甜菜锈病基本就可以得到控制了。当然，这就意味我们必须将杂草甜菜、甜菜残留物处理干净，使锈病冬孢子没有越冬的可能。冬孢子通过动物肠胃而不受损害。

不需进行直接的化学防治。化学防治褐斑病也能同时防治早期锈病。品种间抗性有差异，但对实际种植没有明显意义。

### Literatur

Blumenberg. E.. 1991: Bedeutung und Auftreten des Rübenrostes (*Uromyces betae*).
Zuckerrübe 40. S. 116-117
Draycott, A.P. (Hrsg.), 2006:Sugar Beet, Blackwell Publishing
Punithalingam. E., 1968: *Uromyces betae*. C.M.I. Descriptions of Pathogenic Fungi and Bacteria Nr. 177. S. 2
Smith, I. M., et al 1988: European Handbook of Plant Blackwell Scientific Publications, Oxford

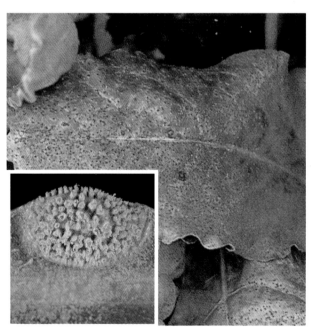

"孢子粉"改变了叶色；甜菜叶片上的锈孢子器（左下）

典型的锈病红色叶片

# 轮枝孢萎蔫（*Verticillium* spp.）

## （1）病原及寄主植物

这种少见的使甜菜导管堵塞而引起的病害的病原菌是 *Verticillium albo-atrum* Reinke et Berth 或 *Verticillium dahliae* Kleb.。它们属于丛梗孢科（Moniliaceae）。在其他栽培作物上如棉花、苜蓿、番茄、啤酒花、马铃薯、向日葵以及不同的观赏植物上，这种病原菌的危害远远比在甜菜上严重。

## （2）病害症状以及与其他相似病害的区别

大约从7月份开始，甜菜外围叶片可能萎蔫最后枯死。有时心叶也感病并变形，萎蔫、黄化、变窄小。病症（黄化萎蔫）一般出现在半边叶片上，并同时出现在叶片与叶柄上。感病的制种甜菜可能整部分枯死。甜菜横切面显示其导管变成棕色或黑色。这种导管变色也可能是镰刀菌 *Fusarium oxysporum* 引起。黄化以及萎蔫也可能有其他原因。

## （3）生物学及发病条件

*Verticillium albo-atrum* 和 *V. dahliae* 在土壤中以深色的后壁的休眠菌丝体形式（*V. albo-atrum*）或者以小的黑色的微菌核（*V. dahliae*）越冬。萌发后的菌丝体通过根进入植株，在导管束中繁殖并将其堵塞。叶片的萎蔫以及变形是因为病原菌生理活动分泌有毒物质所致。因为只是单一的导管束受到侵染，病症只在单个叶片的局部出现。气候的极端变化（降雨后干热）可以加快病情发展。

叶面与叶柄症状

### （4）病害的重要性及分布

到目前为止，轮枝孢萎蔫在甜菜上很少见。病状可能与叶片正常的衰老相混淆。通过对感病植株进行调查发现，病害对块根重量影响较小，对出糖影响大些。该病害的经济意义不大。在德国，该病害在其他作物上比在甜菜上重要。

### （5）预防措施

轮枝孢病菌在甜菜上的传播我们知之甚少。这两种轮枝孢病菌有多达200多种寄主植物，其中包含许多栽培作物和杂草。该病害的预防只能是做好轮作倒茬，同时有效地控制好杂草。

**Literatur**

Heinze, K., 1983: Leitfaden der Schädlingsbekämpfung. Band III: Schädlinge und Krankheiten im Ackerbau. Wissenschaftliche Verlagsgesellschaft mbH, Stuttgart

Karadimos, D.A., Karaoglanidis, G.S., Klonari, K., 2000: First report of Verticillium Wilt of sugar beet, caused by *Verticillitun dahliae* in Greece. Plant Disease. 84, S.593

Smith. I. M., et al., 1988: European Handbook of Plant Diseases Blackwell Scientific Publication, Oxford

叶片的半边呈现黄化

叶片半面黄化后呈现枯萎

# 蛇眼（叶斑）病 *(Phoma betae)*

### （1）病原及寄主植物

相对来说较少见，但在老叶片上引起大病斑的病原菌是 *Pleospora björlingii* Byford（*Pleosporales*），而它的分生孢子的形式蛇眼菌 *Phoma betae* Frank 更为大家所熟悉。它是甜菜类作物的特有病害，其他寄主植物有藜草（*Chenopodium album*）。

蛇眼菌 *Phoma betae* 在甜菜植株的不同部位引发不同的症状：在甜菜幼苗上引起立枯病，叶上引起叶斑病，在种株叶片上引起长形斑点，在块根上引起根腐。

### （2）病害症状以及与其他相似病害的区别

在老叶片上生成近似圆形的带棕色圆环的病斑，而大多在中间是浅灰色的。这种大的病斑，一般可达2mm直径，形似孔雀翎。病斑的中间部位也可以是均匀的浅灰色。随后破裂并部分脱落。有时病斑周围叶片组织呈深绿色，没有光泽，似油浸过。病组织渐变过渡到健康组织。蛇眼叶斑病与其他斑病的区别是它在枯死的病组织上有众多的黑色分生孢子器，在放大镜下可见。这一特征是蛇眼菌专有。

### （3）生物学及发病条件

蛇眼菌可通过土壤和种子传播，它可附着在甜菜残留物在土壤中存活2年以上。它对土壤的污染比对甜菜种子的污染危害更为严重。最典型的蛇眼病斑出现在晚夏或秋天的老叶片或不健壮的叶片上。

### （4）病害的重要性及分布

对工业甜菜基本不造成危害。

### （5）预防措施

收获后在田间对甜菜残留物做适当处理，对甜菜种子进行杀菌剂处理是行之有效的预防措施。

**Literatur**

Booth, C., 1967: *Pleospora björlingii*, C.M.I. Descriptions of Pathogenic Fungi and Bacteria Nr. 149, S. 2

Heinze, K., 1983: Leitfaden der Schädlingsbekämpfung, Band III: Schädlinge und Krankheiten im Ackerbau. Wissenschaftliche Verlagsgesellschaft mbH, Stuttgart

Koch, F., Panagiotaku. M., 1979: Untersuchungen zur Infektion und Pathogenese bei Befall der Zuckerrübe durch *Phoma betae* (*Pleospora betae* Björl.). Zuckerindustrie, 104, S. 611-618

Rintelen, J., 1981: Phoma-Krankheiten an Rüben. Die Landtechnische Zeitschrift 32, S. 1059

 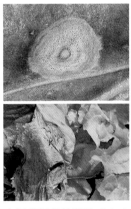 

大的不带晕圈的棕色病斑　　　　中间带深色的斑纹（左上）；黑色分生孢子器（左下）；典型的蛇眼病斑（右）

# 蛇眼根腐病 （*Phoma betae*）

### （1）病原及寄主植物

引起这种相对来说较少见块根腐烂的病原菌是*Pleospora björlingii* Byford（*Pleosporales*），它的分生孢子的形式蛇眼菌*Phoma betae* Frank更为大家所熟悉。该病害属甜菜类作物的特有病害，在甜菜植株的不同部位引发不同的症状：在甜菜幼苗上引发苗期立枯病，在牛皮菜、红甜菜和菠菜上也引发立枯病；在甜菜叶上引发叶斑病；在种株叶片上引起长形斑点；在块根根冠部引发根腐。杂草类寄主植物有藜草（*Chenopodium album*）。

### （2）病害症状以及与其他相似病害的区别

在甜菜块根的根冠部形成干腐。感病的组织变成深棕至黑色，有裂纹。其中，包含很多黑色的分生孢子器，在有水时带凝胶状的卷须分泌出黏液孢子。收获前，这种根腐只局限于根表层，腐烂的部位凹陷不深。腐烂部位以下的组织一般是健康的，与缺硼症状相比色浅。如果窖藏带蛇眼根腐病的块根，病害可进一步向纵深发展，最后使整个块根完全腐烂。蛇眼根腐易与另一种同样少见的根冠线虫病（*Ditylenchus dipsaci*）相混淆，但线虫病在病组织上不形成黑色的分生孢子器。

干腐，组织坏死

深度腐烂（上）；根头逐渐变黑（下）

### （3）生物学及发病条件

在夏末和秋天，因为土壤残留或种子带菌引起老叶片上发生蛇眼叶斑病。通过叶片病斑组织上的分生孢子器释放出小的分生孢子（*Pyknosporen*），而这些分生孢子再通过降雨感染根体。

### （4）病害的重要性及分布

蛇眼根腐感染工业甜菜可能性小，造成的损失可忽略不计。蛇眼病菌广泛存在于全世界各甜菜种植区如北美、欧洲、亚洲。在有些国家，蛇眼菌可能对制种甜菜造成一定危害。

### （5）预防措施

仔细清除或正确处理收获后甜菜残留物，将甜菜制种与甜菜工业种植从空间上隔离开来，以及对甜菜种子进行杀菌处理都是预防甜菜蛇眼病的有效措施。带蛇眼根腐病的块根要尽快加工，不可长期储藏。

**Literatur**

Booth, C, 1967: *Pleospora björlingii*, C.M.I. Descriptions of Pathogenic Fungi and Bacteria Nr. 149, S. 2

Heinze, K., 1983: Leitfaden der Schädlingsbekämpfung, Band III: Schädlinge und Krankheiten im Ackerbau. Wissenschaftliche Verlagsgesellschaft mbH, Stuttgart

Koch, F., Panagiotaku. M., 1979: Untersuchungen zur Infektion und Pathogenese bei Befall der Zuckerrübe durch *Phoma betae* (*Pleospora betae* Björl.). Zuckerindustrie, 104, S. 611-618

Rintelen, J., 1981: Phoma-Krankheiten an Rüben. Die Landtechnische Zeitschrift 32, S. 1059

# 丝核菌根腐 （*Rhizoctonia solani*）

## （1）病原及寄主植物

引起这种甜菜根体腐烂的病菌是 *Thanatephorus cucumeris* (Frank) Donk, syn. *Corticium solani* （Prill. 和 Delacr.） Bourdot 和 Galzin., 其菌丝体形式是更为大家所熟知的丝核菌 *Rhizoctonia solani* （Kühn）。这类病原菌的植物病理机制已在 200 多种植物种类中进行了研究。遗传上可以根据近亲关系按它们的寄主特点将其分类为不同的菌丝融合组（菌丝融合是指两个相邻菌丝相互融合而交换细胞核的特性）。在德国发现丝核菌根腐或叫"晚期腐烂"是通过融合组 AG2-2，分组 ⅢB 引发。除此之外，还发现融合组 AG2-2，分组 Ⅳ 以及融合组 AG4 也能引起甜菜根腐。

## （2）病害症状以及与其他相似病害的区别

8 月份在受到病害危害的地区，田间呈点片状，植株叶片开始由外向内萎蔫。枯黄的叶子星状散落在甜菜植株周围，甜菜在完全枯死之前还试图萌发新叶。在甜菜根体上出现深棕色深凹进根体的干腐烂部位。死亡后的根体收缩并逐渐消失。在同一地点可发现不同发病时期的病株：开始出现萎蔫，叶片黄化并死亡，坏死后的根体以及枯死的叶片和根体残留。该病害不会与其他病害相混淆。

## （3）生物学及发病条件

在植物残留物上，丝核菌以菌丝体的形式或可长期存活，并以菌核的形式在土壤中越冬。菌丝体在土壤温度 15℃ 以上（最适宜温度 25～33℃）时开始生长并附着在甜菜根表。对根体的侵染是通过形成侵染菌丝附着在

外围叶片开始枯萎

星形状覆盖地表的枯死叶片

根表完成的。侵染后的病菌依靠分泌可破坏寄主细胞壁酶的方式扩散。丝核菌也可利用根体裂隙和机械损伤侵染。甜菜轮作不到位，大面积的玉米，土壤中有大量没有分解的有机质，土壤结构破坏（土壤压板、渍水）以及整地时土壤水分过高等都有利于丝核菌根腐的发生。在灌溉地区，如果灌水不当也能增加丝核菌根腐的危险。在病害的发展过程中根体可产生裂隙，并伴随次级侵染（细菌），可导致根体完全腐烂。玉米在甜菜轮作中至关重要。同为侵染甜菜菌丝融合组的丝核菌的寄主植物，玉米增加了土壤的带菌量。除此之外，因为玉米种植施肥以及收获所用的大型农机具可导致土壤板结，增加了后茬作物甜菜感染丝核菌的可能性。近来研究表明，丝核菌对甜菜造成的损失远大于对于玉米造成的损失。

## （4）病害的重要性及分布

1995年以来，丝核菌根腐在中欧变得越来越重要。特别在荷兰、西班牙、法国及德国观察到病害发生面积在增加，资料显示产量损失可达50%。除欧洲以外，丝核菌根腐在美国、智利、土耳其、中国以及日本也有发生。

## （5）预防措施

改良土壤结构（免耕，种植间作作物，适时整地）以及延长轮作间隔，避免收获玉米后种植甜菜都是减轻丝核菌根腐病发生的有效的农艺措施。此外，也可以选择抗性品种种植。

**Literatur**

Buddemeyer, J., Märländer, B.2004, Integrierte Kontrolle Deere Späten Rübenfäule (*Rhizoctonia solani* Kühn) in Zuckerrüben Einfluss von Anbaumaßnhamen und Fruchtfolgegestaltung sowie Sortenwahl unter besonderer Berücksichtigung des Maises Zuckerindustrie, 129, S. 799-809

Büttner, G., Pfähler, B., Petersen, J., 2003: Rhizoctonia root rot in Europe -incidence, economic importance and concept for integrated control. Proc. Joint IIRB-ASSBT Congress, San Antonio.TX, S. 897-901

Buhre, C, Wagner, G, Kluth, S, Kluth, C, Apfelbeck, R.. Varrelmann, M., Resistenz von Zuckerrübensorten als Grundlage einer integrierten Kontrolle der Späten Rübenfžiule (Rhizoctonia solani). Zuckerindustrie, 131, S.54-59

Heupel, M., Rhizoctonia Rübenfäule.
Zuckerrübe, 52, S. 168-171

Mordue, J. E. M., 1974:Thanatephorus cucumeris C.M.I Descriptions of Pathogenic Fungi and Bacteria. Nr. 406, S. 2

干燥的腐烂部位，深入根体内部

# 紫色根腐（*Helicobasidium brebissonii*）

### （1）病原及寄主植物

这种不常见的甜菜根腐的病原菌是*Helicobasidium brebissonii*（Desm.）Donk（syn. *H. purpureum*）属 Auriculariaccae 科，它的菌丝体形式是*Rhizoctonia crocorum*（Pers: Fr.）DC.（syn. *Rhizoctonia asparagi* 以及 *R. violacea* Tul.）。寄主植物广泛，栽培作物如草木犀、苜蓿、马铃薯、油菜、芹菜、芦笋、雅葱、香菜以及胡萝卜；杂草类包括蓟、荨麻、漆姑草、苕子、欧蓍草。

### （2）病害症状以及与其他相似病害的区别

这种病害常常成小片地或在单株甜菜上发生。收获时，在根体上可发现开始时红色，随后变成深紫色的厚真菌涂层。涂层在根体上部比根尖厚，增加了根体带土。

在真菌涂层下面首先形成表面腐烂，随后伴随其他病原侵染，腐烂向根体内部发展，引起根体凹陷变软。常观察到的叶片萎蔫可能原因很多，容易引起混淆。将感病块根清洗干净，观察到紫色的或红棕色的腐斑以确诊病害。

### （3）生物学及发病条件

*Rhizoctonia crocorum* 是典型的土壤真菌，在植物残体上的菌丝体或菌核都可以休眠。1～2mm的圆小菌核抵抗力强，可存活数年。但不是每种寄主植物都能发现菌核。在甜菜根体的真菌涂层上就很少发现。

菌丝体13℃（22～25℃为最佳）以上开始萌发，在寄主植物的表面生长并形成侵染点，从侵染点真菌侵入寄主组织内。较高的地温，土壤压板，土壤结构破坏，种植易感病前茬作物都能促进病害发生。

开始时呈现紫红色的涂层

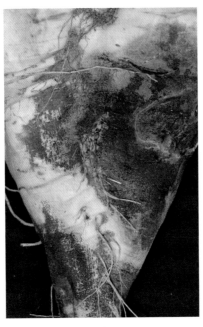

病症经常只限于根表面

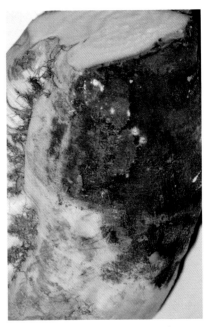

变色部位近影

## （4）病害的重要性及分布

紫色根腐是不常见病害。因为发病期晚，它造成的损失有限，但带病的块根可在窖藏过程中造成更大危害。紫色根腐多发区在英国和法国（香槟地区）。在德国，草荒严重的甜菜地块，或者新开垦的荒地，碳酸盐多并富含有机质的地区，因年份而异时有发生。关于丝核菌形式 *Helicobasidium brebissonii* 及其担孢子在病害循环中的意义与作用还了解不多。

## （5）预防措施

注意轮作，不能连续种植寄主作物，保持良好的土壤结构，严格控制杂草都是适宜的预防措施。减轻 *R. crocorum* 造成的损失，需要注意的是对 *Rhizoctonia solani* 丝核菌根腐有抗性的品种不一定对 *R. crocorum* 紫色根腐也有抗性。

### Literatur

Draycott, A.P. (Hrsg.), 2006: Sugar Beet. Blackwell Publishing

Hcinzc, K., 1983: Leitfaden der Schädlingsbekämpfung. Band III: Schädlinge und Krankheiten im Ackerbau. Wtsscnschaftliche Vcrlagsgescllschaft mbH. Stuttgart

Hoffmann. G. M., Schmutterer, H., 1999: Parasitäre Krankheiten und Schädlinge an landwirtschaftlichen Kulturpflanten, 2, erw. und erg. Auflage. Verlag Ulmer, Stuttgart

Lemaire, J.-M., Conus, M., Ferrière, H., Richard-Molard, M., Sznaper, C., 1992 : Le Rhizoctone violet de la betterave, Phytoma, 444, S.55-62

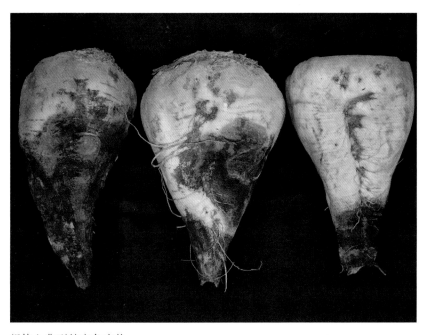

根体上典型的变色症状

根体腐烂

# 疫霉根腐病——湿腐（*Phytophthora megasperma*）

## （1）病原及寄主植物

这种只在一定区域出现，不常见病害的病原是*Phytophthora megasperma*，Drechsl.（syn. *Phytophthora drechsleri*），属于腐霉目（*Phythiales*）。它在亚热带以及温带气候带有广泛的寄主植物：甘蔗、大豆、大白菜类、胡萝卜、菠菜、苜蓿和土豆。据报道发现其有生理变种。

## （2）病害症状以及与其他相似病害的区别

感病植株叶片黄化萎蔫。整个植株变得矮小。根部出现浸湿状腐烂：从根尖开始，直至根体内。病害的发展进程与土壤温度及水分有关。感病后的根组织外部会变成灰色，凹陷，外部"根皮"易与下部腐烂的软湿组织分离，"根皮"下组织呈浅棕色。病变组织周围有深棕色的晕圈。叶片萎蔫是多种根腐病的共同病状，不是诊断指标，但从根尖开始的湿腐则多是疫霉根腐病引起的。

## （3）生物学及发病条件

湿根腐的发生可能有多种病原参与，但*Phytophthora megasperma*占主导。土壤的湿度对病害的发展起决定作用。温度高，土壤渍水，土壤底层板结，高温下灌水过多都有利病害发生，因为这些条件有助于卵菌游动孢子的发育。

## （4）病害的重要性及分布

正常情况下，疫霉根腐病在中欧很少发生，因为发病需要足够的水和高温条件。

## （5）预防措施

保持土壤良好的结构，受渍水困扰的地区种植甜菜前要先进行排涝，合理灌溉是在温暖地区有效预防疫霉根腐病的措施。因为病害的休眠体卵孢子和厚垣孢子在土壤中存活时间长，所以至少要进行3年以上轮作。

### Literatur

Bcnada, J., Sedivv. J., Spacck. J.,19S7: Atlas der Krankhciten und Schädlinge det Ri)bc- Elsc. vier Vcrlag Amsterdam

Draycott, A. P.(Hrsg.), 2006: Sugar Beet, Blackwell Publishing

Hrinse, K., 1983: Leitfaden der Schädlings-bekämpfung, Band III:Schädlinge und Krank-heiten im Ackerbau. Wissenschaftliche Verlagsgesellschaft mbH, StUttgatt

Waterhouse, G.M., Waterston, J.M., 1966: *Phythophtora megasperma* Descriptions of Pathogenic Fungi Bacteria Nr. 115, S.2

叶片黄化萎蔫

甜菜根尖腐烂

# 窖腐

### （1）病原及寄主植物

窖腐有多种病原菌引起。主要有 *Botrytis cinerea* Pers.，*Fusarium* spp.，*Penicillium* spp.，*Rhizopus nigricans*，*Aspergillus* spp. 以及 *Sclerotinia sclerotiorum*。他们分布广泛，属于弱寄生菌，可以感染多种植物。

### （2）病害症状以及与其他相似病害的区别

在收获后的甜菜根体特别是根冠部，形成厚厚的不同颜色的菌丛；如果是镰刀菌呈红色，盘尼西林呈灰色，葡萄孢菌呈浅棕色带小的扁平的菌核，菌核病菌呈白色带大的不规则的菌核体。真菌侵入甜菜根体致腐烂，并传染相邻的甜菜。

### （3）生物学及发病条件

病菌通过收获，如起扒、切削、清洁以及装卸、有时冻害等，引起机械损伤侵染甜菜块根。如果甜菜在生育期内已经感染了真菌（褐斑病菌、苗腐菌、镰刀菌）病害，病毒（丛根病）病害或者线虫病，将使得窖腐病原菌更易传播。收获时块根带叶片、带土多，以及高温、高湿都利于窖腐发生。

### （4）病害的重要性及分布

今后的甜菜糖厂数量越来越少，但每个糖厂的加工量越来越大，加工期必将延长。因此菜农对甜菜进行合理贮藏就显得越来越有意义。在长时间的贮藏过程中，原来并不重要的窖腐病原菌以后也将越来越重要，因为窖腐可能引起甜菜损失。

### （5）预防措施

防治窖腐最好的办法是选择抗病性强的品种进行种植。因为带病的甜菜，如褐斑病，苗腐病或丝核菌等，均比健康的甜菜不耐窖藏。

**Literatur**

Campbell, L.G., Klotz, K.L., 2006: Postharvest storage losses associated with Aphanomyces root rot in sugarbeet. Journal of Beet Research,43, S.113-127

Draycott, A.P. (Hrsg), 2006: Sugar Beet. Blackwell Publishing

Klinkowski. M.; Mühle, E.; Reinmuth, E., Bochow H. (Hrsg): 1974: Phytopathologie und Pflanzenschutz Bd. II, Krankheiten und Schädlinge Landwirtschaftlicher Kulturpflanzen. Akademic-Verlag, Berlin

根据病原菌不同，窖腐的颜色也各不相同

33

# 病毒病害

## 黄化毒病

### （1）病原及寄主植物

黄化病毒包含两种不同的病毒并分别由不同的蚜虫传播到甜菜上。在中欧条件下，大多是寄主广泛的绿桃蚜虫（Myzus persicae）为主要传播者。其次是黑豆蚜（Aphis fabae），或者甜菜蚜，虽然传染性不足，但其数量庞大，加之属刺吸型蚜虫，传染性可以得到弥补。

被传播的黄化坏死病毒是10nm×1 250nm大小的极可变的线状病毒颗粒（beet yellow rirus，BYV），而轻度黄化病毒（beet mild yellow virus，BMYV）是28nm直径的立方形颗粒。

另外，同属一组，在德国油菜上发现并引起油菜减产的甜菜黄化病毒（turnip yellow virus，TuYV；也即beet western yellow virus，BWYV），在中欧气候条件下不浸染甜菜。

现有的研究表明，在德国BMYV比BYV传播更为广泛。采自莱茵河谷以及巴伐利亚的甜菜叶样均只发现BMYV，而采自下萨克森州的叶片即发现有BMYV同时也发现有BYV。

这两种病毒有相当多的不同寄主，同时也有共同的寄主，最重要是块根（没有冻住的根冠部）、未覆盖的甜菜堆、菠菜（收获太晚）、油菜、红甜菜、牛皮菜以及一些杂草，如荠菜、红心藜、普通狗尾草、繁缕、遏兰菜以及其他在冬天仍然呈绿色的种类。

近年来，在西北欧地区以及美国发现了一种新的萎黄病毒（beet chlorosis virus，BChV）并对其进行了科学研究。

大面积黄化

甜菜黄化病毒BMYV（上）甜菜黄化病毒BChV（下）

### （2）病害症状以及与其他相似病害的区别

以上所述的病毒引起的病症相似。它们可以在同一植株上同时引发病害。在低龄植株的新叶上，BYV可以首先引起叶脉色变浅或黄化，病症的严重程度与病毒的侵染性相关。随后的黄化在老叶片上从叶边缘开始显现没有清楚界限的黄色斑点，然后扩展到全叶片。颜色可以从柠檬黄带红色斑点至古铜黄。在黄化部位可以形成点状或条状坏死斑。部分叶脉可长时间保持绿色。

BMYV侵染甜菜后常见绿色心叶被黄色发亮的叶片构成的花环所包裹。如果侵染时间较晚，通常只能形成部分黄化，并由叶脉分割。黄化后的叶片抵抗力下降，侵染力不强的病原（如 *Alternaria* spp.）可侵染它们，因此通常很早死亡。

相似的症状在BChV也有发现。黄化后的叶片变厚，皱褶增多，并变脆，用手捏叶片能使其破裂并伴有典型的清脆响声。

黄化病初期，成片发生的典型症状不会与其他病害相混淆。病害后期，整块地黄化，也是典型黄化病症状，不易与其他病害混淆。其他如缺氮、镁、硼，以及渍水，丛根病等均不能在地里形成圆形的黄色侵染小区，在田间也不会如此均匀分布。此外，其他原因引起的黄化不如黄化病毒的黄色鲜亮。

单株甜菜黄化

田间黄化症状

### （3）生物学及发病条件

在5～7月，甜菜叶片受蚜虫吸食，这些蚜虫先前在其他植物上就带有病毒。病毒进入蚜虫体内因单个病毒不同而不同。以BYV病毒为例，蚜虫通过吸食过程大约15min它的口器外部就被病毒颗粒污染了。病毒进入蚜虫的速度与蚜虫吸食带毒的叶肉组织有关。韧皮部虽然病毒浓度最高，但病毒在此处被吸收的速度并不是最高的。病毒一旦被吸收后能被蚜虫马上转移传播，因为病毒是附着在蚜虫小针刺上的。病毒的吸收与传播需要同等的时间。带毒蚜虫只是几天内有传染性，因为所带病毒并不稳定。如果传染性仅仅几天，我们称作半永久性病毒。蚜虫一旦蜕皮，其侵染性就丧失。在蚜虫吸食近几个小时的过程中，BMYV和BChV的颗粒被吸进蚜虫的肠胃中，最后被转移至唾腺。最优病毒传

染时间是在被吸收后48h。因为BMYV和BChV只发生在韧皮部（导管），蚜虫对它们的吸收需要更长时间。它们通过蚜虫咬食传染同样需要几小时的潜伏期。一般吸食24h就能传播病毒。

只要蚜虫还活着，它就有传染性。BMYV以及BChV是永久性病毒。对于所有提及的病毒来说，蚜虫不会将病毒传播到它的下一代。

传染的严重程度决定于蚜虫数量以及病毒本身。如果天气越适于蚜虫繁殖，传染就越严重。

如果冬天寒冷，从卵发育而成的蚜虫不带病毒。它们必须先吸食带毒的植物使自身带毒，然后再浸染甜菜。在这种情况下，感染甜菜一般较晚。

如果冬天气温温和，蚜虫能直接越冬，还可能在带毒的植物上越冬，这样就能很早在甜菜上引起感染。感病越早，黄化引起的损失就越大，而且也越易作为传染源引起随后的传染。特别是

不同的症状特点：黄化坏死（左）；BMYV（右）

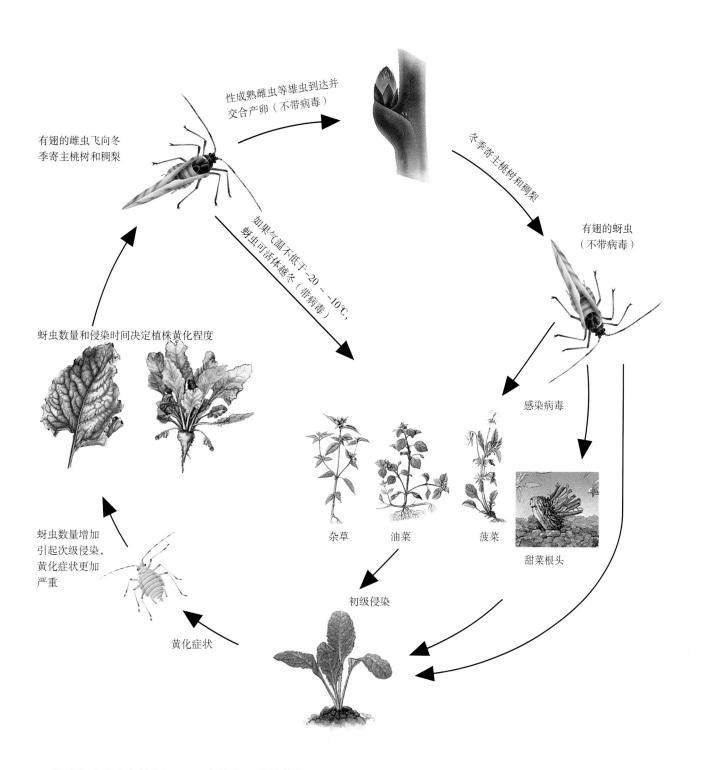

性成熟雌虫等雄虫到达并
交合产卵（不带病毒）

有翅的雌虫飞向冬
季寄主桃树和稠梨

冬季寄主桃树和稠梨

有翅的蚜虫
（不带病毒）

如果气温不低于 -20 ～ -10℃，
蚜虫可活体越冬（带病毒）

蚜虫数量和侵染时间决定植株黄化程度

感染病毒

杂草　　油菜　　菠菜

甜菜根头

蚜虫数量增加
引起次级侵染，
黄化症状更加
严重

初级侵染

黄化症状

甜菜黄化病毒的侵染循环以及它的主要载体桃蚜

封垄后，不带翅翼的蚜虫可以在植株间穿行。干燥、温暖的春季可导致蚜虫在寄主上大量繁殖，随后在甜菜上迅速形成群体。适宜的秋天也可能导致蚜虫在寄主上大量产卵，但春季的气候则决定蚜虫群体的生成与发育。

蚜虫喜欢飞向缺苗的地块。发育滞后的地块黄化引起的损失更大些。休闲地上的常绿植物以及大面积的冬油菜为蚜虫和病毒越冬也提供了有利条件。

### （4）病害的重要性及分布

如果所有条件适宜，黄化毒病在主要发病区域可以使产糖量损失27%，含糖量下降2%。对甜菜产量最为重要的是受感染后的植株引起的次生侵染，因为它们决定带毒蚜虫在田间的传播。损失的大小主要取决于感染时甜菜的大小和蚜虫的田间繁殖条件。

### （5）预防措施

黄化毒病本身我们无法防治。但我们可以尽量将病毒带到田间的时间延后。同时甜菜要远离寄主植物。还有很重要的一点是促进早期发育，使甜菜田间均匀整齐。早期发育快同样能增加植物自身的抵抗能力，延缓病毒的传播。

目前广泛使用的新烟碱类杀虫剂作为内吸型的种子处理剂多年来在甜菜上能有效控制病毒的媒介。这种杀虫剂使甜菜幼苗到封垄期都得到了保护。在德国，于1975/1976年以及1988/1991年特别观察到的所谓"病毒波"，在大面积使用种衣剂后没有再出现。虽然发现有些蚜虫对种衣剂产生了抗性，但还没有达到实际意义。

在重病区，蚜虫的防预预警体系需要继续保留。如果种子处理的效果减退，及时的区域性防治

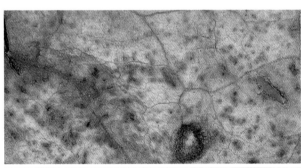
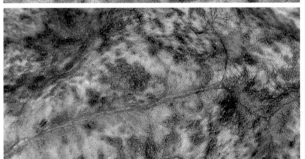

黄化病毒坏死病斑BYV：病斑边界不清，黄化愈来愈严重（上和下）

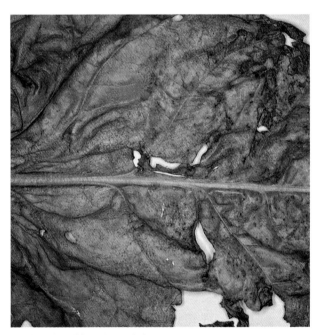

BYV：严重受损的坏死叶片

病毒传播的措施是必要的。通过喷施杀虫剂阻止带毒蚜虫的传播需要关注合适的条件及施用技术。用水量以及施药时间决定杀虫剂的效果。

### Literatur

Anonym, 1988: Virus Yellows Monograph. I.I.R.B. Pests and Diseases Study Group, Brüssel

Dewar, A.M., Read, L.A. 1990: Evaluation of an insecticidal seed treatment, Imidacloprid, for controlling aphids on sugar beets. Brighton Crop Protection Conference - Pests and Diseases, S. 721-726

Dubnik, H., 1990: Einschätzung und Auswirkung des Blattlausbefalls auf Rüben im Jahre 1989 in der Magdeburger Börde. Zuckerrübe, 39, (2), s. 68-71

Duffus, J E, 1972: Beet Western Yellows Virus. C.M.I./A.A.B. Descriptions of Plant Viruses, Nr. 89, S. 4

Foster, S. , Denholm, I., Harrington, R. , Dewar, A., 2002: Why worry about insecticide-resistant aphids? British Sugar Beet Review, 70, S. 20-29

Fritzsche, R, Kleinhempel, H., Proeseler, G., 1988: Die viröse Vergilbung der Beta-Rübe. Akademie-Verlag, Berlin

Garbe, V., Blumenberg, E, 1990: Viröse Vergilbung der Zuckerrüben. Zuckerrübe, 39, (1), S. 12-14

Graichen, K., Rabenstein, F. , 1994: Differenzierung der an Raps (*Brassica napus* L.) und Zuckerrübe (*Beta vulgaris* L.) auftretenden Luteoviren. Mitt. a.d. Biol. Bundesanstalt, H. 301, s. 218

Russell, G. E, 1970: Beet Yellows Virus. C.M.I./A.A.B. Descriptions of Plant Viruses, Nr. 13, S. 4

Smith, I.M., et al.,1988: European Handbook of Plant Diseases. Blackwell Scientific Publications, Oxford

Stevens, M., Hallsworth, P.B., Smith, H.G., 2004: The effects of Beet mild yellowing virus and Beet chlorosis virus on the yield of fieldgrown sugar beet, 1997, 1999 and 2000. Annals of Applied Biology, 144, S. 113-119

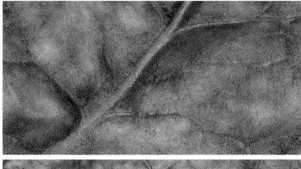

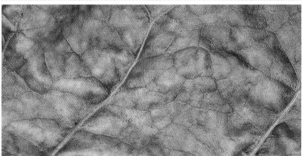

轻度甜菜黄化病毒BMYV：变厚多折皱的叶片

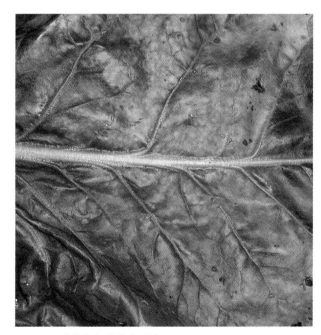

BMYV：叶脉之间的黄化现象

# 丛根病

## （1）病原及寄主植物

丛根病是一种由土壤真菌传播的病毒性病害。病毒的名称（beet necrotic yellow vein virus，BNYVV，甜菜坏死黄脉病毒）取自于它的叶部症状，但不常见。

BNYVV是棒状的、由不同长短颗粒（4～5 RNAs）组成的病毒。根据最新分类它属甜菜坏死黄脉病毒属。

最新分子生物学研究表明，可以将BNYVV划分为可区别的生物类型（A、B、以及P型）。这些类型表明其在欧洲的发育及传播也有区别。

与BNYVV共生同样传播很广的土传甜菜病毒beet soil-borne virus（BSBV）以及甜菜病毒Q（beet virus Q，BVQ）都是通过相同的真菌传播的。这种真菌就是*Polymyxa betea* Keskin土壤多黏菌，属Plasmodiophorales目，主要发生于甜菜的根部。

土壤多黏菌*P. betea* Keskin和BNYVV的寄主除糖用甜菜和饲用甜菜外，还包括菠菜，以及一些杂草如匍匐蓼、苦苣菜、Besenrauke、大蓟、Spitzklette、族花、Ehrenpreis和曼陀罗等。

## （2）病害症状以及与其他相似病害的区别

一般7月开始发病，但大多是在此以后，在田间出现可辨认的症状，这些症状不具特殊性，因为有其他原因如土壤差异等。土壤板结、线虫病害等也可导致同样症状发生。

顺着整地的方向，一般从地头开始形成不同大小的灰绿色至黄色的浅色条块。这种颜色的差距会变得越来越大，并与施肥水平有关。易与土壤缺氮的症状相混淆。

可疑地块：地里由浅绿到黄色的斑块

叶柄长，叶片窄

感病植株的叶片通常较窄，叶柄变长，直立以至僵直的姿势。

虽然土壤湿度足够，植株仍然出现萎蔫。

叶部典型症状不容易观察到，而且可观察时间有限。它表现在宽度不规则，沿叶片的叶脉呈柠檬般的黄色。有时候也能看到黄色的斑点。叶片卷曲，带泡状突出。

收获时可观察到根部病变。感病严重时，块根明显变小，有时呈圆球状，在根沟部，侧根死亡后形成的致密的深色的根须。线虫病引起的根须疏松，颜色浅（侧根并没有死亡），可见棕色的包囊或者白色的线虫腹部（Heterodera schachitii）。

除了叶脉黄化外，根须以下的细长的主根以及变粗的侧根也是丛根病的典型症状。斜切根部可见维管束最先变黄最后变成深棕色。如果病情严重，主根有可能在收获时已经腐烂。

### （3）生物学及发病条件

丛根病的病原菌，BNYVV，依靠常见的土壤真菌——甜菜多黏菌（Polymyxa betea）传播。甜菜多黏菌（Polymyxa betea）的发育依靠活体的甜菜块根。如果土壤温度连续几个小时在15℃以上，土壤中存活多年的多黏菌冬孢子受到甜菜根发育代谢的刺激开始萌发，生成游动孢子。游动孢子靠两根鞭毛游向甜菜根毛。刚开始可能有多个试附着点。游动孢子固定在根上后，鞭毛消失，真菌的细胞质加上细胞核进入植物细胞，植物细胞并不死亡，而病毒也因此而进入了植株体。

游动孢子本身在细胞中生成多核的合胞体，然后形成带许多冬孢子的包囊，或者生成一个含有新游动孢子的游动孢子囊。冬孢子停留在植物体内直到植物腐烂，然后进入土壤中，而游动孢

直立、细窄的叶片

叶脉黄化

41

子可以通过生成的乳头状突起离开寄主植物细胞再感染新细胞。

在对真菌有利条件下，侵染循环只需要40～80h。

甜菜因感染了土壤多黏菌的游动孢子，病毒也同时被带入了甜菜细胞。15℃以下基本不发病。15℃以上温度越高越有利于病毒在寄主植物细胞内繁殖。土壤温度25℃被认为对BNYVV是最适宜温度，但更高的温度对病毒的合成没有不利影响。温度对土壤多黏菌冬孢子内病毒繁殖的影响还不清楚。

甜菜受侵染越早，土壤温度越高，甜菜植株越小，病毒造成的损失将越大。因为病毒浓度在根部最高，可长时间造成根部死亡并形成新根系，阻碍根的正常发育。如果春季较冷，甜菜受带病毒的游动孢子的感染较晚。甜菜个体较大，根系已经发育较好，其抗病能力因此较强，受危害较轻。

BSBV以及BVQ对甜菜产量的影响一直不清楚。到目前为止，科学研究表明BSBV对温度的要求与BNYVV相比要低。但同时发现BSBV有极大的遗传变异，所以我们不能一概而论。通过对BSBV感染以及混合感染（BSBV和BNYVV）的危害性研究，结果相互矛盾，因而需要更进一步研究。

土壤温度是对丛根病发病过程有重要影响的因素之一。土壤渍水并非病害的前提条件。春天多雨、灌溉、洪水或者地下水位过高等都利于病害发生，但影响有限，因为土壤多黏菌的游动孢子在正常土壤水分条件下就可以移动。

如果病原被带到了甜菜地，温度是病害造成损失严重程度的决定因素而不是土壤中的水分。丛根病可在所有能种植甜菜的不同类型土壤的田间发生。

Hessischen Ried 的多年研究表明，甜菜轮作间隔不够或者甜菜与菠菜连作，以及甜菜播种太晚

少见：明显的叶脉黄斑或叶脉黄化

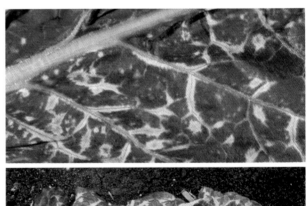

叶脉黄化近距离照片（上）；典型的，但在田间很少观察到的叶脉黄化症状（下）

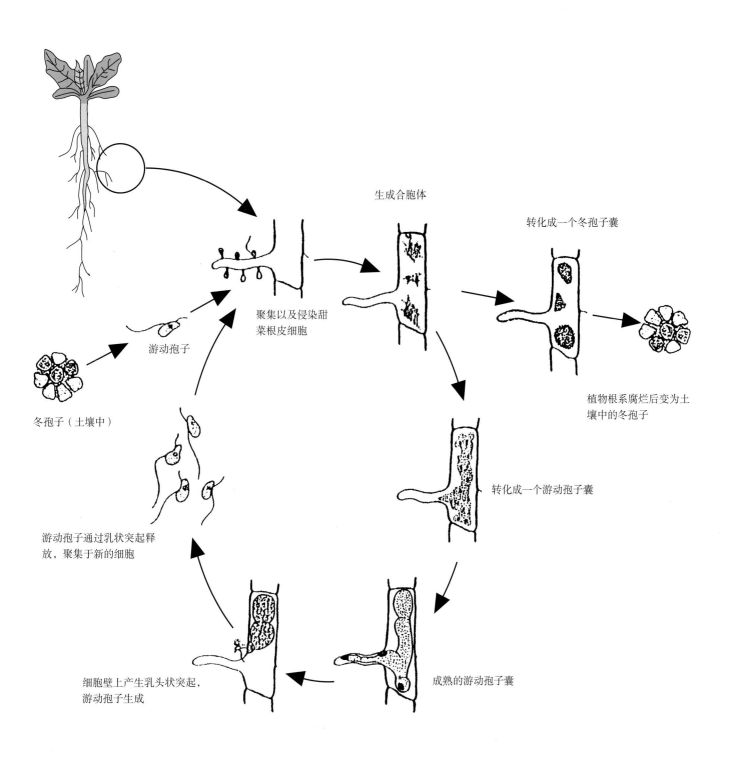

生成合胞体

转化成一个冬孢子囊

聚集以及侵染甜菜根皮细胞

游动孢子

冬孢子（土壤中）

植物根系腐烂后变为土壤中的冬孢子

转化成一个游动孢子囊

游动孢子通过乳状突起释放，聚集于新的细胞

成熟的游动孢子囊

细胞壁上产生乳头状突起，游动孢子生成

**从根病毒传播者，土壤多黏菌*Polymyxa betea*在甜菜根系上的生育循环**

都能有利于病害发生。

　　土壤风蚀，多家农场共用农业机具，废水灌溉利用，地表水灌溉，种薯种植（种薯带土）等都能传播丛根病。甜菜种子对丛根病传播没有影响。甜菜种子不带病毒。被当作很有肥料价值的滤泥也不含病毒，因为在加工过程中的高温是病毒和真菌都不能承受的，真菌和病毒都将被杀死了。

### （4）病害的重要性及分布

　　从经济上看，甜菜丛根病是世界范围内最重要的甜菜病害。如果发病条件有利，不抗病品种产量损失可达50%或更多，同时，不抗病品种的含糖率可从正常条件下的16%～18%降到10%。感病块根内的氨态氮含量也会降低，但对糖分提取有害的物质（钾、钠、还原糖）的含量将增加。在重病地种植不抗病品种将不能保证收支平衡。

　　病害造成的损失大小受侵染的时间以及以后的天气变化的影响，年份之间有很大差异。病害在田间成片状，非均匀的分布可能掩盖病害的真实情况，使病害在早期不易被发现。除了对菜农造成减产的直接损失外，我们还必须计算间接损失：丛根病是检疫性病害。在已知的病害区域生产带土的植物产品将受到很大限制或者根本不允许。

　　直接清除病毒的媒介体是不可能的，因为没有任何化学类土壤消毒剂被允许使用。生物防治方法（使用Pseudomonas spp.以及Trichoderma类）正在研究，离实际使用还有很大的距离。这些方法只能减轻病害的危害程度。而这些方法彻底清除媒介体和病毒是不可能的。

　　只有抗丛根病甜菜品种能使甜菜在病害区的种植变得经济有效。通过育种技术的发展，目前市场上的抗丛根病品种已达到了不抗病品种的丰

因丛根病受损的带胡须的块根（左）和维管束（右）

带色维管束及根须（左和右）

产潜力，所以对菜农来说，在轻度或疑似病害的地块种植抗病品种不存在减产风险。丛根病几乎在所有欧洲甜菜种植区域都发生。

只要甜菜产量及工艺品质没有受到影响，可以通过防护措施延缓病原的侵入。彻底杜绝病原入侵是不可能的（风蚀）。如果天气条件允许（没有倒春寒，不会诱导并抽薹，出苗良好），早播可以降低丛根病损失。如果怀疑病害发生（块根上有可疑症状，产量和含糖降低，氨态氮含量降低；同时钾，特别是钠含量增加），通过选择抗病品种可以降低种植风险。

## Literatur

Anonym, 1990: Proceedings of the First Symposium of the International Working Group on Plant Viruses with Fungal Vectors. Schriftenreihe der Deutschen Phytomedizinischen Gesellschaft, Bd. 1, Verlag Ulmer Stuttgart

Büttner, G., 1992: BSBV-ein neues Rübenvirus. PSP - Pflanzenschutzpraxis, (3), S. 29

Büttner, G, 1993: Rizomania. Zuckerrübe, 42(2), s. 82-86

Draycott, A.P. (Hrsg.), 2006: Sugar Beet. Blackwell Publishing

Heß, W., 1984: Überdauerung, Verbreitung und Bekämpfung des Aderngelbfleckigkeitsvirus (BNYVV) der Zuckerrübe. Diss. Gießen

Hillmann, U., 1984: Neue Erkenntnisse über die Rizomania an Zuckerrüben mit besonderer Berücksichtigung bayerischer Anbaugebiete. Diss. Gießen

Hoffmann, G. M., Schmutterer, H., 1999: Parasitäre Krankheiten und Schädlinge an landwirtschaftlichen Kulturpflanzen, 2. erw. und erg. Auflage. Verlag Ulmer, Stuttgart

Horak, I., 1980: Untersuchungen tiber die Rizomania an Zuckerrüben. Diss. Gießen

Koenig, R., Lennefors, B.-L., 2000: Molecular analyses of European A, B, and P type sources of Beet necrotic yellow vein virus and detection of the rare P type in Kazakhstan. Archives of Virology, 145, S. 1561-1570

Prillwitz, H. , 1993: Untersuchungen zur Rizomania an Zuckerrüben, mit besonderer Berücksichtigung des beet soilborne virus (BSBV). Diss. Gießen

Rush, C.M., Liu, H.-Y., Lewellen, R.T., AcostaLeal, R., 2006: The continuing saga of Rhizomania of sugar beets in the United States. Plant Disease, 90, S. 4-15

Schäufele, W. R. , 1983: Die viröse Wurzelbärtigkeit (Rizomania) -eine ernste Gefahr für den Rübenbau. Gesunde Pflanzen, 35, S. 269-274

Tamada, T., 1975: Beet Necrotic Yellow Vein Virus. C.M.I./A.A.B.Descriptions of Plant Viruses, Nr. 144, 4 S.

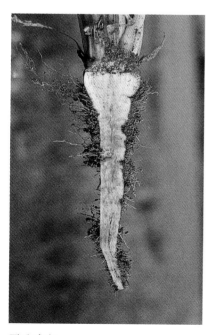

严重感病

根须下的缢缩

# 曲顶病

### （1）病原及寄主植物

曲顶病的病原是通过甜菜椿象 *Piesma quadratum* Fieb. 传播的。甜菜曲顶病毒（beet leaf curl virus，BLCV），其形状为杆状、略粗、250nm×80nm，少棱角的棒状病毒体。它属于杆状体病毒。

曲顶病毒不能机械传播，只有少数几种藜科作物（*Chenopodiaceae*）寄主。

最好的寄主植物是糖用甜菜及饲用甜菜。此外，还有甜菜属类、菠菜、滨藜属、藜属等。到目前为止还没有观察到同属其他病毒。

### （2）病害症状以及与其他相似病害的区别

病症最初表现为新叶的叶脉颜色变浅，叶脉肿大并变成玻璃状，叶柄变短，变粗；叶片转向一面并卷曲，植株看上去像色拉菜；外部叶片黄化并死亡；连续不断发生新的呈卷曲状的小叶；植株萎黄，形成圆锥状的根冠部。块根生长结束早，如果发病早，整个植株可能完全死亡。

最初的症状易与花叶病毒症状相混淆，但其高度卷曲的叶片使其与其他甜菜病毒病害症状能明显区别开来。

叶片卷曲形成色拉菜头

严重变形

### （3）生物学及发病条件

唯一能传染卷曲病毒的媒介是甜菜椿象 *Piesma quadratum* Fieb.，蛹以及成虫同样能传播。只需要30min的吸食，椿象就能吸入病毒。而传入病毒需要40min的吸食时间。从吸食病毒到传播病毒（潜伏期），也即病毒在媒介体内繁殖，通过胃转到唾腺，可持续7～35d。只要椿象还活着，就可以感染。病毒不会通过卵传到下一代椿象。

椿象如果有较好的越冬条件，如甜菜地边干燥的灌木林，以及干燥温暖的春季都对椿象有利并造成较严重的发病，因为越冬后的椿象是有效的病毒媒介。

### （4）病害的重要性及分布

在经济上，这种病毒病害的重要性比较有限。但如果感病严重，可能引起严重的叶部及产量损失。过去偶尔在北德和东德部分沙性土壤上有发生。

### （5）预防措施

在发病区域通常只要在与甜菜地接壤的田埂及坡地喷施杀虫剂灭杀病毒媒介即可。

**Literatur**

Hoffmann, G. M., Schmutterer, H.,1999: Parasitäre Krankheiten und Schädlinge an landwirtschaftlichen Kulturpflanzen, 2. erw. und erg. Auflage. Verlag Ulmer, Stuttgart

Proeseler, G., 1983: Beet Leaf Curl Virus. C.M.I/A.B.B Descriptions of Plant Viruses Nr. 268, S. 4

# 甜菜花叶病毒

### （1）病原及寄主植物

甜菜花叶病的病原是通过蚜虫传播的甜菜花叶病毒（beet mosaic virus，BtMV），长形、卷曲、730nm×15nm线状颗粒。它属于马铃薯Y病毒类。

花叶病毒不是持久性的，可以通过压榨汁机械传播，有很多不同种属植物寄主。

除了甜菜外，该病毒也侵染藜属类植物如红甜菜、君达菜、菠菜、藜以及滨藜类，蝶形花科类如豌豆，十字花科类如荠菜，菊科植物如狗尾草、田蓟等。文献中有关于不同病毒变种对甜菜的侵染性不同的报道。花叶病毒冬天最重要的寄主是甜菜制种田内的种株、冬菠菜及君达菜。

### （2）病害症状以及与其他相似病害的区别

最早的症状是，在感染后1～2周内，幼龄叶片的叶脉颜色变浅。随后在整个叶片上生成连片的黄绿色斑点。叶片可能成玻璃状并卷曲，叶柄变短。外围叶片并不一定有可见症状。

在一定条件下，浅色和深绿色的斑点易与缺锰症状相混淆。

### （3）生物学及发病条件

关于传播媒介，目前发现可能有多种叶蚜，但在栽培条件下，桃蚜以及黑甜菜蚜最为重要。仅仅吸食10s，叶蚜就能吸入病毒，传播时也仅仅需要同样短的时间。这种非持久的病毒在蚜虫体内最长1h后将不能再传播。

典型叶部症状

新叶上的黄绿色斑点

带翅膀的蚜虫能更有效更长时间传播病毒。病毒不会从上一代蚜虫传播到下一代，因为蚜虫蜕皮时病毒也将被蜕掉。蚜虫群体数量，与带毒的冬季寄主的距离对花叶病毒传播有重要影响。

### （4）病害的重要性及分布

花叶病毒对甜菜原料种植效益的影响有限。采种植株受到的影响可能更严重些。与黄化病毒一起将加重甜菜原料生产的损失。甜菜花叶病毒在所有甜菜种植区域都有分布。

### （5）预防措施

花叶病毒的防治与黄化病毒一样。工业甜菜种植一般不需要特别的防治措施。

**Literatur**

Draycott,A.R (Hrsg.), 2006: Sugar Beet. Blackwell Publishing

Klinkowski, M., Mühle, E., Reinmuth, E., 1966: Phytopathologie und Pflanzenschutz, Band Ⅱ, Krankheiten und Schädlinge, Landwirtschaftlicher Kulturpflanzen. Akademie-Verlag, Berlin

Russell, G. E., 1971: Beet Mosaic Virus CM.I./A.A.B. Descriptions of Plant Viruses, Nr. 53,4 S.

后期带斑点的叶片可形成泡囊

这些叶片的叶柄部变短

# 细菌病害

## 根瘤病 (*Agrobacterium tumefaciens*)

### （1）病原菌，寄主植物

根际肿瘤的病原菌是*Agrobacterium tumefaciens* (Smith and Townsend) Conn.。它的寄生植物很广泛，包括作为藜科（Chenopodiaceae）代表的甜菜、果树、浆果树、观赏植物以及葡萄等。

### （2）病害症状以及与其他相似病害的区别

一般在收获时才能发现个别甜菜块根上半部形成菜花状增生。 病株的块根与健康甜菜的块根相比明显要小，但增生部分有可能比正常甜菜块根大。增生部分向外生长，并带有裂隙，仅通过细窄的颈与主根联系。在收获时常常可能被折断，因此可以判断在有些年份病株可能更多。有时在叶片上也可观察到细胞增生（"胆状"）。增生部分

呈果肉色，组织的硬度与其他部分没有区别，只是维管束分布杂乱。增生部分生长期间，感觉很坚实。 随着甜菜成熟，根瘤变得稍软并有些萎缩。在雨水多的年份，根瘤在收获前就开始腐烂并脱落。 这种根瘤容易识别，不会与其他病害混淆。

### （3）生物学及发病条件

病原细菌生长于土壤中，只能通过根部损伤侵染甜菜。因为侵染需要相对多的水，因此这种根瘤大多发生在黏重或者易于滞水的土壤中。病原菌对干旱和光照敏感，因此它只能引起地下感染。 与其他细菌感染不同，受侵染的细胞并不死亡，并因细菌分泌的生长激素类物质的刺激引起生长紊乱。这些病甜菜块根的含糖可降至10% ~ 12%。 如果根瘤在收获前脱落，细菌回到

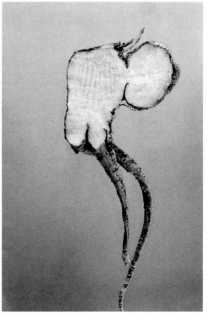

菜花状的根瘤，与主根仅通过窄细的颈联系（右）

49

土壤，根据土壤质地以及含水情况它们可在土壤中存活并保持侵染性多年。

### （4）病害的重要性及分布

在中欧气候条件下，这种病害没有实际的经济意义。

### （5）预防措施

目前没有具体的措施预防这种根瘤。保持良好的轮作有利于降低根瘤病的风险。

**Literatur**

Hayward, A. C, Waterston, J. M.. 1965: *Agrobacterium tumefaciens* C.M.I. Descriptions of Pathogenic Fungi and Bactcria, Nr.42, 2 S.

Heinze, K., 1983: Leitfaden der Schädlingsbekämpfung, Band III: Schädlinge und Krank heiten im Ackerbau. Wissenschaftliche Ver lagsgesellschaft mbH, Stuttgart

Hell, R., 1960: Sugar Beet Diseases, Ministry of Agriculture, fisheries and Food Bulletin no. 142, HMSO, London

König, K., 1984: Wurzelkropf der Rübe. Die Landtechnische Zeitschrift. 35, S. 1095

典型根瘤

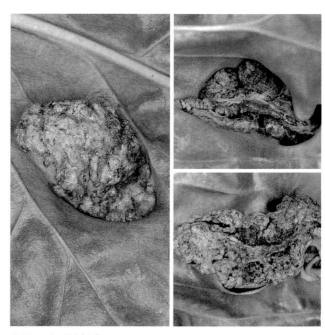

少见：叶面被侵染

# 细菌性叶斑病——假单胞菌 *(Pseudomonas syringae* pv. *aptata)*

### （1）病原菌，寄主植物

这种叶斑病是因为细菌 *Pseudomonas syringae pv. Aptata* 即假单胞菌引起的。它能侵染很多植物，但最易发生在糖和饲料甜菜上。

### （2）病害症状以及与其他相似病害的区别

封垄后，遇到较长时间的雨水，冰雹或者冷湿天气，在叶面形成不规则大小不一的深色叶斑，沿叶脉发生较多些。叶斑中心呈灰色至浅棕色，叶斑周围有较宽而明显的黑棕色外圈，叶斑直径可达1～6mm。如果侵染严重，叶斑汇集一起使叶片一定区域死亡。这部分死亡的叶片区域将干枯，并从整个叶片上脱落，使整个叶片似受雹灾一样变得多孔。一部分叶缘也可能变棕色或黑色。少数情况下，叶柄和叶脉上也能观察到黑色条状斑纹。如果天气干旱，黑色斑点和斑纹可能消失，但枯死的区域将不能再恢复。一定条件下，易与真菌引起的褐斑病 *Cercospora*（小的，圆的，浅色的叶斑带红色的外缘）和叶斑病 *Ramularia*（较大些棕色叶斑，不带明显外缘）相混淆，并导致每年错误施用真菌杀菌剂，而真菌杀菌剂一般对细菌是不起作用的。运用放大镜可以很容易鉴定它们之间的区别，真菌褐斑菌 *Cercospora* 以及叶斑菌 *Ramularia* 可观察到病斑内（黑褐色斑点）的菌瘤、病菌及其分生孢子。假单胞菌病斑没有菌丝结构，通常具有典型深黑色、多为不规则的围绕病斑的外圈。

### （3）生物学及发病条件

柱状的假单胞菌属于创伤性病原菌，在冷凉的

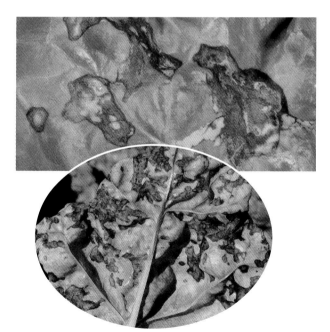

黄萎叶片近距离观察（左上）；叶片上不规则的黑色斑点（左下）；强降雨后症状（右）

气候条件下发育好。它只能通过气孔或者受伤的表皮组织，如强降雨或冰雹，侵染叶片。咀嚼型或吸食型的昆虫也能为假单胞菌侵染提供可能，昆虫可以直接将细菌带入植物体，也可通过风或雨水。

病害的发生过程与气候密切相关。冷凉气候条件下，病害传播迅速，而在干旱条件下则又迅速停滞传播。年际间的传播很可能是通过带菌的种子或残留地里的带菌叶片。

### （4）病害的重要性及分布

迄今为止，一般来说，假单胞菌危害微不足道。近年来的产量以及质量损失未知。但病害症状的诊断还是很重要的，因为我们必须将它与危害很大的真菌病害区别开来。

### （5）预防措施

严格轮作倒茬以及将残留的病叶深翻到土壤中是甜菜种植者必须重视的重要的防病措施。甜菜品种之间没有发现对假单胞菌有任何抗性差异。

**Literatur**

Heinze, K., 1983: Leitfaden der Schädlingsbekämpfung, Band III: Schädlinge und Krankheiten im Ackerbau. Wissenschaftliche Verlagsgesellschaft mbH. Stuttgart

Poschenrieder, G., 1984: Bakterielle Blattflecken. Die Landtcchnischc Zeitschrift. 35, S. 973

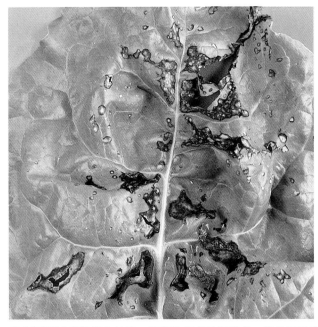 

病斑周围清晰的黑色外缘；枯萎的病变组织脱落；通常沿叶脉发生

# 疮痂病（*Actinomycetes*）

## （1）病原菌，寄主植物

这种病害很可能是因为放线菌*Actinomycetes*引起的。 这种放线菌属于细菌类，在土壤中分布广泛。文献中通常原则上将疮痂病分为两种，一是在实际中常见的腰部疮痂病，另一种为实际中少见的根体疮痂病。放线菌的其他寄主植物为土豆（*Solanumtuberosum*），胡萝卜（*Daucus carota*）以及欧洲防风草（*Pastinaca sativa*）。

## （2）病害症状以及与其他相似病害的区别

腰部疮痂病是指在地表以下甜菜块根在其腰部呈现棕色的，深浅不一的纵向裂痕的疮痂。在腰部，其宽度可能不同，块根或多或少变细并带有珠状的增生。单个维管束向外生长，使得根体表面显得布满裂隙并变形。地表以上的块根以及腰部以下的根体不会受到受到损害。

病害侵染根体缓慢。 根体变细的部位可能在收获时被折断。 收获前的叶部器官上没有任何症兆。

苞状疮痂或称根体疮痂是指单个发生的，通常为圆形的斑点，随甜菜生长将块根多次撕裂使其在收获时可能呈现痘疮一样的苞疮。

## （3）生物学及发病条件

很明显，疮痂病多发生在病弱的甜菜植株上，常见于土壤pH过低，土壤排水不良或有滞水层。土壤通气性不够是引发疮痂病的主要原因。因为疮痂病多发生在湿润的夏季，但如果土壤施用石灰改善通气性，即使是湿润的夏天也不发生疮痂病。

苞状疮痂或称根体疮痂通常发生在pH较

最初的小的疮痂

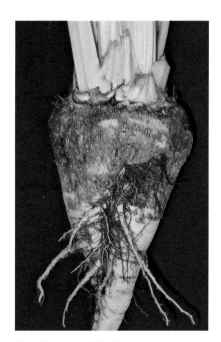
块根表面大面积疮痂

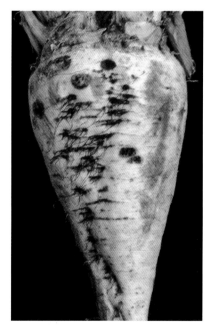
带圆形斑点根体疮痂

高（pH＞7）的土壤中。在科学文献中，一般认为不同的 *Actinomyces* 放线菌种类是腰际疮痂病的病原菌，而苞状疮痂或称根体疮痂的病原菌是 *Streptomyces scabies*（也是土豆疮痂病的病原菌）。

### （4）病害的重要性及分布

从经济角度看这种病害的危害不是很重要。在一定条件下，其使甜菜块根的带土量增多，或者因为收获时块根折断而使损失增加。但这些现象原因复杂，不能就此完全断定是疮痂病引起。特别是苗腐菌根腐病 *Aphanomyces cochlioides* 后期如果"侥幸成活"，其在收获时的症状与疮痂病症状一样。

### （5）预防措施

通过提高土壤pH、改善土壤结构和加强中耕，可以提高甜菜块根的自身抵抗力。在疮痂病易发的地块，避免施用生理酸性肥料。在轮作制度中，尽量在粮食作物后种植甜菜。品种间抗性有区别，目前有抗性育种项目。

#### Literatur

Bradbury, J. F., 1986: Guide to Plant Pathogenic Bacteria. C.A.B. Internat. Mvcolog. Institute, Kew, England

Heinze, K., 1983: Leitfadcn der Schädlingsbekämpfung, Band III: Schädlinge und Krankheiten im Ackerbau. Wissenschaftliche Verlagsgesellschaft mbH, Stuttgart

Hoffmann, G.M., 1956: Ein Beitrag zur Ätiologie des Rübenschorfes Phytopath. Zeitschrift. 26, S.107-110

Kleinhempel, H., et al., 1989: Bakterielle Erkrankungen der Kulturpflanzen. Springer-Verlag, Hamburg

König. K., 1983: Gürtelschorf der Rube, Die Landtechnische Zeitschrift 34, S. 324

典型的单面变形

根体表面纵深裂隙

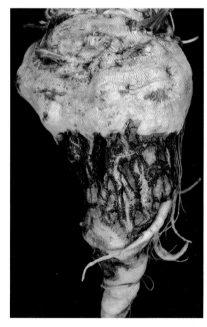
环腰状疮痂症状

# 虫害部分

# 蚜 虫 类

## 绿桃赤蚜（*Myzus persicae* Sulz.，同义词：*Myzoaes persicae*）

桃蚜*Myzus persicae* (Sulzer)，属半翅目Hemiptera（原为同翅目Homoptera；但同翅目现已移至半翅目内），蚜科Aphididae。别名腻虫、烟蚜、桃赤蚜、油汉。

### （1）害虫、寄主

有翅孤雌蚜（Alate）：1.3～2.5mm长的带翅夏季桃赤蚜其头部和胸部呈黑色至黑褐色。在它触角底座旁有向内突起的额头隆肉，躯干背部的颜色在黄绿色和绿色之间变化。背部有一块标志性的色斑，呈褐色，多带有波纹，其余的点状色斑分布在两侧。

无翅孤雌蚜（Aptere）：1.8～2.3mm长的无翅夏季桃赤蚜呈黄绿色至中绿色。在夏季有时也出现黄色无翅夏季桃赤蚜。当然，红色是其若虫的一个显著特征，它继续成长为有翅桃赤蚜。头、胸和躯干背部几乎没有色差。额头隆肉是其本质特征，但在幼虫阶段并无显现。触角最长可达其身体长度。桃赤蚜在植物上繁殖的数量令人惊讶。

冬季寄主（主要寄主）：桃树/桃子，有时也寄生于晚熟的稠李。

夏季寄主（次要寄主）：人工栽培植物，比如马铃薯、萝卜、甘蓝类蔬菜、芸薹、黄瓜、粮食、羽扇豆、烟草、豆角、豌豆、萝卜、菠菜和玉米，都会受到绿色桃赤蚜侵害。观赏植物中百合、郁金香、报春、楼斗菜、秋海棠、梓树、铃兰、藏红花、大丽花、石竹、唐菖蒲和大岩桐也是寄主。此外还有以下野生草本植物（选择）作为寄主：锦葵、海绿、雏菊、金盏花、荠菜、藜属、春白菊、艾菊、曼陀罗、毛地黄、椀牛儿苗、大乾、蓝堇、天仙子、莴苣、薄荷、山楂、蓼、毛莨、酸模、狗蛇草、茄属、蒲公英、荀麻和婆婆纳。已知的夏季寄主共有400多种。

有翅绿桃赤蚜和右侧图中无翅桃赤蚜在外形上有很大的区别

无翅桃赤蚜

### （2）损害症状、混淆的可能性

一般来说，桃赤蚜这个物种在甜菜或萝卜中出现的不多，可造成独特的损害症状（如吸吮症状）。它几乎只出现在梅花草属类植物中。或许它也能和其他的可以在甜菜或萝卜中繁殖的绿色蚜虫物种相混淆，虽然只是在很小的程度上（如冬葱蚜虫、有斑点的土豆蚜虫、黄瓜蚜虫）。此外，臭虫和蝉的幼虫经常被看作桃赤蚜，但是这些幼虫经常停留在老树叶上，而且比桃赤蚜活动力强。

### （3）生物学、影响因子

绿色桃赤蚜一般以卵的形式在桃树上过冬。春暖花开的时候，原物种在多次蜕皮后产下所谓的干母，而后迅速地脱离卵。这些干母大部分是无翅的。随着气候的转变，下一代的或再下一代的干母主要进化为带翅桃赤蚜（迁徙），而后他们再迁移到夏季寄主或次要寄主上（比如甜菜或萝卜）（春季飞行）。带翅的一代之后几乎总是一代或两代无翅桃赤蚜。带翅桃赤蚜寻找其他的次要寄主，他们的形成依赖于各种各样的影响因素，例如寄主植物的生理性状况或群体密度（夏季飞行）。秋天时夏季寄主上形成雌性蚜虫的初级阶段，它们飞至冬季寄主上在那里产下有交配能力的、无翅雌性蚜虫。此外，夏季寄主上形成有翅雄性蚜虫。然后它们同样迁移到桃树上，与那里的雌性蚜虫交配，接着在冬季寄主的蓓蕾上排卵。这一整个的过程被叫做全循环。

除了全循环以外，在暖和的冬季，于草本植物（如甜菜、芸薹、雏菊、酸模属、蒲公英等）上也能出现非全循环，也就是说，无翅蚜虫形成阶段较长。

在无性繁殖过程中，绿色桃赤蚜的上一代产下活着的幼虫

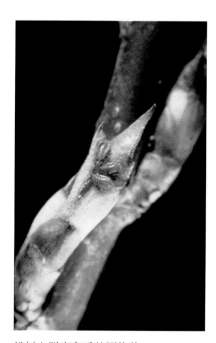

桃树上脱离卵后的原物种

在植物生长时期，促进绿色桃赤蚜侵害的因子有晴朗的、不太热的天气和微风。25℃是理想的气温。现代科学研究得出一个有趣的结论，黄化病毒的侵害对蚜虫的生命有着积极的影响。

### （4）重要性、分布

绿色桃赤蚜在全世界传播，当然在比较冷的地域只在它们的主要寄主上同时出现。它们作为最普遍、最能传播植物病毒的蚜虫在蚜虫类中获得了突出的地位。

### （5）预防与防治方法

桃赤蚜能够通过热流和风跨越很远的距离。20世纪50年代在下萨克森州实际践行的方法是：通过土地的开垦布置和禁止栽种主要寄主桃树来消灭桃蚜虫，也落空了。其余的参考黑豆蚜的论述。

### （6）天敌

许多捕食性昆虫和寄生虫（详细的介绍请参

甜菜上的绿色桃蚜往往比黑豆蚜少得多

照黑豆蚜），还有Entomophthora和 Acrostalagmus种类中的真菌。

### Literatur

Bale, J.S., Harrington, R. und Clough, M.S. (1988): Low temperature mortality of the peach-potato aphid *Myzus persicae*; Ecological Entomology 13, 121-129

Clough, M.S., Bale, J.S. und Harrington, R. (1990): Differential cold hardiness in adults and nymphs of the peach-potato aphid *Myzus persicae*; Annals of applied Biology 116, 1-9

Dusi,A.N., Peters, D., van der Werrf, W. (2000): Measuring and modelling the effects of inoculation date and aphid flight on the secondary spread of beet mosaic virus in sugar beet. Annals of applied Biology 136, 131-146

El Din, N. S. (1976): Temperaturwirkungen auf die Blattlaus *Myzus persicae* (Sulz.) unter besonderer Berücksichtigung der kritischen Temperaturen. Zeitschrift für angewandte Entomologie 80, 7-14

Karl, E. und Giersemeh, I, I. (1977): Die Dauer der Infektionsfähigkeit fastender Blattläuse nach Aufnahme des Wasserrübenmosaik-, des Rübenmosaik- und des Allgemeinen Wassermosaik-Virus; Archiv für Phytopathologie und Pflanzenschutz Berlin 13, 339-345

Kennedy, J. S., Booth, C. O. und Kershaw, W. J. S. (1959): Host finding by aphids in the field, I. Gynoparae of *Myzus persicae* (Sulzer), Annals of applied Biology 47, 410-423

Kennedy, J. S. und Booth, C. O. (1961): Host finding by aphids in the field Ill. Visual attraction, Annals of applied Biology 49, 1-21

Kift, N.B., Dewar, A.M., Werker,A.P., Dixon, A.F.G. (1996): The effect of plant age and infection with virus yellows on the survival of Myzus persicae on sugar beet. Annals of applied Biology 129, 371-378

Moericke, V. (1950): Wo entstehen Gynoparen und Männchen der Pfirsichblattlaus (*Myzodes persicae* (Sulz.)?, Nachrichtenblatt für den deutschen Pflanzenschutzdienst Braunschweig 2, 99-102

Müller, F. P. (1954): Holozyklie und Anholozyklie bei der Grünen Pfirsichblattlaus *Myzodes persicae* (Sulz.), Zeitschrift für angewandte Entomologie 36, 369-380

van Emden, H. E, Eastop, V. E, Hughes, R. D. und way, M. J. (1979): The ecology of Myzus persicae, Annual Review of Entomology 14, 197-270

Schlliephake, E., Graichen, K., Rabenstein, F. (2000): Investigations on the vector transmission of beet mild yellowing virus (BMYV) and the turnip yellows virus (TuYV). Zeitschrift für Pflanzenkrankheiten und Pflanzenschutz 107, 81-87

# 黑豆蚜、甜菜蚜 (*Aphis fabae* Scop.)

## (1) 害虫、寄主

有翅夏季黑豆蚜（Alate），1.6 ~ 2.6mm 长，颜色从黑绿到黑色。腹部常有深色横线。额头没有隆肉，触角很亮，黑色的腹部管子有身长的 1/10，非常短。前腿下肢和脚趾关节颜色浅，中腿和后腿的大腿部位颜色深。

若虫阶段（夏季寄主）：幼虫在这个阶段蜕皮成带翅夏季黑豆蚜。身体前部经常是浅灰色的，腹部有生长形成的条纹或斑点，已经能看到翅膀的结构。

无翅夏季黑豆蚜（Aptere）：它们的颜色从暗黑色到黑绿色，也有一部分是灰绿色，1.5 ~ 3.1mm 长。腹部没有线条，触角和腿的颜色和带翅夏季黑豆蚜一样。

随着季节的不同，黑豆蚜在不同的寄主植物上繁殖。

冬季寄主（主要寄主）：欧卫矛或在非常局限情况下的荚蒾属，以前西洋山梅花也是寄主之一，还有其他与之外形相像的植物也是黑豆蚜的寄主，但它们不侵害甜菜和豆角。

夏季寄主（次要寄主）：黑豆蚜偏爱甜菜、萝卜和豆角，此外还有罂粟、滨藜、菠菜、菜豆、龙葵、藜属、飞廉、毛地黄、大丽花、向日葵，有时也过渡性质的在土豆、玉米和豌豆上。

## (2) 损害症状、混淆的可能性

严重受侵害的植物生长滞后，叶片破裂、多泡并卷曲。如果在生长阶段，8 ~ 10 片叶子上有大概 1 000 只蚜虫，这样长成的甜菜高度只有未受侵害甜菜的 1/3 ~ 1/2。若有更多蚜

带翅黑豆蚜在一片嫩甜菜叶上

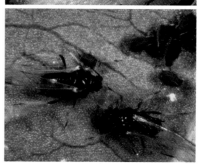

黑豆蚜的幼虫有翅膀的构造

虫的话，就会更阻碍植物的生长，并且会造成无病毒性的叶片变黄。甜菜叶片的背面是黑豆蚜聚集的中心。严重的侵害导致叶片表面发光、发黏，有蜜露（黑豆蚜的粪便）。炭黑露水真菌可以在这里繁殖。受黑豆蚜群体侵害而严重变形的叶片易与受病毒侵害的叶片（如曲顶病）相混淆，但是人们看不到黑豆蚜的皮和其他残留，因此黄色的甜菜有黄化毒病的可能。

### （3）生物学、影响因子

在中欧，整个冬季都是黑豆蚜卵发育阶段。从5月中旬起，原物种在几个星期的产卵后脱离卵。3～4代的干母寄生在冬季寄主上，在这里大部分是带翅膀的黑豆蚜。4月底至6月初经过迁徙，开始于夏季寄主上集聚。有翅黑豆蚜偏爱在甜菜的心叶部产下一个或若干个后代。因为它们的翅膀在寄居后逐渐萎缩消失，所以位置相对稳定。接下来形成无数后代（一只雌性黑豆蚜每次产24～32枚卵），它们经过荷尔蒙的重新整合，在6月中旬长成有翅黑豆蚜。然后它们寻找另外的夏季寄主，而剩下的黑豆蚜就像桃赤蚜一样能够给甜菜带来有经济意义的晚期危害。从9月中旬起一直到10月或11月，这些所谓的雌性黑豆蚜，实际上是发育早期的雌性黑豆芽飞往冬季寄主，并在那里产下雌性黑豆蚜。晚些时候它们会和飞往夏季寄主的雄性黑豆蚜交配。随着在欧卫矛上的再次产卵，一次循环结束。

对侵害影响的因子是秋季气候的平和较温暖和冬季寄主晚期的落叶，它们都能造成较高的产卵量。在春季，提前来临的暖流促进了主要寄主

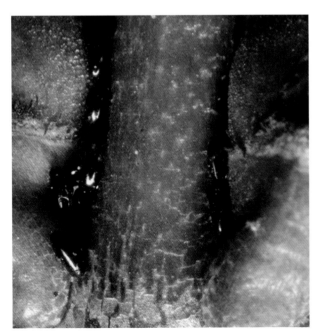

黑豆蚜的卵在欧卫矛上

黑豆蚜在吸吮叶茎

（左）黑豆蚜的发育循环（*Aphis fabae*）
（右）更换寄主的迁徙黑豆蚜（迁徙者）

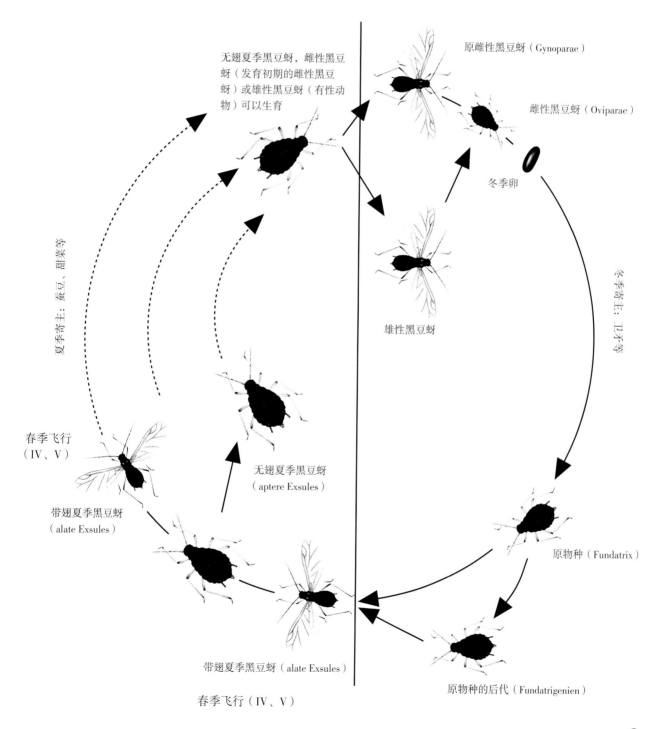

秋季飞行（IX、X）

无翅夏季黑豆蚜，雌性黑豆蚜（发育初期的雌性黑豆蚜）或雄性黑豆蚜（有性动物）可以生育

原雌性黑豆蚜（Gynoparae）

雌性黑豆蚜（Oviparae）

冬季卵

雄性黑豆蚜

夏季寄主：蚕豆、甜菜等

冬季寄主：卫矛等

春季飞行
（IV、V）

无翅夏季黑豆蚜
（aptere Exsules）

带翅夏季黑豆蚜
（alate Exsules）

原物种（Fundatrix）

带翅夏季黑豆蚜（alate Exsules）

原物种的后代（Fundatrigenien）

春季飞行（IV、V）

61

欧卫矛的生长，大量消灭叶蚜虫的益虫（特别是瓢虫）已死掉。夏季温和的气温有利于蚜虫的繁殖，但温度高于28℃时，将提高其死亡率。

### （4）重要性、出现率

由于黑豆蚜定期出现在甜菜上，于是它也属于叶蚜虫种类中最重要的一种。它在全世界传播。仅通过吸吮形成的早期侵害就可造成15%～20%的损害。另外，黑豆蚜还传播病毒BMYV，尽管它和桃赤蚜相比只是在很小的范围内造成侵害，25只黑豆蚜才能达到1只桃赤蚜的生产能力。

### （5）预防与防治方法

当黑豆蚜在被保护的甜菜附近出现时，消灭主要寄主欧卫矛身上的黑豆蚜才有效控制其危害。另外，药剂拌种也能大量减少黑豆蚜的早期侵害。

### （6）天敌

黑豆蚜的天敌有瓢虫（*Coccinella* 7-punctata, *C.* 10-punctata, *C.* 10-pustulata, *C.* 9-notata, *Adalia bipunctata* 等）、草蛉科（*Chrysoperla carnea, Chr. albolineata, Chr. Formosa, Chr. prasina* 等）、食蚜铓科（*Episyrphus balteatus, Syrphus robessi, S. vitripennis, Metasyrphus corollae* 等）、各种各样的蜘蛛、野生臭虫（*Anthocoris pilosus*）和蚊子（*Aphidoletes aphidimyza, Triloba aphidisuga*）。*Aphidius cardui, A. crisii, A.crepidis, Praon spec.* 和 *Aphelinus asychis, Pachneuron aphidis, P. siphonophorae* 寄生在黑豆蚜上，此外真菌 *Entomophthora aphidis, Empusa fresenii* 和细菌 *Bacillus lathyri* 也起很重要的作用。高级一些的动物，比如说山鸡、地里的云雀和麻雀也是黑豆蚜的天敌。

黑豆蚜卵群在主要寄主欧卫矛上

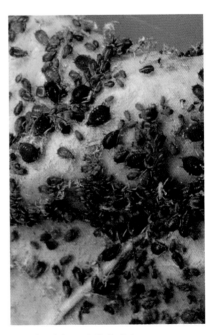

黑豆蚜群在一片甜菜叶上

# 蚜 虫 类

## Literatur

Bombosch, S. (1964): Untersuchungen zum Massenwechsel von *Aphis fabae* Scop., Zeitschrift f. angew. Entomologie 54, 179-193

Daebeler, F. und Hinz B. (1976): Untersuchungen über Saugschäden durch *Aphis fabae* Scop. an Zuckerrüben, Archiv für Phytopathologie und Pflanzenschutz 12, 105-110

Dry, W.W. und Taylor, L. R. (1970): Light and temperature thresholds for take-off by aphids. Journal of animal Ecology 39, 493-504

Iglisch, I. (1970): Über die Entstehung der Rassen der, Schwarzen Blattläuse (*Aphis fabae* Scop. und verwandte Arten), über ihre phytopathologische Bedeutung und über Aussichten für erfolgversprechende Bekämpfungsmaßnahmen (*Homoptera*: *Aphididae*). Mitteilungen der Biologischen Bundesanstalt Berlin Dahlem, 131

Iglisch, I. und Gunkel, W. (1970): Zur Biologie und Vektorleistung der "Schwarzen Blattläuse" (Arten aus der *Aphis-fabae*-Gruppe sensu lato, *Homoptera*: *Aphididae*), Zeitschrift für angewandte Zoologie 57, 69-95

Johnson, B. (1957): Studies on the degeneration of the flight muscles of alate aphids I. A comparative Study of the occurence of muscle breakdown in relation to the reproduction in several species. Journal of Insect Physiology 1, 248-256

Johnson, C. G. (1964): Aphid migration in relation to weather, Biological Review 29, 87-118

Kennedy, J. S., Ibbotson, A. und Booth, CO. (1950): The distribution of aphid infestation in relation to leaf age, I. *Myzus persicae* (Sulz.) and *Aphis fabae* Scop. on spindle trees and sugar beet plants. Annals of applied Biology 37, 651-680

Kennedy, J. S. und Booth. C. O. (1951): Host alternation in *Aphis fabae* Scop., I. Feeding preferences and fecundity in relation to the age and kind of leaves, Annals of applied Biology 38, 651-679

Kennedy, J. S.; Booth, C. O. und Kershaw, W. J. (1959): Host finding by aphids in the field. II. *Aphis fabae* Scop. (Gynoparae) and *Brevicoryne brassicae* L.; With a re appraisal of the role of host finding behaviour in Virus spread. Annals of applied Biology 47, 424-444

Müller, F. P. und Steiner, H. (1986) : Morphologist Unterschiede und Variation der Geflügelten im Formenkreis Aphis fabae (Homoptera; Aphididae). Beiträge zur En tomologie, Berlin 36, 209-215

Müller, H. J. (1951): Über die Bedeutung der Winterwirte für die Bekämpfung der Schwarzen Bohnenlaus (*Doralis fabae* SCOP). Nachrichtenblatt für den deutschen Pflanzenschutzdienst (Berlin) 5, 111-115

May, M.J., Cammell, M.E., (1982): The distribution and abundance of the spindle tree Euonymus europaeus in southern England With particular reference to forecasting infestations of the black bean aphid Aphis fabae. Journal of applied Ecology 19, 929-940

Thielemann, R. und Nagi, A. (1979): Welche Bedeutung haben die zur "Aphis fabae-Gruppe" gehörenden Blattlausstämme für die Übertragung des schwachen Vergilbungsvirus auf Beta-Rüben? , Zeitschrift für Pflanzenkrankheiten und Pflanzenschutz 86, 161-168

Tokmakoglu, O. (1964): Untersuchungen zur Vermehrung von *Aphis fabae* (Rhynch., Homoptera, Aphididae.) Zeitschrift für angewandte Entomologie 55, 105-155

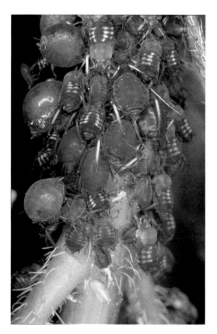

黑豆蚜的群体，褐色的是干尸
（被寄生的蚜虫）

黑豆蚜的严重侵害导致叶子变形和产量阻碍

# 根际蚜虫

## 甜菜根蚜（*Pemphigus betae* Doane）

### （1）害虫、寄主

1.5～2.5mm长、椭圆形的无翅根际蚜虫是脏浅黄色至浅黄绿色。短短的触角只有身长的1/5。脚和身体中部灰褐色。生长排泄物使身体看起来像扑了白粉。

带翅膀的甜菜根蚜的头、胸部、脚和触角为褐色，胸部一部分为深褐色，部分也像是被生长排泄物遮盖住。腹部和没带翅膀的黑豆蚜腹部一样。

甜菜根蚜侵害甜菜和藜属，像是滨藜属、白藜属等，在有限的范围内还有苋属、菠菜和苜蓿。要是像现代研究揭示的那样，甜菜根蚜和在北美出现的*Pemphigus populiveniae*是一样的话，那么杨树也属于它的寄主植物。

### （2）损害症状、混淆的可能性

甜菜根蚜吮吸甜菜的须根。很显然有毒的唾液排泄物导致根维管束死亡，阻止了水分和营养物质的摄取。较严重的侵害造成叶子萎蔫，甚至变黄。主根干缩、腐烂。甜菜植株及其根部都有霉菌一样的生长涂层。

侵害开始时呈窝状，然后集中扩大。这种模式很像线虫造成的侵害，但这里植物地下的部分是没有生长涂层的。因此线虫主要沿着犁的方向扩大。

### （3）生物学、影响因子

根际蚜虫在德国还没被深入研究过。它主要作为非全循环蚜虫，它的损害位置在地下，并在地下30～60cm越冬。除此之外，全循环越冬也在被讨论中，但直到现在还没有明确的结论。

对甜菜的侵害大约从6月开始，7月或8月是出现急剧增加的阶段。在秋季（9月）形成大量的带翅甜菜根蚜。

甜菜根蚜喜爱肥沃、有裂缝的土地，炎热、干燥的气候促进它的生长。土地的裂痕使它们在地下的游走行动变得容易。

带翅膀的甜菜根蚜也在地上

没带翅膀的甜菜根蚜，如下图腹部带有典型的蜡状排泄物

另外，前面提到的野生草本植物也对甜菜根蚜的存活很有利。

### （4）重要性、出现率

甜菜根蚜受土壤肥沃度和平均降雨量的限制。在德国，如在马格德堡低地平原才出现甜菜根蚜。另外，有关它的报道多来自东南欧和原苏维埃共和国。对于北美来讲，甜菜根蚜也是很有意义。大量甜菜根蚜的出现造成的损害也是很大的，比如500多只甜菜根蚜在一个甜菜上出现可使其损失重量超过30%，并减少甜菜中糖含量1～1.5个百分点。大量侵害可导致植物渐渐死亡。

### （5）预防与防治方法

消灭杂草（特别是藜属植物）和轮作方法（没有苜蓿），如果有，就对田地进行淋洒。少种植易受害的植物。

### （6）天敌

野生臭虫和同缘蝽属半翅目缘蝽科（*Anthocoris* spec.），大灰食蚜蝇双翅目食蚜蝇科（*Metasyrphus*），食蚜蝇属双翅目食蚜蝇科（*Syrphus* spec.），斜斑鼓额食蚜蝇双翅目食蚜蝇科（*Scaeva*），黄蜂蝇黄潜蝇科（*Thaumatomyia glabra*），*Dillazon laetatoriu*，杀蚜蝇姬蜂膜翅目姬蜂总科（*Syrphoctonus maculifrons*），丁香蜡介宽缘金小蜂膜翅目金小蜂科（*Pachyneuron syrphi*）

### Literatur

Harper, A. M. (1963): Sugar-Beet Root Aphid, *Pemphigus betae* Doane (*Homoptera*: Aphididae), in Southern Alberta,The Canadian Entomologist 95, 863-873

Blumenberg, E. und Bösche. B. (1992): Wurzelläuse an Zuckerrüben. Die Zuckerrübe 41 52-53

Bösche, B. und Duda, A. (1993): Zuckerriibenwurzellaus cin neuer Schädling?; Die Zuckerrübe 42, 90 92

Harper, A. M. (1964): Varietal Resistance of Sugar Beets to the Sugar Beet Root Aphid *Pemphigus betae* Doane (*Homoptera*: Aphididae). The Canadian Entomologist 96, 520-522

Parker, J. R. (1914): The life history of the sugar-beet root-louse (*Pemphigus betae* Doane). Journal of Economic Entomology 7, 136-141

Wallis R. L. und Gaskill, J.O. (1963): SugarBeet Root Aphid Resistance in Sugar Beet. Journal of the American Society of Sugar Beet Technology 12, 571-572

根际蚜虫造成的侵害如图前部分

甜菜身上的蜡状淤积显示了根际蚜虫的侵害

# 叶 蜷 类

## 甜菜叶蜷（*Piesmidae*）

椿象科属半翅目，乃半翅目中种类最多的一群，全世界单椿象科种类约有5 000种。异翅亚目（Heteroptera），此亚目昆虫通称"蜷"或"椿象"。

## 甜菜似网蜷（*Piesma quadrata* Fieb.）

*Piesma quadrata* 费蒲（同义词：*P. quadratum*）

### （1）害虫、寄主

甜菜叶蜷3 ~ 3.5mm长，灰色至红灰色，有一张白色的甲壳尖嘴，红色的眼睛和深色的头。前翅膀有黑色斑点。它侵害甜菜、饲用甜菜、菾苤菜、菠菜、白藜属、滨藜属。

### （2）损害症状、混淆的可能性

一般没有吮吸造成的直接损害，它的损害症状在幼苗和嫩叶上表现为半圆形或过渡性的枯萎。早期的症状可与蝉造成的损害症状混淆。甜菜叶蜷常造成类似生菜头卷曲和变形的严重损害，但没有直接的损害症状，而是依靠传播病毒形成危害。

### （3）生物学、影响因子

甜菜叶蜷作为长成的昆虫在草、落叶、针谷壳下过冬。它在4月中旬至5月初寻找寄主植物。因为不习远距离飞行，于是附近的甜菜成了首选，一般从边际开始。5月下旬雌性甜菜叶蜷开始在冬季寄主的叶茎和叶脉上产卵，大概几周后寄主上就有150 ~ 200枚（最多764个）长约0.6mm的黄色卵，2 ~ 3周后幼虫从卵脱离。接下来的1.5 ~ 2个月它们将长大五倍，成为有

甜菜似网蜷的成虫

甜菜似网蜷的刺孔位置（上）
黄萎病的状况，受甜菜叶蜷的影响

飞行能力的成虫。它们的父母亲在6、7月份死亡，一部分幼虫在这个时期（7月）已经开始寻找冬季寄主。另一部分开始再次产卵，在9月份成长为新的一代。它们在10月份时飞往过冬的植物。

### （4）重要性、出现率

甜菜叶蜻大多在欧洲传播，并没有到处造成损害。在东部，人们在高加索地区、乌兹别克斯坦和部分西伯利亚地区也有发现。德国的下萨克森州中部和东部地区、北威州、勃兰登堡州、萨克森州和萨克森—安哈特州都是受侵害的地区，但在传统肥沃的甜菜地里甜菜叶蜻却不出现。甜菜叶蜻能作为媒体传播甜菜黄萎病，而甜菜黄萎病会造成甜菜大幅度下降减产。此外，甜菜叶蜻还能传播潜在的甜菜玫瑰叶病，但此病害在欧洲并不重要。

### （5）预防与防治方法

在早年，甜菜和捕虫药一起下种，并在侵害后深深地翻耕入土。这种方法现在已经不再使用了。其他的预防与防治方法还不知道。

### （6）天敌

甜菜叶蜻的天敌并不多，有蜘蛛、螨、草蛉科幼虫、Beauveria种类的病毒和立克次氏体属微生物。

**Literatur**

Ehrhardt, P. & Schmutterer, H. (1965): Untersuchungen zum Anstich- und Saugverhalten sowie zur Nahrungsaufnahme der Rübenblattwanze *Piesma quadrata* Feb. (Heteropt., Piesmidae), Zeitschrift für angewandte Entomologie 56, 41—55 Lassack, H. (1956): Die Ausbreitung der Rübenkräuselkrankheit und ihres Vektors, der Rübenblattwanze, Piesma quadrata Fieb. (Heteropt. Piesmid.) in Niedersachsen, Zeitschrift für angewandte Entomologie 38, 67-72

Lassack, H. (1956): Verhaltensbiologische Untersuchungen an der Rübenblattwanze Piesma quadrata Fieb. Zeitschrift für angewandte Entomologie 38, 449-467

Scheibe, K. (1951): Die Rübenblattwanze bedroht den Rübenanbau Westdeutschlands, Gesunde Pflanzen 3, 119-122

Schubert, W. （1927）: Biologische Untersuchungen über die Rübenblattwanze *Piesma quadrata* Feb. im schlesischen Befallsgebiet, Zeitschrift für angewandte Entomologie 13, 129-155

Völk, J. & Krczal, H. (1957): Übertragungsversuche mit *Piesma quadratum* Fieb., dem Vektor der Kräuselkrankheit der Zuckerrübe. Nachrichtenblatt für den Deutschen Pflanzenschutzdienst (Braunschweig) 9, 17-22

Wille, H. (1929): Die Rübenblattwanze Piesma quadrata Fieb. Monographien zum Pflanzenschutz 2, Verlag Julius Springer, Berlin.

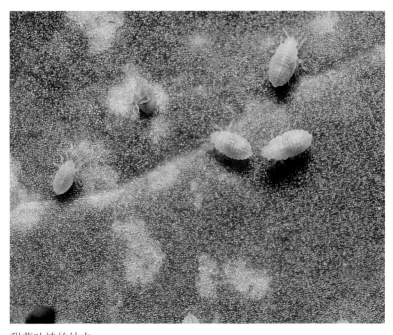

甜菜叶蜻的幼虫

盲椿象：昆虫名，为半翅目，盲蟥科。一年发生5代，主要种类有绿盲椿象、三点盲椿象、苜蓿盲椿象等。以绿盲椿象危害最严重。

# 盲软椿象（*Miridae*）
## 普绿盲蟥 [*Lygus pabulinus*（L.）]
## 草地蟥 [*Lygus pratensis*（L.）]
## 灰暗地蟥 [*Lygus rugulipennis*（Popp.）]
## 两星草地蟥 [*Calocoris norvegicus*（Gmel.）]

### （1）害虫、寄主

普绿盲蟥、草地蟥、灰暗地蟥和两星草地蟥都属于软椿象。普绿盲蟥成虫约6mm长，瘦长，全身浅绿色，有一个白色的甲壳。草地蟥也大约6mm长，有一对灰绿色、部分褐色的垂下的鞘翅和一个有白边的甲壳。灰暗地蟥最大5.4mm长，是最小的一种软椿象。灰色至绿褐色的，长毛，在甲壳的前边沿有两个小黑斑点。最后是两星草地蟥，7mm长，是最大的一种软椿象。其余的标志有颈部甲壳上的两个深色圆点，暗黄绿色、偶尔铁锈红色、带条纹的翅鞘。

普绿盲蟥的寄主有果树和浆果灌木，还有甜菜、马铃薯、番茄、烟草、园地豆角、土地豆角、大黄、苜蓿、啤酒花、大丽花、玫瑰花、菊花等。草地蟥侵害果树和浆果灌木，还有草莓、粮食、玉米和各种禾本科，此外它们还出现在甜菜、芹菜、甘蓝、萝卜、亚麻、苜蓿、红苜蓿、豆角、野豌豆、黄瓜、芦笋、马铃薯、烟草、毛蕊花、蒲公英、蒿属、茴香、母菊属等上。灰暗地蟥喜欢出现在苜蓿和马铃薯上，还常在粮食、玉米、甜菜、芸薹、烟草、胡萝卜、菊花和野生草本植物上。最后，两星草地蟥在马铃薯、红苜蓿、苜蓿、啤酒花、亚麻、甘蓝、甜菜、胡萝卜、芥子、豆角、豌豆、草莓、葡萄、罂粟和禾本科植物上。

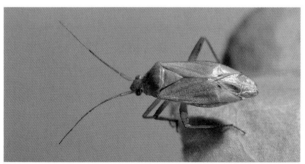

两星草地蟥（上）
普绿盲蟥（下）：没有斑点的亮色甲壳

草地蟥（上）
灰暗地蟥（下）

### （2）损害症状、混淆的可能性

如果嫩的植物受侵害（典型的是灰暗地蟥或草地蟥），它们会弯曲，部分会渐渐死掉。原因在于软椿象在打孔时注射的有毒唾液。较老叶子受侵害时出现弯曲、卷起和断裂，部分和植物激素损害的症状相似。在叶背面能够找到典型的、坏死的空洞处。此外叶片从叶尖开始变黄，这个症状经常与甜菜轻度黄化毒病（BMYV）相混淆，但后者多是橙黄色，而软椿象造成的黄化症状是黄色。

### （3）生物学、影响因子

除了两星草地蟥，其他所提及的软地蟥种类每年出现两代。以卵的形式（排卵在早秋时期），普绿盲蟥寄生在果树上，两星草地蟥寄生在许多树木和灌木上。脱离卵后的幼虫经历5个成长阶段后，发展成带翅软椿象，而后寄居在前面提到的寄主上。大约七月份普绿盲蟥在植物上排卵，在大约6周内第二代普绿盲蟥渡过了幼虫时期，接着它们寻找冬季寄主。和前面提及的两类软椿象不同，草地蟥和灰暗地蟥以成虫的形式在地边、森林边、荒地、灌木丛中，尤其在地草芥上生长。它们从那里直接转移到栽培植物上。5月在寄主上排卵，大约7月底成长为成虫。第二代（过冬的）在9月出现。对于在树上过冬的软椿象来说，肥沃犁翻的地块会受侵害。它们喜欢暖和偏温暖但不炎热的夏季。对于草地蟥和灰暗地蟥来说，暖冬将提高存活机率。

### （4）重要性、出现率

软椿象种类繁多，在食粮中广泛传播。它们出现在欧洲、北非和东方国家。草地蟥大多在亚洲和北美，但在那里多指变形后的种类。

受椿象刺孔后的甜菜叶变黄（上和下）

严重的叶萎缩现象和被染成黄色的叶尖不是病毒造成的，而是椿象唾液造成的

严重的损害大多只是局部的，尤其在地边可被观察到。

### （5）预防与防治方法

不明确。

### （6）天敌

天敌有蜘蛛、鸟类、野生臭虫（*Geocoris punctipes*）、寄生虫（*Alophora opaca*, *Anagrus ovidentatus*, *Polynema pratensipaga*, *Eulimneria* spec.）、线虫（*Hexamermis* spec.）和病毒（*Empusa muscae*, *Beauveria bassiana*）等。

### Literatur

Bech, R. (1969): Untersuchungen zur Systematik, Biologie und Ökologie wirtschaftlich Wichtiger Lygus-Arten (Homoptera: Miridae), Beiträge zur Entomologie 19, 63-103

Biommers, L.H.M., vaal, F.W.N.M., Heisen, H.H.M. (1997): Life history, seasonal adaptations and monitoring of common green capsid Lygocoris pabulinus (L.) (Hem., Miridae). Zeitschrift für angewandte Entomologie 121, 389-398

Gersdorf, E. (1964): Schäden durch Blindwanzen an Rüben, Gesunde Pflanzen 16, 235-238

Hesse, F. (1994): Weichwanzen — beachtenswerte Rübenschädlinge, Die Zuckerrübe 43 186-187

Holopainen, J. K. (1989): Host plant preference of the tarnished plant bug Lygus rugulipennis Popp. (Het., Miridae), Zeitschrift für angewandte Entomologie 107, 78-82

Petherbridge, F.R., Thorpe, W.H. (1928): The common green capsid (Lygus pabulinus). Annals of applied Biology 15, 446-472

Solomon, M.E (1969): Biology and control of Lygocoris pabulinus (Heteroptera: Miridae). Report 1968, Long Ashton Research Station Vol. 79.

Southwood, R. R. E. (1955): The nomenclature and life cycle of the European tarnished bug Lygus rugulipennis Poppius (Het. Miridae), Bulletin of Entomological Research 46, 845-848

Varis, A. L. (1972): Biology of Lygus rugulipennis Popp. (Het., Miridae) and the damage cau sed by this species to sugar beet, Annale Agric. Fenn. 11, 1-56

Wightman, J. A. (1969): Termination of egg diapause in Lygocoris pabulinus (Heteroptera: Miridae), Reports of agricultural and horticultural Research, Stn. Univ. Bristol 1968, 154-156

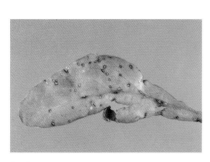

损害症状：灰暗地蟥

早期侵害导致叶子严重变形

# 盾蟓及缘蟓（*Pentatomidae，Coridae*）　斑须蟓/浆果蟓（*Dolycoris baccarum* L.）
# 大棕色缘蟓（*Mesocerus marginatus* L.）

盾蟓中的浆果蟓和缘蟓中的大棕色缘蟓有时都会侵害甜菜，但是它们没有盲软椿象那么重要。浆果蟓身长9～14mm，黄褐色至褐红色，有密集的黑色圆点。它的触角明暗对比地卷曲着。侵害谷物、马铃薯、烟草、三叶草属、苜蓿、芜青、芥子、甜萝卜、萝卜、甘蓝、向日葵、浆果树木、松树、欧洲榛子等。

这种盾椿分布在原北极地区至印度北部，但在欧洲中部找到了最适合生存的条件。它们大多通过侵害幼苗来损害制种甜菜。

## （1）天敌、寄主

浆果蟓的天敌有卵寄生虫，如 *Telenomus tischleri*, *T. sokolovi*, *Prophanurus sokolovi*, *Trissolcus simoni*, *Schedius telenomicida* 和成虫寄生虫，如 *Gymnosoma rotundatum*, *Ocyptera auriceps*, *O. brassicaria* 和 *Phasia crassipennis*。

大棕色缘蟓身长12～14mm，烟草褐色。腹部正面翅鞘下方呈红色。这种缘蟓吮吸粮食、马铃薯、烟草、草莓、大黄、甜菜、酸模属、啤酒花、向日葵、结草等。如果甜菜叶子被它吮吸，那么在吮吸处留有浅色的斑点，叶子当然也会变形。制种甜菜比原料甜菜更易受侵害，它造成损害的方式和浆果蟓一样，大多都是通过损害种子。一般情况下，大棕色缘蟓都是单独出现。

## （2）传播地区

欧洲。

## （3）天敌

已知的有卵寄生虫 *Schedius telenomi-cida* 和成虫寄生虫 *phasia crassipennis*。

**Literatur**

Colazza, S. & Bin, F. (1990): I pentatomidi ed i loro cntomofagi associati alla soia in Italia centrale, Informationi Fltopatol. 40, 38-42

Hodek, I. & Hodkova. M. ( 1993): Role of temperature and photoperiod in diapause regulation in Czech populations of *Dolvcoris baccarum* (Heteroptcra: Pcntatomidae). European Journal of Entomologv 90，95-98

大棕色缘蟓（上和下）

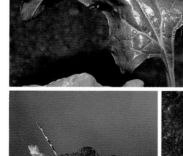

由缘蟓造成的叶子变形（上）；浆果蟓（下左）；缘蟓刺孔位置的坏死部分（下右）

# 蝉　　类

**小绿叶蝉/叶跳虫**（*Empoasca flavescens* Fabr.）　**灰绿鸣蝉**（*Empoasca decipiens* Paoli）
**叶蝉**（*Macrosteles laevis* Rib）　**草地沫蝉**（*Philaenus spumarius* L.）

小绿叶蝉成虫体长3.3～3.7mm，淡黄绿至绿色，复眼灰褐至深褐色，无单眼，触角刚毛状，末端黑色。前胸背板、小盾片浅鲜绿色，常具白色斑点。前翅半透明，略呈革质，淡黄白色，周缘具淡绿色细边。后翅透明膜质，各足胫节端部以下淡青绿色，爪褐色；跗节3节；后足跳跃足。腹部背板色较腹板深，末端淡青绿色。头背面略短，向前突，喙微褐，基部绿色。卵长椭圆形，略弯曲，长径0.6mm，短径0.15mm，乳白色。若虫体长2.5～3.5mm，与成虫相似。

## （1）害虫、寄主

小绿叶蝉（又叫叶跳虫）身长4mm，身体被透明的、没有花纹的翅膀遮盖，较前部有点黄色。灰绿鸣蝉身长3mm，稍微小一点。在头两侧有两个白色斑点。在胸部翅膀高度处有一个类似箭头的记号。

叶蝉有2～4.5mm，绿色至黄褐色，头部和胸部下方有黑色斑点。

草地沫蝉身长5～7mm，颜色变化极多，有黄色、绿色、褐色和黑色。翅膀大多呈暗色，头部无光、呈楔子形。

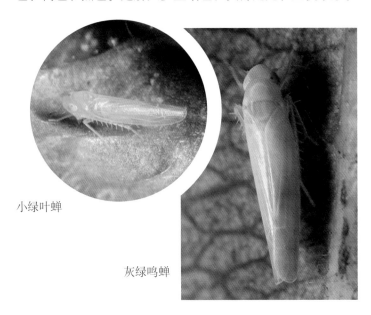

小绿叶蝉

灰绿鸣蝉

小绿叶蝉侵害核果、芹菜、马铃薯、烟草、药草、调味草和各种类型的野草。甜菜是已知的次要寄主，小绿叶蝉只寄居在地边。

灰绿鸣蝉侵害马铃薯、番茄、甜菜、葡萄藤、茄子等。

叶蝉主要生活在草和粮食上，但也在甜菜、马铃薯、羽扇豆、鸟足豆、苜蓿和三叶草属。草地沫蝉除了在草中，还在马铃薯、苜蓿、红三叶草属、草莓和覆盆子上被发现，有时还有甜萝卜、玫瑰花、葡萄藤和所有种类的荚果。它也侵害果树，像是苹果树、樱桃树等。

## （2）损害症状、混淆的可能性

蝉类造成的典型损害是叶面上显现白色的坏死斑点，部分还可呈现萎缩现象，有可能和椿象造成的损害相混淆。

## （3）生物学、影响因子

小绿叶蝉在叶的茎和梗上单一排卵，排卵数量相对较少（约12枚）。大概一周后（5～10d）幼虫破卵而出，雄性存活1～8d，雌性存活最多36d。一年出现六代蝉。在越冬后，成虫从4月开始寄居在寄主上。灰绿鸣蝉在叶片背面的组织里单一排卵，排卵大约300枚，一年出现四代，并在落叶下面越冬，从4月开始离开冬季寄主。

叶蝉一般以卵的形式越冬，在中欧，幼虫从7月开始破卵而出。卵期依赖于气候，可相差7～10d至4周，遇寒冷的天气甚至可以长达10周，幼虫才破卵而出。一个月后就是成虫阶段，第一代大多在8月完成发育。

接下来的一代（秋季）在8月中旬到10月初形成。遇暖阳的晚秋和温暖的冬季，幼虫在来年春季就破卵而出，并有可能出现大量幼虫。草地沫蝉也是以卵的形式越冬。原物种将卵包裹在白色的、泡沫状的分泌液中，一组1～30枚在地面上方最多5～10cm的叶子缝隙中、裂口处、叶鞘之间和叶茎上排卵。来年4月或5月幼虫破卵而出，在3～7周内从泡沫球长成蝉。寒冷的气候阻挡发育，干燥的天气可造成死亡。最早5月，一般都在6月或7月出现成蝉，在7月或8月达到寄居密度的最高峰，它们从7月底开始排卵，而后随着初霜而亡。

蝉可穿过绿地侵害地块边缘的甜菜。此外，暖冬和凉爽夏天（不太热，也不太干燥），都是蝉成长发育所需要的。

## （4）重要性、出现率

蝉类可在整个北半球出现，包括北美相关地区。它们对于甜菜种植的意义很有限，只有在数量急剧增加的时期，绿地边缘地带（比如在剪草之后）的甜菜会受侵害。是否传播病毒（尤其是小绿叶蝉），直今还在讨论，无明确说法。

## （5）预防与防治方法

总的来说没有明确、有效的方法。

## （6）天敌

天敌有乱寄生虫，如*Oligosita engelharti*, *Gonatocerus radiculatus*, *Anagrus atomos*和*A. amatus*，还有野生蓟马，如*Haplothrips tritici*吃蝉卵。此外，还有螨、蜘蛛、瓢虫、椿　象（*Nabis ferus, Orius insidiosus*）和草蛉科（*Crysopa*），真菌有*Entomophthora sphaerosperma*。

### Literatur

Adenuga, A.O. (1968): Polymorphism in two populations of *Philaenus spumarius* L. (Homoptera Antrophoridae) in the north-east of England; Journal of natural History 2, 593-600

Carle, P.; Moutous, G. (1966): Observations sur le mode de nutrition sur Vigne de quatre espèces de cicadelles; Annales Epiphyt. 16, 333-354

Farish, O. J. (1972): Balanced polymorphism in North American populations of the meadow spittlebug *Philaemus spumarius* (Homoptera: Cercopidae) 1. North American morphs; Annals of the Entomological Society of America 65, 710-719

Günthart, H.; Günthart, E. (1967): Schäden von Kleinzikaden, besonders von Empoasca Pavescens F. an Reben in der Schweiz; Schweizerische Zeitschrift für Obst- und Weinbau 103, 602-610

Halkka, O.; Raatikainen, M.; Halkka, L.; Lallukka, R. (1970): The founder principle, genetic drift and selection in isolated populations of *Philaenus spumarius* (L.) (Homoptera); Annales Zoologici Fennici 7, 221-238

Mathur, R. B.; Pienkowski, R. L. (1967): Influence of adult meadow spittlebug feeding on forage quality; Journal of Economic Entomology 60, 207-209

Musil, M. (1960): The occurence, distribution and injuriousness of the leafhoppers *Aphrodes bicinctus* (Schrk.), *Macrosteles laevis* (Rib.) and *Euscelis plebejus* (Fall.) Insecta, Hom.- in Slovakia; Folia zool. 9, 39-46

Schwarz, R. (1959): Erhöhte Anlockung von *Macrosteles laevis* Rib. (Hom. Cicadina) durch Attraktivflächen; Zeitschrift für Pflanzenkrankheiten (Pflanzenpathologie) und Pflanzenschutz 66, 589-590

Weaver, C. R. (1959): Egg development in the meadow spittlebug and Hopkins' bioclimatic law; Journal of Economic Entomology 52, 240-242

叶蝉

草地沫蝉幼虫在泡沫球里

73

# 蓟 马

## 甘蓝蓟马 （*Thrips angusticeps* Uz.）

蓟马是一种靠植物汁液维生的昆虫，在动物分类学中属于昆虫纲缨翅目。幼虫呈白色，黄色，或橘色，成虫则呈棕色或黑色。进食时会造成叶子与花朵的损伤。

### （1）害虫、寄主

蓟马1～1.5mm长，周身瘦长，部分有一对萎缩的、被修饰的翅膀，在安静状态时处于蓟马腹部上。嘴能针孔式吮吸，四肢在短小的触角处像线穿珍珠一样彼此排列着。

### （2）葱蓟马

葱蓟马通常为浅绿色，但也可或多或少呈灰色，也偶有褐色。在腹部上方边沿肢节3～8有深色、细长的条纹。在颈甲壳右角上和后角旁各有一缕短毛。头部差不多和颈甲壳一样宽，触角的第一节呈透明状，其余呈灰色。

### （3）甘蓝蓟马

甘蓝蓟马的身体和毛发都呈褐色，脚肢节发亮。触角分七节，中间的肢节更亮。翅膀的颜色从浅灰色到中等灰色。

这两种类型的蓟马都是杂食性的，首先寄居在花朵中。葱蓟马较喜欢茄属植物和伞形花科植物。侵害洋葱、葱、番茄、胡萝卜、黄瓜、马铃薯、甜菜、甘蓝、芹菜、小麦、啤酒花、大麻、亚麻、葡萄藤、草莓、覆盆子、悬钩子属、苹果、梨子、石竹属、玫瑰花、唐菖蒲属和其他许多花科类植物和草本植物。甘蓝蓟马在春季可在甘蓝、芸薹、甜菜、豌豆、橄榄甜菜和亚麻中被发现。

### （4）损害症状、混淆的可能性

甘蓝蓟马吮吸叶片，吮吸处开始时呈银白色，过后呈褐色。人们还可在这里发现黑色的小粪便。它造成的损害症状不会被混淆。

甘蓝蓟马

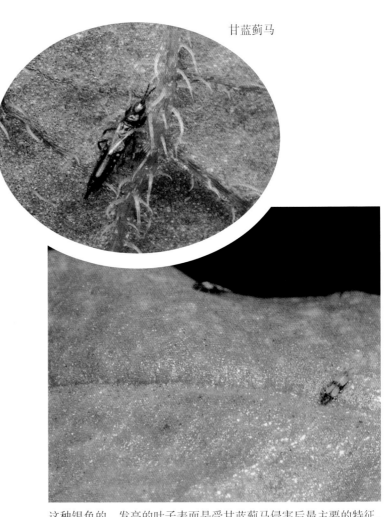

这种银色的、发亮的叶子表面是受甘蓝蓟马侵害后最主要的特征，它是由于叶子下的气泡引起的

# 烟蓟马/葱蓟马/棉蓟马 (*Thrips tabaci* Lind.)

葱蓟马 *Thrips tabaci* （同义词：*T. communis*）

## （1）生物学、影响因子

葱蓟马的所有发展形成阶段都在越冬期间，特别是幼虫阶段和成虫阶段。在春季雌性葱蓟马开始在植物组织上钻孔，并且在已形成的凹处排卵。排卵量在20～120枚。发育过程20～30d内（遇温暖天气里会更快些），经历幼虫阶段和2～3个分离翅膀幼虫阶段（其中包括1～2个休眠阶段），最后成为带翅成虫。当然，甘蓝蓟马的第一代总是没有飞行能力，从第二代开始才可以飞。在中欧，葱蓟马一般每年繁殖2～3代，如果气候好，还会多繁殖几代。在法国出现过葱蓟马一年繁殖5代。因此，在亚热带达到第十五代葱蓟马侵害，影响因子都是温暖和干燥。

## （2）出现率、重要性

除了北极地区以外，全世界都有葱蓟马。甘蓝蓟马主要在欧洲，还有亚洲和北非。由于蓟马不传播病毒，所以它对于甜菜种植意义并不大。在种植完谷物、洋葱、葱或者亚麻后，蓟马就会出现，并侵害甜菜。

## （3）天敌

蓟马的天敌是草蛉科、食蚜铗科和瓢虫科的幼虫（*Coccinnela*，*Hipodamia*，*Ceratomegilla*）、野螨（*Anystis astripus*，*Typhlodromus thripsi*）、野生蓟马和病毒（*Entomophthora sphaerosperma*）。

### Literatur

Anonym (1970):Thrips;Journal of Agriculture, Victoria Department Agric 68, 336-338

Boyce, K. E; Miller, L. A. (1954)：Overwintering Habitats of the Onion Thrips *Thrips tabaci* Lind. (Thyxsanoptera:Tripidae) in southwestern Ontario; 84th Report of the Entomological Society of Ontario. 1953, 82-86

Franssen, CJ.H. (1955): De levenswijze en de bestrijding van de vroege akkertrips (*Thrips angusticeps* Uzel.); Tijdschrift Plantenziekten 61, 97-102

Franssen, C. J. H.. Huisman. (1958): De levenswijze en de bestrijdingsmogelijkheden van de vroege akkertrips: Verslag Landbouwk. Onderzoek 64, 1-103

Fransen, J. H.: Mantel, W.P. (1965) Degraantripsen in Nederland; Entomol. Ber. Amsterdam 25,131-133

Schliephake, Klimt, K. H. (1979)：Thysanoptera, Fransenflügler; Die Tierwelt Deutschlands, Teil 66, VEB Gustav Fischer Verlag, Jena

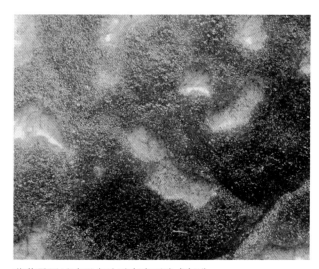

葱蓟马　　　　　　　　　　　　葱蓟马通过吮吸在叶子表皮下造成气孔

# 螨　　类

## 二斑叶螨 / 二点叶螨 (*Tetranychus urticae* Koch)

### （1）害虫、寄主

雌性和雄性二斑叶螨从身长上来区分：雌性二斑叶螨0.4～0.5mm长，身躯呈椭圆形、特别弯曲；雄性二斑叶螨身躯瘦长，最长0.35mm，它的身形类似心形灯泡。

二斑叶螨有4对长有毛发的腿。它们明显是透明的，有红色的眼镜斑。在夏季雌性二斑叶螨呈黄色到黄绿色或者褐绿色，身躯中部两侧有深色的斑点，有时身躯末节也有。在干燥的季节或是秋季二斑叶螨也从橘黄色变成朱红色。

二斑叶螨的幼虫和成虫不一样，它们只有3对足，没有前面的一对足。起初幼虫没有颜色（和卵一样），并且在开始进食后才变绿色，而后的幼虫阶段就有8只足了。

在食物方面，二斑叶螨极其多种多样，已知的就有超过200多种寄主，但事实上它们的寄主应该是这个数字的好几倍。在中欧，二斑叶螨侵害人工培植植物中的啤酒花、花园或土地豆角、豌豆、马铃薯、玉米、三叶植物、苜蓿、甜萝卜、番茄、黄瓜、芹菜、草莓、葡萄藤、苹果树、所有的装饰或药用植物、野生草本植物和草。

### （2）损害症状、混淆的可能性

通过吮吸和那些由于吮吸造成的叶片损害使空气进入形成白色、不规则形状的区域，它们彼此紧邻逐渐扩大，叶片也从黄色变成褐色，最后干枯。这种症状经常被称作干燥损害（缺水），而且继续生长的叶片背面的那些质地薄而轻软的织物也揭示了真正的侵害者。

### （3）生物学、影响因子

二斑叶螨以性潜伏期的形式在树木的裂缝、表皮和植物残留物中越冬，部分隐藏在地底下。大约5月初，当空气温度达到17℃时，二斑叶螨离开它们的寄居地，而后雌性二斑叶螨在叶子背面排卵约90枚（最多120枚）。其余的生长发育过程分3个阶段（幼虫6条腿，原始幼虫已经8条腿了，一直到成虫）。如果天气温暖（平均气温22℃），整个发育过程只需要6～7d。在中欧的露天园圃或牧场一年能繁殖出

绿褐色的夏季二斑叶螨成虫

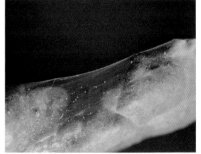

红色秋季或性潜伏期二斑叶螨（上）
叶子边缘处的薄而轻软的织状物（下）

76

大概8～9代二斑叶螨，在有利的条件下可繁殖12～15代。如果雌性二斑叶螨未受孕，那么它们和蚜虫类相反，所排的卵只能发育成为雄性二斑叶螨。雌性的存活3～5周，雄性仅存活22d。在秋季，它们再次发育成为前面所提到的性潜伏期状态寻找越冬的寄居地。在暖阳的5月，平均气温约13℃，降雨量最多50～70mm，这对二斑叶螨大量繁殖最有利。长期降雨则相反，一般来说二斑叶螨偏爱温度高、湿度小，这是促进其侵害的因子。在二斑叶螨越冬寄居地旁刈割苜蓿或三叶植物后会造成边缘侵害。

### （4）重要性、出现率

二斑叶螨在全世界传播，在甜菜地里大多只造成边缘侵害，并且不容易被辨认出。

### （5）预防与防治方法

不需要，因为二斑叶螨造成的侵害只是区域性的。

### （6）天敌

二斑叶螨的天敌有草蛉科幼虫（*Chrysoperla carnea*）、野螨（*Typhlodromus tiliae*）、野生蓟马，如*Cryptothrips nigripes*和*Scolothrips longicornis*、瓢虫类（*Stethorus punctillum*）、隐翅虫科（*Oligota flavicornis*）、野生椿象（*Anthocoris nemorum*，*Triphleps majuscula*）等。

#### Literatur

Dittrich, V. (1968): Die Embryonalentwicklung von *Tetranychus urticae* Koch in der Auflichtmikroskopie, Zeitschrift für angewandte Entomologie 61, 142-153

Gasser, R. (1951): Zur Kenntnis der Gemeinen Spinnmilbe *Tetranychus urticae* Koch. Mitteilungen der Schweizerischen Entomologischen Gesellschaft 24, 217-262

Hirschberger, G.; Kremheller, H. T (1993): Biologische Bekämpfung der Roten Spinnmilbe (*Tetranychus urticae*) im Hopfenbau, Gesunde Pflanzen 45, 96-98

Ignatowicz, S. (1988): Inheritance of the length of the critical photoperiod for induction of diapause in the two-spotted spider mite *Tetranychus urticae* Koch (Acari, Tetranychidae), Pol. Pismo Entomol. 57, 767-773

Linke, W. (1953): Untersuchungen über Biologie und Epidemiologie der Gemeinen Spinnmilbe *Tetranychus altheae* Hanst. unter besonderer Berücksichtigung des Hopfens als Wirtspflanze. Höfchen-Briefe 6, 185-238

Wiesmann, R. (1968): Untersuchungen über die Verdauungsvorgänge bei der Gemeinen Spinnmilbe *Tetranychus urticae* Koch, Zeitschrift für angewandte Entomologie 61, 457-465

严重的二斑叶螨侵害可造成植物死亡

砍伐地带边缘受二斑叶螨侵害的损害症状

# 跳 甲 类

## 盲目甲 (*Onychiurus armatus* spp.)

### （1）害虫、寄主

跳甲类Collembolen中的盲目甲只生活在地下，呈白色到黄白色，长1.2～2.5mm。短小的触角分为4节，腹部6段。没有眼睛，跳又已消失，所以盲目甲不能跳。它主要吃枯萎的植物部分、细菌、病毒菌丝和病毒孢子、藻类，特别是土壤居住物、死亡的土壤动物，但它不吃活着的植物。甜菜也被假定为受侵害对象，但通过杂草（主要是通过子叶）甜菜受侵害的压力在很大程度上被减弱。它的寄主，从多到少排列有：野生萝卜、野燕麦、滨藜属、鼬瓣花、地苋属、白藜、风蓼属、鸟高山漆姑草属、地三色堇、圆锥花序、矢车菊、法国菊、地芥子、风秆子、真母菊、婆婆纳、荠菜、地光草等。

### （2）损害症状、混淆的可能性

盲目甲侵害早期幼苗，最先在幼苗上出现咬坏，不久后人们在胚叶和胚芽根部发现小圆点状的咬坏处和咬坏裂口（蛀虫咬坏）。甜菜植株上显现不规则的孔洞。大约从第一片叶子起侧根就脱离主根，作物的生长速度减慢或在严重侵害时枯萎、凋谢。这种胚叶上的损害症状可跟受千足虫类侵害后的症状相混淆，部分还可能与受侏儒甜菜甲侵害后的症状相混淆。

### （3）生物学、影响因子

生长发育开始点在2℃，高于这个温度盲目甲开始积极活动。在不同的食物供给条件下，盲目甲发育成为成虫所需要的时间不同：5℃、80d，10℃、40～55d，20℃、14～35d。幼虫时期分5个阶段。雌性盲目甲成虫在地上排卵（大约70枚），最多分为18组。每年繁殖4～5代。盲目甲在地下70cm处越冬，当然，在－15℃的较平坦地层，它们也可存活。在地面温度5℃时盲目甲又寄居在较上层的弯曲地带和散沙层。

盲目甲是饥饿艺术家：在高湿度和温度15℃的条件下，两个月不进食仍90%能够存活。但它们不能忍受炎热，一直保持35～40℃的话，它们会死掉。

下胚轴由盲目甲造成的典型危害症状

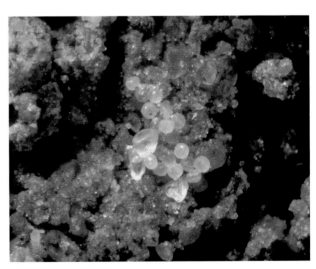

盲目甲在地里排的卵

理想的温度是10～16℃，另外，高成分的有机物质和足够的湿度（至少相对温度在50%～55%）可促进侵害。在干燥的情况下，盲目甲将迁移到地下较深层。

### （4）重要性、出现率

虽然盲目甲在世界各处传播，可登记过的损害只分布在中欧和西欧。在潮湿的地方，它们最早出现在种子上（迟缓的胚叶）。胚芽阶段界限是0.5～1，胚叶阶段界限是6～10。这个界限值在受真菌侵害（根损害）的情况下将降低。

### （5）预防与防治方法

在寒冷、潮湿的地区建议晚播种，进而保证快速增长。机械刈割地边杂草能够降低受侵害的压力，播下的种子也一样。

### （6）天敌

盲目甲的天敌有线寄生虫、Gordiiden幼虫、Gregarinen、螨（*Parasitus*、*Bdella*）、椿象（*Triphleps insidiosa*）、Staphyliniden。

### Literatur

Baker, A. N und Dunning, R. A. (1975): Association of Populations of Onychiurid Collembola With Damage to Sugar-beet Seedlings; Plant Pathology 24, 150-154

Garbe, V. und Heitefuss, R. (1987): Bei Mulchsaat geringerer Befall durch Collembolen; Die Zuckerrübe 36, 180-181

Garbe, V. und Heitefuss, R. (1988): Untersuchungen zum Auftreten von *Onychiurus armatus* ssp. und der Schädigung von Zuckerrüben bei unterschiedlicher Bodenbearbeitung; Mitteilungen aus der Biologischen Bundesanstalt für Land- und Forstwirtschaft Berlin-Dahlem 245, S. 126

Heisler, Cl. (1998): Springschwänze sind besser als ihr Ruf. Zuckerrübe 47, 158-161

Rieckmann, W. (1991): Alle redan von Collembolen — wer kennt sie?; Die Zuckerrübe 30, 96-98

Ulber, B. (1977): Mobilität und Nahrungswahl subterraner Collembolen als Rübenschädlinge unter dem Einfluß von Herbiziden; Dissertation, Landw. Fakultät der Universität Göttingen, 1-105

Ulber, B. (1978): Zur Frage der Schädlichkeit subterraner Collembolen in Zuckerrübenbeständen; Zeitschrift für Pflanzenkrankheiten und Pflanzenschutz 85, 594-606

Ulber, B. (1980): Untersuchungen zur Nahrungswahl von *Onychiurus fimatus* Gisin (*Onychiuridae*, *Collembola*), einem Aufgangsschädling der Zuckerrübe; Zeitschrift für angewandte Entomologie 90, 333-346

Winner, C. und Schäufele, W. R. (1967): Untersuchungen über Schäden an Zuckerrüben durch subterrane Collembolen; Zucker 20, 641-644

咬坏芽孢是特别严重的症状

盲目甲 *Onychiurus armatus*（上和下）

## 球型甲 [*Sminthurus viridis*（L.），*Bourletiella hortensis*（Fitch）]

### （1）害虫、寄主

这两种只生活在地面上的球形甲拥有不错的跳跃能力，它们的身躯或多或少呈球状，胸部和腹部的前四节彼此融合。触角分为四段，大多在四肢前弯曲。眼睛分别由8个孔洞组成，其表面上有深色色素斑点，估计只能感受明暗。球形甲只有3mm长、黄色到绿色，腹部有深色斑点。黑紫色球形甲只有0.9～1.3mm长，跳跃尾是多面的。它们都不是专门侵害甜菜。无论是球形甲还是黑紫色球形甲，它们都进食腐蚀物和花粉，此外，它们还吃许多栽培植物中细嫩的、新鲜的组织、花类和野生草本植物。

### （2）损害症状、混淆的可能性

人们主要在最下面叶子的背面发现球形甲咬坏的孔洞，若咬坏处很小的话，那么叶片表皮往往还有，一般很少咬坏叶片边缘和叶茎。球形甲经常和黑豆蚜相混淆，但它们可以通过跳跃能力和黑豆蚜相区别。球形甲造成的危害症状和蚕跳甲虫造成的损害症状很相似，但后者造成的咬坏孔洞更大些。

### （3）生物学、影响因子

球形甲在8～14d内有2～3个排卵期，它们在接近地面

球形甲经常停留在叶片表皮上

黑紫色球形甲经常和
黑豆蚜相混淆

的腐烂叶子上排出0.5mm大小的卵，每一堆30～35枚。在春季从卵发育成球形甲成虫大概要2个月时间，在夏季，发育过程更快（1个月）。直到发育成为球形甲成虫，它们蜕7次皮，而且直到性成熟，这样的蜕皮也未结束。每年可以繁殖4～5代球形甲，它们以卵的形式越冬。诱发球形甲侵害的因素为阴霾、潮湿、温暖的天气。

### （4）重要性、出现率

球形甲在全世界传播，由它们造成的损害大多不影响产量。如果它们大量侵害幼小甜菜，那么可同时导致甜菜干枯和死亡。

### （5）天敌

球形甲的天敌有野螨（*Platyseius sphangi*,*Bisciurus lapidarius*）、野生椿象、革翅目昆虫、蜘蛛、 瓢 虫（ *Notiophilus biguttatus*,*Paederus singulatus*,*Stenus-Arten*）等。

**Literatur**

Gisin, H. (1960): Collembolenfauna Europas; Museum d'Histoire Naturelle, Genf, 312 Seiten

Helmcke, J. G., Starck, D. und Wermuth, H. (1970): Handbuch der Zoologie IV/2 *Arthropoda/lnsecta*, Teil 2: Spezielles 1, Collembola; Walter de Gruyter & Co., Berlin

MacLagan, D. S. (1932): An ecological study of the "lucerne flea" (*Sminthurus viridis* L.) I. Bulletin of entomological Research, London 23, 101-145

Mac Lagan, D. S. (1932): An ecological study of the "lucerne flea" (*Sminthurus viridis* L.) Ⅱ. Bulletin of entomological Research, London 23, 151-190

Sedlag, U. (1953): Ur-lnsekten; Die Neue Brehm-Bücherei Nr. 17, Lutherstadt-Wittenberg

Shaw, M. W. und Haughs, G. M. (1983): Damage to potato foliage by *Sminthurus viridis* (L); Plant Pathology 32, 465-466

Wallace, M. M. H. (1957): Field evidence of density-governing reaction in *Sminthurus viridis*: Nature (London) 180, 388-390

# 类环甲 [*Folsomia fimetaria* (L.)]

## （1）害虫

类环甲和盲目甲在外形上十分相似，一般来说，它的身躯比盲目甲短小，最多只有1.4mm长，但是和盲目甲相比较，它的跳跃叉虽然很短，可是具备其功能。类环甲也是瞎的，但比盲目甲更加活跃。

## （2）重要性、出现率

类环甲经常出现在人工培植的地里，它寄居在散沙层和土壤上层，只有非常少的类环甲寄居在地下30cm处。在腐殖质土壤里，类环甲和其他类型一起出现在接近地面的土层，1L土里会有1 000只类环甲。它们作为甜菜害虫的结论还没有被清楚的解释，其余的请参考盲目甲。

类环甲在外型上和*Onychiurus armatus*类型里的盲目甲极其相似

# 千足虫类

## 斑点蛇千足虫 [*Blaniulus guttulatus*（Bosc.）]

### （1）害虫、寄主

浅灰绿色的斑点蛇千足虫大约1mm粗，没有眼睛，身长7.5～18（20）mm，身躯分37～57个节段。最典型的特征是在身躯每个节段旁的朱红色防护腺。千足虫偏爱枯萎的植物。若大量繁殖，它们侵害甜萝卜、马铃薯、芒果、燕麦、小麦、玉米、啤酒花、甘蓝和甜菜，还有豌豆、豆角、生菜、洋葱、南瓜、菜花、蘑菇和草莓。人们还在仙客来、石竹属、百合花、郁金香、风信子属等上发现斑点蛇千足虫。攻击对象一般具有腐烂和破烂处，此外，还攻击死掉的蜗牛、蠕虫、盲目甲等。

### （2）损害症状、混淆的可能性

当幼苗已经被侵害时，最明显的损害症状方显现：往往只留下空的种子壳。此外千足虫和侏儒甜菜甲类似，它啃咬叶茎造成孔洞，但这些孔洞的界限不明显。地表面附近的下胚轴往往被环绕着啃咬，但很少完全啃咬。植株缓慢干枯，根部变褐色。

### （3）生物学、影响因子

千足虫在春季（4月或5月）和秋季（9月或10月）将卵排在地下的巢穴中。在植物生长期，春季繁殖的千足虫蜕皮5～7次，然后在地下（最深1m处）越冬，为了在来年继续蜕皮（大概8次）。幼虫最初只有3对独腿，在第一次蜕皮后有两对双腿和第一对防护腺。第二次蜕皮后长出其余的4对双腿和4对防护腺。直到全部的身躯肢节、腿和防护腺都长成，千足虫就完成发育了。它在第六次蜕皮后大概就性成熟了。斑点蛇千足虫大概存活5～6年。关于繁殖率只有不明确的说明：一只雌性千足虫排卵几百枚。诱发侵害的因子有新鲜的、不太肥沃的土壤和有规律被加工的有机物质（稻草等）。千足虫分解这些物质，此外在干燥的时候它也进食新鲜的植物来补充水分。理想的条件是土壤温度12～17℃，70%～80%的相对空气湿度。

斑点蛇千足虫

斑点蛇千足虫造成的下胚轴损害症状（上）
斑点蛇千足虫幼虫（L3）（下）

### （4）重要性、出现率

西欧、中欧和东欧都有受千足虫侵害的报告，但是南欧没有。斑点蛇千足虫生来就不是栽培植物的害虫。但是作为喜欢在人类垦殖地生存的生物，它能在田里找到适合大量繁殖的有利条件，并且进食经济作物。在蜂拥聚集阶段，千足虫可在干燥时期显现消瘦，但据拉姆坡（1982）所说，这样可观的占领性聚集是非常必要的。

### （5）预防与防治方法

不应过量加工稻草来预防千足虫大量繁殖。对甜菜叶进行抢救、保护。

### （6）天敌

因为斑点蛇千足虫有防护腺，所以野生瓢虫和野生鼹科不攻击它。它的天敌有螨（Histiostoma julorum, *H. feronarium*）、线虫（*Rhabditis* spec.）和微生有机物（Coccidien，如 *Adelea ovata*, *Eimeria schubergi*, *Gregarina ovata*）。

### Literatur

Baker, A. N. (1974): Some aspects of the economic importance of millipedes; Symposium of the Zoological Society London 32, 621-628

Biernaux, J. und Baurant, R. (1964 b): Au Sujet de la presence de *Blaniulus guttulatus* Bosc. et d'Archiboreoiulus pallidus Br.-Bk. (*Myriapodes*, *Diplopodes*) dans les couches supérieures du SOI, au moment de semis de betteraves; Mededel. Faculteit Landbouwetenschapen Gent 29, 1063-1070

Engel, A. (1973): Tausendfüßler (*Myriapoda*) und ihre Bekämpfung; Zuckerrübe 22, 23-25

Herbke, G. (1962): Untersuchungen über das Vorkommen von Tausendfüßlern in landwirtschaftlich genutzten Böden des Dauerdüngungsversuches auf Dikopshof; Monographien zur Zeitschrift für angew. Entomologie 18, 13-43

Kinkel, H. (1955): Zur Biologie und Ökologie des Getüpfelten Tausendfußes *Blaniulus guttulatus* Gerv.; Zeitschrift für angew. Entomologie 37, 402-436

König, K. (1984): Tausendfüßler; Landtechnische Zeitschrift 9, 1135

Lampe, C. (1982): Laboruntersuchungen zu Herbizidwirkungen auf zwei Aufgangsschädlinge der Zuckerrübe, *Atomaria linearis* Steph. (*Cryptophagidae*, *Coleoptera*) und *Blaniulus guttulatus* (Bosc.) (*Blaniulidae*, *Diplopoda*); Dissertation (Institut für Pflanzenpathologie und Pflanzenschutz, Georg-August-Universität Göttingen)

Lampe, C. (1983): Laboruntersuchungen zur Wirkung von Herbiziden auf Mortalität und Larvenwachstum von zwei Zuckerrübenschädlingen, *Atomaria linearis* Steph. (*Cryptophagidae*, *Coleoptera*) und *Blaniulus guttulatus* (Bosc.) (*Blaniulidae*, *Diplopoda*); Zeitschrift f. Pflanzenkrankheiten und Pflanzenschutz 90, 388-394

Seifert, G. (1961): Die Tausendfüßler (*Diplopoda*); Neue Brehm-Bücherei 273 A. Ziemsen Verlag, Wittenberg-Lutherstadt

千足虫造成的被极度损害的甜菜

斑点蛇千足虫在静止位置

# 庭院细足虫

## 庭院细足虫 [*Scutigerella immaculata*（Newport）]

（同义词：*Scolopendrella immaculata*）

### （1）害虫、寄主

没有眼睛的庭院细足虫5～8mm长，幼虫起初有6对腿，头上的触角有6节。伴随着每次蜕皮，腿和触角肢节的数量随之增加，一直达到12对腿（分布在身躯的15个肢节）和24～27个触角肢节。身躯透明、呈浅奶油色，从外边可以看到肠子里吃过的食物。在身躯末端有两个圆锥形的蜘蛛握柄。

不仅可以在甜萝卜上发现庭院细足虫，而且在苜蓿、大麦、大地豆角、马铃薯、小麦和草上也出现。此外，寄主还有天冬属、花园豆角、甜菜、胡萝卜、芹菜、黄瓜、生菜、芒果、洋葱、豌豆、小红萝卜、菠菜、草莓、番茄和蘑菇。它侵害观赏植物中的紫苑、百合花、菊花、小苍兰属、天竺葵、唐菖蒲属和玫瑰花，及野草，如茄属和飞廉属。

### （2）损害症状、混淆的可能性

庭院细足虫侵害正在发芽的种子、胚根和须根，从而导致植物枯萎。植物表现为多孔，生长减慢。这种对种子植物上的损害和千足虫造成的损害症状相混淆。

### （3）生物学、影响因子

庭院细足虫在地下深大1.2米处越冬。从4.5℃起

开始积极啃咬和再生产。小白色的卵9～12枚（最多25枚）被排在地下的通道里或空穴中。8～28d后（和温、湿度有关）开始破卵而出。大概经过第九次蜕皮，存活40～60d后发育为成虫，并开始排卵，但它还会继续蜕皮，总共蜕皮30次或更多。庭院细足虫平均存活2.5～4年，在较凉爽的高纬度地带可存活7年。诱发侵害的因子有松软的、新鲜的、富有腐殖质的土壤和温度16～20℃的理想地区。

### （4）重要性、出现率

庭院细足虫造成的损害症状和千足虫所造成的难以区分。一般来说，和其他的害虫相比较而言，庭院细足虫在中欧并不重要。

传播地区：中欧包括南斯堪的纳维亚、意大利和希腊，东方直到白俄罗斯和乌克兰。直到今日，西班牙还没有关于庭院细足虫的报告。它们在世界各地传播，在美国、巴西、阿根廷、东非、东南亚等均有发现。

### （5）预防与防治方法

秋季犁翻。春季犁翻土垡加固土壤，防治地下空穴的形成。

### （6）天敌

庭院细足虫的天敌有野螨（*Gamasinen*、*Tyroglyphus*）、瓢虫（*Cryptomorpha desjardinis*、*Philonthus discoideus*）、细足虫，此外还有病毒和真菌。

**Literatur**

Michelbacher,A. E. (1938): The Biology of the Garden Centipede *Scutigerella immaculata*: Hilgardia 11, 55-135

Williams, S. R. (1907): Habits and structure of *Scutigerella immaculata* Nesvport: Proceedings of the Boston Society of nat. Hist. 33, 461-485

# 甲 虫 类

鞘翅目昆虫的统称，属有翅亚纲、全变态类。身体外部有硬壳，前翅是角质，厚而硬，后翅是膜质，如金龟子、天牛、象鼻虫等。多数种类属于世界性分布，本目中许多种类是农林作物重要害虫，与人类的经济利益关系十分密切。

甲虫类昆虫是在恐龙时代之前就有的一种昆虫。那时的甲虫一个体长3～4m，至于甲虫该种生物诞生了多少年和它们为什么变小至今也只是一个谜。

鞘翅目（Coleoptera）昆虫有36万种以上，使其成为动物界中最大的目。主要特征是它们特殊的前翅已变成硬的鞘翅，覆盖在能飞的后翅上。鞘翅目包括一些最大的和最小的昆虫，而且是分布最广的昆虫目。多以动、植物为食，但也有以腐败物质为食者。有的具重要经济价值，成虫和幼虫可能毁坏作物、木材、纺织品以及传播寄生虫和疾病。有的昆虫吃害虫对人类有益。虽然所有的鞘翅类都适用"beetle"之名，但有的以其他的俗名著称，如weevil（象甲）、borer（钻孔虫）、firefly（萤）、chafer（鳃角金龟）和curculio（锥象甲）。

## 切根虫 (*Agriotes obscurus* L.)

### （1）害虫、寄主

切根虫长8～10mm，身躯是暗黑褐色到铁锈色，有黄褐色到褐色的触角和腿，冲后的尖翅鞘和稍微短宽的颈甲。

它的幼虫有25mm长，和条纹甲幼虫很相似。但是切根虫身躯的最后一个肢节呈尖锥形。

### （2）损害症状、混淆的可能性

见条纹甲。

### （3）生物学、影响因子

切根虫主要生活在地下。它在耕层、草丛下越冬。从4月起离开冬季寄主，6月下旬开始排卵，卵以4～6枚（8枚）为一队寄放在地下0.5～6cm（随土壤湿度）处。雌性切根虫能最多排230个卵。25～40d后幼虫破卵而出。发育成切根虫成虫和条纹甲一样需要若干年。对于土壤中大龄的幼虫来说，严寒是很好的，但对于低龄的幼虫而言，严寒却难以忍受。变蛹是在地下3～8cm的直立位置（最深15cm）。诱发侵害的因子有较高土壤湿度（最低值为60％，最佳值为90％），和保持弱酸性的肥沃腐殖质层。切根虫偏爱贫瘠和中等肥沃的土壤，因为它比较坚硬的翅鞘上的波纹黏土弄脏，污垢层上的藻类妨碍它的灵活性。

### （4）重要性、出现率

与条纹甲相比，切根虫在德国更常出现。另外人们还在整个北极地区、俄罗斯和极地圈找到它们。重新翻掘土壤导致大量繁殖，紧接着伴随饥饿阶段。如果没有预防措施，那么种植的甜菜会遭全部损害。

### （5）预防与防治方法

将圈里的粪便迅速翻耕入土可以降低切根虫排卵的欲望。不要播种太深、给湿润的土壤排水、在牧场或绿地土壤翻新后进行杀虫。

### （6）天敌

切根虫的天敌有Mermithiden家族中的线虫、马蜂，如*Paracodrus* spec.，此外还有鼹科。它们还会被山鹬、野鸡、乌鸦、寒鸦、凤头麦鸡、白鹡鸰、惊鸟科、鸫属、灰斑鸫科等消灭掉。

### Literatur

Brendler, F. (2004): Drahtwurm — ein ungelöstes Problem. Kartoffelbau 55, 167-169.

Blunck, H. und Merkenschlager, E (1925): Zur Ökologie der Drahtwurmherde; Nachrichtenblatt f. d. dtsch. Pflanzenschutzdienst 5, 95-98

Ford, G.H. (1917): Bemerkungen über den Entwicklungsgang von *Agriotes obscurus*; The Annals of Applied Biology, Cam bridge 1917, 97-115

Langenbruch, R. (1932): Beitržige zur Kenntnis der Biologic von *Agriotes lineatus* L. und *Agriotes obscurus* L.: Zeitschrift fur angew. Entomologie 19, 278-300

Parker, W.E., Seenev, F. M. (1997): An investigation into the use of multiple site characteristics to predict the presence and infestation level of wireworms (*Agriotes* ssp., Coleoptera: Elateridae) in individual grass fields. Annals of applied Biology 130.409-425

切根虫比条纹甲的颈甲更宽

# 条纹甲 (*Agriotes lineatus* L.)

## (1) 害虫、寄主

条纹甲的颜色变化很多，黄褐色、褐色和黑褐色，7.5～11mm长，黄褐色到铁锈色的触角和腿，黄色毛发的翅鞘。颈甲长、宽度明显。在前胸底部有刺形隆起，这个隆起在后胸的一个槽中。当条纹甲从仰卧向上跃起时，这个隆起就会突然打开。

条纹甲幼虫呈黄色到黄褐色、圆柱体、长条状，长22mm。它腹部最后一个直接呈扁平的锥形。

这些幼虫首先是腐殖质层的啃食者。在干燥的天气会出现野蛮的行为和同类相食。不论幼虫还是成虫，条纹甲都用嘴压榨腐殖质层或者植物，并且只汲取它们的汁液。取决定性意义的是组织的结构，而不是植物的系统性位置。条纹甲主要侵害草类、谷物、甜萝卜、玉米和三叶植物，较少侵害马铃薯、番茄、胡萝卜、生菜、啤酒花、亚麻、芸薹、烟草、百合花、石竹属和大丽花属。人们只个别在萝卜、芥子、甘蓝、甘蓝萝卜、大地豆角、豌豆、鸟足豆、苜蓿等上发现条纹甲幼虫，被假定的寄主还有各种各样的野生草本植物。

## (2) 损害症状、混淆的可能性

新近种植的甜菜在生长之前就已经被条纹甲幼虫咬断了下胚轴，老植物的根部被环形啃咬，不久后在干燥的条件下，甜菜根冠部也出现管状通道。条纹甲的主要侵害期是4月和5月，它们比较偏爱土壤表面的植物部分，根据现在所了解到的知识，它们几乎不侵害甜菜叶子。条纹甲幼虫和切根虫幼虫造成的损害症状完全一样，此外，还有可能和千足虫造成的损害症状相混淆，不过和后者可以通过下胚轴来区分。

## (3) 生物学、影响因子

从4月或5月起，条纹甲就从地下25～50cm的冬季寄主里出来。5月中旬后，雌性条纹甲分组（最多11只）在土壤中排出0.3～0.5mm大、明亮、薄皮

条纹甲

金针虫，条纹甲的幼虫

卵（一只雌性条纹甲排卵200枚，最多300枚）。25～30d后，畏光的、先是奶白色的卵幼虫破卵而出。每年蜕皮2～3次。全部的幼虫期分9～11个阶段，分布在3～4年多的时间里。在夏季干燥期，寻找更深层（20～40cm）的土壤。人们大概从3月到6月中旬和从9月起才能在地表附近找到条纹甲。从7月中旬起，最多在10cm深的土壤细胞中可观察到条纹甲蛹（蛹期大概1个月）。

诱发条纹甲侵害的因子为高土壤湿度，高腐殖质含量（大多呈酸性）。绿肥地（特别是在变换耕作后的第二年和第三年）、多年绿肥休闲地（与绿肥地的评价一样）等富有腐熟的肥料和秸秆的供给。主要通过进食有机物质来侵害栽培植物。同样，严格地去除杂草可减轻条纹甲侵害的压力。

### （4）重要性、出现率

总的来说，条纹甲在欧洲、俄罗斯直到北纬60°，西西伯利亚到鄂毕河传播，此外还在南美和新西兰，但在南部的草原地区和干燥的气候带没有出现。

重新犁翻绿肥地可导致大量繁殖，紧接着就是饥饿期。若没有预防和防治措施可造成甜菜的完全损害。

### （5）预防与防治方法

在放置肥料时迅速翻土可减小条纹甲排卵的欲望。不要播种太深；加强田间排水，降低土壤湿度；在绿肥地或休闲地重新犁翻后应进行土壤杀虫作业。

### （6）天敌

条纹甲的天敌有Mermithiden家族中的线虫、马蜂，如*Paracodrus* spec.，此外还有鼹科。它们还被山鹬、野鸡、乌鸦、寒鸦、凤头麦鸡、白鹡鸰、惊鸟科、鸫属、灰斑鸫科等消灭掉。

**Literatur**

Blunck, H. (1925): Biologische Unterschiede schädlicher Drahtwurmarten: Nachrichtenblatt d. dtsch. Pflanzenschutzdienst 5，37-39

Flachs, K. (1929): Experimentell-biologische Studien an Drahtwürmern: Zeitschrift für angew Entomologie 14 514-528

Hžinisch, D. (1988): Durch feuchtes Wetter mehr Drahtwürmer: Landw. Wochenblatt Westfalen-Lippe Ausg. A. 145.38-40

König. K. (1981): Drahtwürmer: Pflanzenschutz ABC in "D ic Landtcchnische Zeitschritt," 2/81，S. 151

Subklew. W., (1935): *Agriotes lineatus* L. und *Agriotcs obscurus* L. (Ein Beitrag zu ihrer Ntorphologie und Biologie): Zeitschrift für angew. Entomologie 21, 96-122

在下胚轴上的条纹甲

线虫造成的大面积损害

线虫导致胚芽损害（上）
和在单独植物上造成的损害（下）

# 侏儒甜菜甲（*Atomaria linearis* Steph.）

### （1）害虫、寄主

侏儒甜菜甲属霉菌瓢虫类，浅褐色到深褐色，长1～1.7mm。身躯平坦而长，软椭圆体形状。其幼虫呈白色、全身透明、2.5～3mm长、腿短、红黄色头壳。腹部最后一个肢节有两个向上的钩状隆起。

侏儒甜菜甲偏爱甜菜属、红甜菜、芒果和菠菜。稍合适的寄主有白藜、鸟高山漆姑草属、土豆角、模乔栾那、胡萝卜、芸薹、豌豆和马铃薯，它们至少可以让侏儒甜菜甲存活的时间久一点。和有些文献指示相违背的是，侏儒甜菜甲不喜欢在小红萝卜、杂草和甘蓝菜上存活。很显然，经济作物的有机残留有时候作为食物很适合它们。其幼虫除甜菜属外，只进食菠菜和白藜。

### （2）损害症状、混淆的可能性

对侏儒甜菜甲造成危险的首先是轮作。之前它已经同甜菜一起引进了，不过它要和甜菜轮作相区分。浅褐色幼侏儒甜菜甲、后来的老侏儒甜菜甲都噬咬下胚轴，在接下来的生长过程中，还将噬咬地下15cm的主根，造成孔洞状咬坏部。有时在发芽前就已经将胚芽吃完。在湿度充足的条件下，地面上的噬咬首先由被迁移来的、深色老侏儒甜菜甲造成，它们主要损害梅花草属，而后这些植物在其余下的生长过程中满是裂痕、孔洞和坑洼。如果长期干燥，老侏儒甜菜甲也会过渡性的迁移到土里。

幼虫只在地底下生活，并且在夏季几乎只能在须根部查看到，在那里它们吃掉根部绒毛。通常它们不会造成可提及

地上生活的侏儒甜菜甲

侏儒甜菜甲在田地里造成的损害

88

的歉收，重要的首先是它们造成的胚轴上第四个叶片的损害。2～3个咬伤处合并易引起病菌的次侵染，在一定程度上可导致植物弯折和死掉。粗略观察时，这种损害症状与甜菜立枯病的症状很相似，如果没有进一步的考察，那么这种损害症状可与线虫、盲目甲和千足虫所造成的损害症状相混淆。老的植物可以治愈好侏儒甜菜甲造成的损害，但是会影响它们的生长。

### （3）生物学、影响因子

侏儒甜菜甲在甜菜落叶上、草丛下和上一年甜菜地土壤最上层越冬。它们从4月（土壤温度大约4℃）起离开冬季寄主，然后浅褐色的幼侏儒甜菜甲开始在门前咬食地下的经济作物或替代寄主。由于上一年的甜菜轮作，老侏儒甜菜甲迁至边缘地带（迁移速度每分钟约8cm）。从12～14℃开始，它们

将飞行，当然在较大程度上，如果是闷热天气，它们从20℃起才飞行。主要的飞行时间从6月初到8月中旬。5月初开始在主根附近排卵（每只雌性侏儒甜菜甲约排卵20～25枚），并且持续到9月。在理想条件下，整个发育过程，（每只到新侏儒甜菜甲破卵而出），大概需要65d，在较凉爽的气温下需要70～90d。因此，如果它们的第一代在8月完成发育，那么料想第二次排卵在9月。于是一些科学家总结说，侏儒甜菜甲第二代中的一部分在中欧越冬时处在发育前阶段，在春季就是浅色的幼侏儒甜菜甲。其他一些科学家却反对这种观点，他们认为侏儒甜菜甲一年只繁殖一代，那些浅色的幼侏儒甜菜甲是由晚排出的卵发育而成的。

诱发侏儒甜菜甲侵害的因子为甜菜连作或其他寄主连续存在。Cochrane和Thornhill认为，暖和的盛夏对侏儒甜菜甲群体也是很有利的。

下胚轴上的大规模噬咬孔洞

下胚轴的损害症状

小梅花草上的裂缝、孔洞和变形均是噬咬的后果

### （4）重要性、出现率

　　侏儒甜菜甲是较肥沃土壤的害虫，像这样的环境可以在整个中欧、南斯堪的纳维亚、英国、意大利、巴尔干山脉北部、乌克兰南部地区和俄罗斯找到。首先，地下活动的侏儒甜菜甲在有利的天气条件下可引发严重灾害。如果有若干个咬坏处，并在一定程度上伴随着接二连三的真菌侵害，植物会枯死。由于温度对它们的活动影响很大，所以没有明确的损害界限。每百毫升根际土有2～3只侏儒甜菜甲可以作为重要的参数。在4～8片叶片阶段，植株上有10只侏儒甜菜甲将被看作可以承受。

### （5）预防与防治方法

　　通过隔离收集残余物来杜绝侏儒甜菜甲进食和过冬的可能性。避免连作甜菜。在轮作时注意替代寄主（包括杂草）。

### （6）天敌

　　已知的侏儒甜菜甲天敌有线虫 *Neoaplectana carpocapsae* 和一种由 *Cephalosporium spec.* 引起的真菌病。

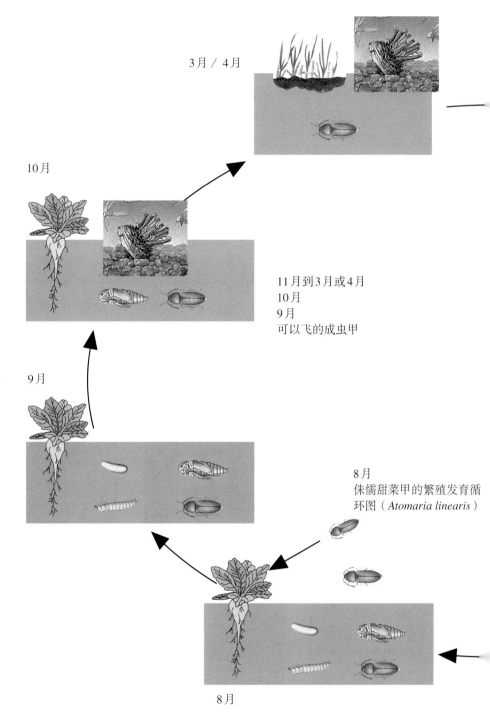

3月／4月

10月

11月到3月或4月
10月
9月
可以飞的成虫甲

9月

8月
侏儒甜菜甲的繁殖发育循环图（*Atomaria linearis*）

8月

## Literatur

Bombosch, S. (1963): Unter-suchungen zur Lebensweise und Vermehrung von Atomaria linearis Steph. (*Coleopt.*, *Cryptophagidae*) auf landwirtschaftlichen Kulturfeldern. Zeitschrift für angewandte Entomologie 52, 313-342

Bonnemaison, L. und Lyon J. P. (1967): Eatomaire de la betterave (*Atomaria linearis* Steph.), biologie et méthods de lutte. Annales Epiphyties 18, 401-450

Cochrane, J. und Thornhill, A. (1987): Variation in annual and regional damage to sugar beet by pygmy beetle (*Atomaria linearis*). Annals of applied Biology 110, 231-238

Hierholzer, O. (1953): Zur Kenntnis des Moosknopfkäfers *Atomaria linearis* Steph. (*Cryptophagidae*). Nachrichtenblatt für den Deutschen Pflanzenschutzdienst (Braunschweig) 5, 76-79

Küthe, K. (1989): Schäden durch Moosknopfkäfer (*Atomaria linearis*) an Zuckerrüben — Schadensschwellen — Gesunde Pflanzen 41, 136-147

Lampe, C. (1982): Laborun-tersuchungen zu Herbizidwirkungen auf zwei Aufgangsschädlinge der Zuckerrübe, *Atomaria linearis* Steph. (*Cryptophagidae*, *Coleoptera*) und *Blaniulus guttulatus* (Bosc.) (*Blaniulidae Diplopoda*). Dissertation, Georgia Augusta Göttingen, Fachbereich Agrarwissenschaften

Newton, M. C. F. (1932): On Atomaria linearis Steph. (*Coleoptera*, *Cryptophagidae*) and its larval stages. Annals of applied Biology 19, 87-97

Novak, J. (1969): Zum Problem der Generationszahl beim Moosknopfkäfer *Atomaria linearis* Stephens. Tagungsberichte — Deutsche Akademie der Landwirtschaftswissenschaften zu Berlin, DDR 80, 393-401

Schäufele, W. R. und Winner, C. (1989): Bodenbewohnende Schädlinge und Seitenwurzelfäule der Zuckerrübe in Abhängigkeit von der Rotation — Ergebnisse eines Fruchtfolgeversuchs. Journal of Phytopathology 125, 1-24

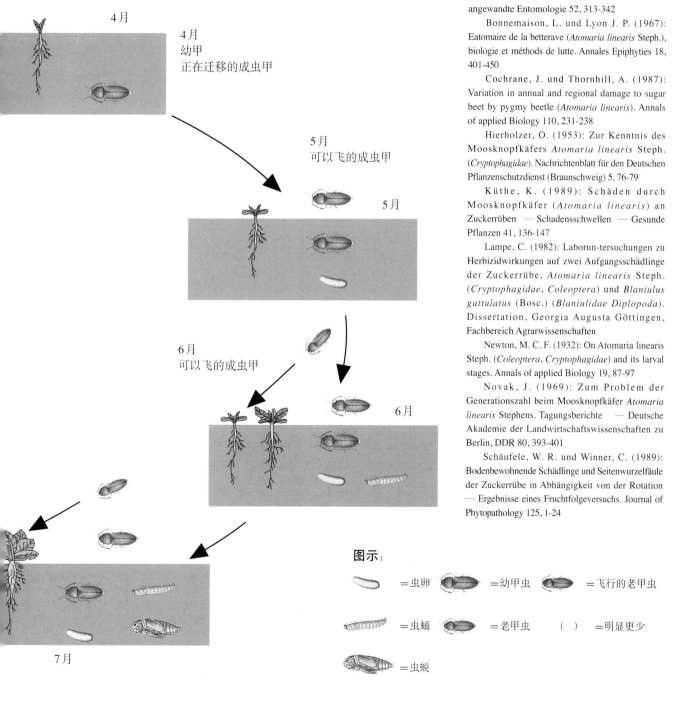

4月

4月
幼甲
正在迁移的成虫甲

5月
可以飞的成虫甲

5月

6月
可以飞的成虫甲

6月

7月

图示：

⬭ =虫卵　🪲 =幼甲虫　🪲 =飞行的老甲虫

🐛 =虫蛹　🪲 =老甲虫　（　）=明显更少

🐛 =虫蜕

# 甜菜坏根甲 (*Clivina fossor* L.)

### (1) 害虫、寄主

甜菜坏根甲长5.5 ~ 6.5mm，暗褐色到红褐色，身躯瘦长，呈圆柱体。最典型的特征是清楚位于前翻掘腿外沿上的牙齿。其幼虫长8mm、黄色细长、体形呈两侧平行，触角和腿都是短小而有力，每条腿都有一个利爪。其头部长度是宽度的1.3倍。

甜菜坏根甲和其幼虫大多都是捕食性的，另外它们以地面较小动物为生。并侵害栽培作物中的甜菜和玉米。

### (2) 损害症状、混淆的可能性

甜菜坏根甲取食下胚轴，部分可噬咬至叶柄。云雀和麻雀也造成类似的损害症状。在新翻地和新一轮播种后，可以观察到类似侏儒甜菜甲在下胚轴上造成的啃食症状。

### (3) 生物学、影响因子

从3月起，甜菜坏根甲就离开冬季寄主，随后寄居在不结冰的土壤区域。偏爱寄居在最上层土壤的空穴里。对湿度的要求高，除此之外就是畏光，因此整个白天在地面上几乎观察不到。在4月就已经将卵排放在土壤的空穴中，不久老甜菜坏根甲死去。在有利的湿度条件下，最晚7月初就可以观察到它们。捕食性幼虫在7月底、8月初就已经变蛹了，在8月新甜菜坏根甲破卵而出，主要是捕食性的，以地面动物为生。它边翻土，边跟踪这些地面动物，并且在植物生长期末将它们拖进较深的土层，以此来越冬。

诱发甜菜坏根甲侵害的因子为松软的、足够潮湿的土壤。

### (4) 重要性、出现率

甜菜坏根甲往往出现在中欧和西欧中等肥沃和潮湿的土壤中。德国主要在石勒苏益格—荷尔斯泰因州和下萨克森州报道过由甜菜坏根甲造成的损害。单位面积农田1 ~ 2只甜菜坏根甲，可导致明显歉收。但是必须在什么条件下甜菜坏根甲才侵害甜菜，这还不清楚。

### (5) 预防和防治方法

预防和防治方法为犁地，这种方式可使土壤很好沉积。如果必须中断甜菜坏根甲的侵害，建议在播种前使用土壤杀虫药。

### (6) 天敌

在文献上提到过的甜菜坏根甲天敌只有蜘蛛。

**Literatur**

Berjon, J., Anglade. P. & Beauchard. J. (1967): Dégâts d'adultes de Clisina fossor L sur les grains de mais en germination (Col. *Scaritidae*), Bulletin Societe ent. France 72 155-156

Hoßfeld, R. (1972)：Laufkäfer als Schädling an Betarüben, Gesunde Pflanzen 24, 168-171

Hoßfeld, R. (1973): Laufkäfer als Verursacher bisher ungrklärter Schäden an Räbenkeimlingen?, Die Zuckerrübe 22, S. 12

Vanek. S. (1984): Larvae of the palearctic species Clivina collaris and Clivina fossor (*Coleoptera, Carabidac, Scaritini*). Acta Entomol. Bohemoslov. 81, 99-112

甜菜坏根甲主要为野生

甜菜坏根甲在下胚轴上造成的损害症状（上）
甜菜坏根甲在甜菜幼苗叶片上（下）

# 普通金龟子（*Melolontha melolontha* L.）
# 树林金龟子（*Melolontha hippocastani* F.）

### （1）虫体特征、寄主

普通金龟子属于金龟子科的一种，体长可达20～30mm。身体黑色，并有锯状的白色图案。头部、触角、翅盖及腿部为棕色。身体末端的柳叶刀形花纹是其重要特征。

普通金龟子的幼虫65mm长，有6条腿，棕色的头荚有软的表皮。厚厚的后腹部向肚子方向弯曲。在最后的后腹部关节有一排成对的25～28个小刺。

树林金龟子体长可达22～26mm。树林金龟子与普通金龟子的不同在于钮扣形的宽花纹。翅鞘边缘为黑色，肚子为棕色，大多数腿为黑色。树林金龟子幼虫与普通金龟子幼虫几乎区分不开。这两种金龟子都吃树木和灌木的叶子，如橡树、欧洲山毛榉、栗属、李子、樱属、花楸属、柳树、

槭属、梨树、苹果、椴属等。幼虫实际上不侵害食用植物。较老的幼虫啃食木本植被的根部硬皮（包括针叶树）。野草里幼虫喜欢蒲公英。

### （2）症状、可能的混淆

幼虫易与庭院丽金龟子的幼虫混淆。幼虫的啃食会导致甜菜枯萎和坏死。后期会在甜菜上啃出空穴和通道。

### （3）生物学、影响因子

普通金龟子的成长总共要经过3～4年，树林金龟子要经过3～5年。在土壤里越冬的金龟子在栗树开花的时候出现。雌性在成熟后分2～3批、每次产12～28枚卵在10～30cm深的土里（每只雌虫可产50～80枚卵）。第一代幼虫在晚秋时将

金龟子幼虫：典型特征是弯曲的姿势

普通金龟子幼虫

钻出虫卵，并在20～60cm深的土里越冬。

翌年4月中旬开始为害作物。夏季开始蜕皮，晚秋寻找越冬的洞穴（60cm深的土里）。飞行之后（主要的灾年）第二年幼虫在夏天蜕皮。飞行的第三年，6月下旬开始取食，之后在20～40cm深的土里成蛹。8月份破蛹而出，第二年春季遗留蛹壳。气候因素和食物供应的影响会缩短这个四年的生长循环。树林金龟子生长循环期更长。文献记载，此外还有更长的循环期，时间可达大概38年，但是原因不明。

饱和的土壤间隙（不是水分阻塞）和湿度有利于幼虫成长。最佳温度是14～16℃。大量出现的前提是：4～10月高于12.5℃的温度平均值。生存地疏松的土壤和不浓密的植被是威胁因素。此外，稀疏的植被和阔叶林附近的虫害也是威胁因素。

### （4）发生率、重要性

普通金龟子：中欧、北欧南部、俄罗斯西部、乌克兰、巴尔干山脉、土耳其。

树林金龟子：与普通金龟子很像，但是北部在芬兰、东部在西伯利亚也有树林金龟子存在。金龟子幼虫阶段的虫害最严重。3～5只1～3龄幼虫会导致$1m^2$的巨大损失。出现的周期性（3～5年的周期）意义重大。

### （5）预防措施

早季收获作物的耕地，在飞行年份有发生最大虫害的可能。收割后要再进行土壤机械处理，如，使用旋耕机。晚季收获作物的地块，在飞行年份的春季最可能整季不长作物。

金龟子幼虫吃光了新长出甜菜的主要根部

中等的甜菜被幼虫毁了（上）
普通金龟子的蛹（下）

## （6）自然天敌

寄生虫：寄蝇科Dexia rustica，蚤蝇科Megaselia rufipes，姬蜂科Tiphia femorata,T.ruficornis,T.minuta。

线虫：Diplogasteroides berwigi。立克次氏体属微生物：Rickettsiella melolonthae。细菌：Bacillus fribourgensis。

真菌：Beauveria densa,B.tenella,B.brongniartii。大型动物：椋鸟科、乌鸦、海鸥、乌鸫、小型哺乳动物如鼩鼱科、鼹科、狐狸以及野猪。

### Literatur

Delb, H. (2004): Monitoring der Waldmaikäferpopulationen und der Schäden durch Engerlinge in der nördlichen Oberrheinebene, Baden Württemberg und Rheinland-Pfalz. Nachrichtenblatt des Deutschen Pflanzenschutzdienstes 56, 108-116

Ene, J. M. (1942) : Experimentaluntersuchungen über das Verhalten des Maikäfer engerlings (*Melolontha* spec.), Zeitschrift für angewandte Entomologie 29, 529-600

Fröschle, M. (1994): Der Feldmaikäfer (*Melolontha melolontha* L.) muß in Baden-Württemberg wieder ernst genommen werden. Nachrichtenbl. f. d. deutschen Pflanzenschutzdienst 46, 6-9

Györfi, J. (1956) : Die in den Maikäfer- und anderen Blatt hornkäferlarven schmarotzenden Wespen, Zeitschrift f. angewandte Entomologie 38, 468-474

Györfi, J. (1960): Beiträge zur Kenntnis der Lebensweise der Engerlinge, Zeitschrift für angewandte Entomologie 45, 87-93

HOurka, K. (1957): Experimentaluntersuchungen über die Ökologie der Maikäfer engerlinge (*Melolontha hippocastani* F.), Zeitschrift für angewandte Entomologie 41, 1-16

Niklas, O. F. (1960): Standorteinflüsse und natürliche Feinde als Begrenzungsfaktoren von Melolontha-Larvenpopulationen eines Waldgebietes (Forstamt Lorsch, Hessen). (Coleoptera: Scarabaeidae). Mitteilungen der Biol. Bundesanst. f. Land- und Forstwirtschaft Nr. 101

Schneider, F. (1952 b): Untersuchungen über die optische Orientierung der Maikäfer (*Melolontha vulgaris* F. und *Melolon tha hippocastani* F.) sowie über die Entstehung von Schwärmbahnen und Befallskonzentrationen, Mitteilungen d. Schweizerischen Entomol. Gesellsch. 25, 271-340

Schwerdtfeger, F. (1939): Untersuchungen über Wanderungen des Maikäferengerlings (*Melolontha melolontha* L. und *Melolon tha hippocastani* F.), Zeitschrift f. angewandte Entomologie 26, 215-252

Vogel,W. (1956): Entmischungen innerhalb der Maikäferpopulation im Zusammenhang mit dem Wandern der Käfer ins Waldesinnere, Zeitschrift f. angewandte Entomologie 38, 206-216

Zimmermann, G. (2004): Vorkommen und Bekämpfung der Maikäfer in Deutschland: Ein historischer Rückblick, Nachrichtenblatt des Deutschen Pflanzenschutzdienstes 56, 85-87

树林金龟子

普通金龟子

# 蛴螬 （*Amphimallon solstitiale* L.）

### （1）虫体特征、寄主

蛴螬体长14～20mm，棕色，典型特征是黄色翅盖上一绺绺的毛。与金龟子不同，蛴螬的后腹部很尖。

长大的幼虫3cm长（偶尔5cm长），与金龟子幼虫很像，在后腹部最后的关节有9～15对触角。

蛴螬吃各种阔叶树的叶子，偶尔也吃嫩松树的针叶。幼虫与金龟子的幼虫很像，特别喜欢吃草根、生菜、马铃薯、甜菜。

### （2）症状、可能的混淆

主要通过啃食根部导致作物的早期枯萎和死亡。后期幼虫会在甜菜植株上啃食出洞和通道。

幼虫和虫害的症状与金龟子的幼虫很难区分开来。

### （3）生物学、影响因子

6月中期开始至7月中期（偶尔是8月初）气候温暖的情况下，在夜晚可以观察蛴螬飞行。飞行开始后10～14d雌虫在6～8cm深的土壤里产卵（35～45枚，最多65枚卵）。3～4周以后，最初2～2.5mm长的幼虫钻出虫卵，在一个成长阶段后期其长度可以达到4.5～9mm。在欧洲，整个成长过程需要3年：1龄幼虫在第二年的6月开始蜕皮成2龄幼虫（12～22mm长），在第三年的6月或者7月达到3龄（23～30mm长）。在第四年的5月或者6月幼虫钻到2～3cm深的土壤里变蛹，3周后蛴螬破蛹而出。

影响因子是疏松的、沙质的、不太潮湿的土壤。

蛴螬比金龟子体型稍小一些

蛴螬的蛹

（同义词：*Amphimallus, Rhizotrogus*）

### （4）发生率、重要性

除苏格兰以外的整个欧洲。在俄罗斯，从圣彼得堡到俄蒙边界。

由于蛴螬不是典型甜菜种植区害虫，因此其对甜菜种植的影响有限。

### （5）预防措施

不详。

### （6）自然天敌

芽孢杆菌（*Bacillus popiliae*）、球状细菌（*Micrococcus* spec.）、假单胞菌属（*Pseudomonas* ssp.）、金龟子立克次氏小体（*Rickettsiella melolonthae*）、纤细白僵菌（*Beauveria tenella*）、绿僵菌（*Metaehizium anisopliae*）、线虫像新无小纹虫（*Neoaplectana georgica*）、姬蜂科像乡长足寄蝇（*Dexia rustica*）、蓖寄蝇（*Billaea pectinata*），短剑蜂像臀勾土蜂（*Tiphia femorata*）、橙头土蜂（*T.morio、Scolia erythrocephala*）。此外还有乌鸦、北美夜鹰、獾、鼹鼠。

**Literatur**

Brandhorst, K. H. (1968): Massavlucht van *Antphimallon solstitialis* (Linné) (Col., *Scarabacidae*), Entomol. Ber. Amsterdam 28.122-123

Davydova, D. D (IH): On the dsmmics of numbers of Lamellicorn larvac in a beet rotation. 'Zakhyst Roslyn 3, 32-36. (In ukrainisch: zitiert im Review of Applied Entomology 59 (1971), 176

Niklas, O. F. (1964): Vertikalbcwcgungcn Rickettiose-krankcr Larven von *Amphimallon solstitiale* (Linnacus), *Anomala dubia aenea* (De Geer) und *Maladcta brunnea* (Linnaeus) (Col., Lamellicornia), Anzeiger für Schädlingskunde 37, 22-24

Zimmermann, G.. Jung, K. (2000): Vorkommen und Bekämpfung von Feld- und Waldmaikäfer sowie Junikäfer und Gartenlaubkäfer in Deutschland: Ergebnisse einer Urnfrage. Mitteilungen der Biologischen Bundesanstalt für Land- und Forstwirtschaft 376, 380

根据小刺的排列，可以区分出左边是蛴螬的幼虫，右边是金龟子的幼虫

# 青苑蛴螬（*Phyllopertha horticola* L., 同义词 *Anomala*）

## （1）虫体特征、寄主

成虫身体呈拱形，体长6～8mm（最长10mm），身体带有翘起的毛。头部和前胸呈现绿色至蓝绿色，翅鞘为黄褐色，身体底面呈金属绿、蓝或黑色，腿部为闪亮的深褐色。

幼虫体长2.5～3cm，与金龟子相似，在腹部最末端只有两排，总计15～20根小刺。

青苑蛴螬以椴树、橡树、苹果树、梨树、欧洲榛子树、李子树、欧洲鹅耳枥、洋槐树的叶子为食。此外，在蔷薇中发现过青苑蛴螬，可能在豌豆叶和菜豆叶上也发现过青苑蛴螬。

从幼虫开始，第一阶段更喜欢富含腐殖质的土壤，第二和第三阶段吃草根、谷物、甘蓝、苜蓿、甜菜、马铃薯，也吃针叶树。

## （2）症状、可能的混淆

青苑蛴螬造成的危害首先是对根部的侵蚀。在幼虫的第二阶段，主要吃须根，在幼虫的第三阶段，吃更大的根，也有可能侵蚀甜菜植株体，甚至咬出孔洞。此类症状与地毛虫造成的危害相似。青苑蛴螬幼虫与金龟子和蛴螬的幼虫相似。

## （3）生物学、影响因子

产卵从6月份开始，分两批进行，产于地下25cm深处。每只雌青苑蛴螬共计产卵20～40（最多53）枚，卵长1.4～1.8mm。幼虫发育第一阶段需28～35d，第二阶段需20～28d，最后一个阶段需要8～8.5个月。在地下45cm深处越冬后，来年4月中旬幼虫化成蛹，两周后钻出成虫，其寿命5～20d。从5月底到7月中旬，每个上午是分群期。

温暖且初霜未到来的秋季会促使虫害发生，另外，一般来说温暖、潮湿的气候以及排水好的地表也是促使虫害发生的因素。积水过多导致的潮湿，不会促使虫害发生。

## （4）发生率、重要性

分布于欧洲、西伯利亚、蒙古等地区。由于青苑蛴螬更愿意在牧场产卵，因此对甜菜的影响一般不是很大。在牧场的土地被翻垦后，青苑蛴螬可能会造成更大的危害。

## （5）预防措施

在翻垦牧场的土地里使用土壤杀虫药。

## （6）自然天敌

幼虫的天敌：真菌 *Metarhizium anisopliae*，*Bacillus popilliae*，*Rickettsiella melolonthae*，*Beauveria tenella*，姬蜂像 *Dexia rustica*，短剑蜂像 *Tiphia femorata*，此外还有獾和鼹鼠。

成虫的天敌：食虫虻像 *Laphria ephippium*，*L.flava*，此外还有鸟类（北美夜鹰、穴鸟、秃鼻乌鸦）。

**Literatur**

Laughlin, (1964): Biology and ecology of the garden chafer *Phyllopertha horticola* L., VIII Temperature and larval growth, Bulletin of Entomological Research 54.745-759

Laughlin, R. & Milne. A. (1964): Biology and ecology of the garden chafer *Phyllopertha horticola* L, IX. Spatial distribution. Bulletin of Entomological Research 54.761-795

Laughlin, R. (1967): Treatment of data on the size of individual insects from field samples Entomologia experimentalis ct. applicata 10 131-142

带有蓝色颈甲的青苑蛴螬

幼虫（上）；带有绿色颈甲的青苑蛴螬（下）

# 北欧跳甲 （*Chaetocnema concinna* Marsh.）
# 南欧跳甲 （*Chaetocnema tibialis* Ill.）

## （1）虫体特征、寄主

北欧跳甲的体型呈微长的椭圆形，体长1.8～2.5mm。其身体正面的颜色从金属绿到紫铜色再到青铜色，体色范围变化很大。膨大、黑色的腿是甲虫出色跳跃能力（如其名称所示）的基础。南欧跳甲体长1.5～2mm，大小不及其近亲北欧跳甲，但除此之外，南欧跳甲外表上与北欧跳甲相似。两种跳甲白色、短足的幼虫身上都有黑色斑点。北欧跳甲的幼虫体长4mm，南欧跳甲幼虫体长大约3mm。北欧跳甲更喜欢侵袭蓼属植物，如酸模属、跳蚤属和鸟属，另外还有小麦、酸模类、块根植物和大黄茎。与此相对，南欧跳甲更喜欢野生草本植物，藜属植物（如滨藜和白色藜属植物）。南欧跳甲当然也侵袭糖用甜菜和饲用甜菜。

## （2）症状、可能的混淆

南欧跳甲从4月份开始不吃块根类植物，这与坏根甲相似。之后在下胚轴和树叶上，咬出窗户形状的坑和贯通的洞。洞的直径只有1～2mm与叶甲相似。南欧跳甲的幼虫取食地下根。北欧跳甲与它的近亲相似。但是北欧跳甲的幼虫不取食根，而是在树叶中挖掘坑道。与甜菜潜蝇的幼虫不同，南欧跳甲和北欧跳甲的幼虫都有一个头囊。

## （3）生物学、影响因子

北欧跳甲作为成虫在地面最上层或草垫子上越冬，南欧跳甲同样以成虫越冬，但更喜欢在森林边或灌木丛附近越冬。大约4月底，冬眠结束，5月份到8月份为交尾期。5月中旬，雌性北欧跳甲在甜菜上产卵，南欧跳甲将卵产在地上。南欧跳甲的幼虫吃根，北欧跳甲的幼虫在树叶中挖掘坑道。

南欧跳甲和北欧跳甲的幼虫于7月份化蛹。6、7月份可在植物上发现成虫。成虫在一段时期内也危害甜菜叶，然后从8月中旬开始寻找冬栖处。根据目前掌握的资料来看，南欧跳甲和北欧跳甲每年繁殖一代。与上年甜菜轮作田交界的地带极易受到虫害威胁。早春的干旱对虫害的发生起到促进作用。

北欧跳甲

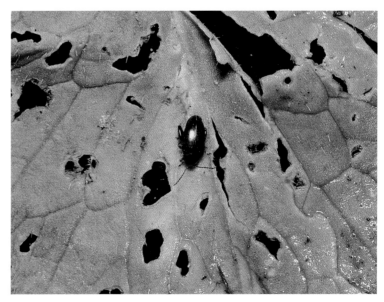

跳甲咬出的洞

## （4）发生率、重要性

跳甲在欧洲和亚洲分布广泛。北欧跳甲主要出现在北方的种植区（斯堪的纳维亚半岛、中欧北部、英格兰、爱尔兰、波兰、俄罗斯到西西伯利亚），南欧跳甲与北欧跳甲相反，主要出现在中欧南部、地中海国家和东南欧。两种跳甲的幼虫不会造成严重的经济损失。另外，北欧跳甲引发虫害的概率非常小。南欧跳甲主要在早春的干燥气候下造成危害，因为在此条件下它们对子叶期植物就造成危害。在这种情况下，虫害造成的损失呈现出显著规模。通常，先在森林和灌木丛附近发现虫害。随后，南欧跳甲危害叶子，这种危害在中欧地区大多没有达到必须防治的界限（防治的界限值为被毁坏叶子面积的15%～20%）。

## （5）预防措施

一部分可防治蚤跳甲虫的杀虫药，至少可以降低早期虫害的损失，在使用杀虫药时剂量逐渐加大。一般将药加到甜菜种丸中使用，但要保证甜菜可以正常发芽。非化学预防措施不详。

## （6）自然天敌

在文献中只记录了草蛉的幼虫（*Chrysoperla carnea*）。线虫如*Neoaplectana carpocapsae*也侵蚀跳甲类。

### Literatur

Erfurth, P. & Ramson,A. (1974): Anleitung zur Schaderreger- und Bestandesüberwachung im Pflanzenschutz; iga Erfurt (DDR) 1974, 2-22

Mohr, K. H. (1960): Erdflöhe; Die Neue Brehm-Bücherei, Wittenberg-Lutherstadt

Röder, K., Wiese, B. et al. (1986): Methodische Anleitung zur Schaderreger- und Bestandesüberwachung auf EDV-Basis; DEWAG Leipzig, 1986

Pataki,E. (1967): Der Rübenerdfloh (*Chaetocnema tibialis* Ill.), einer der gefährlichsten Keimschädlinge der Zuckerrübe in Ungarn; Zeitschrift für angewandte Entomologie 59 239-248

Watzl, O. (1950): Zur Lebensweise und Bekämpfung des Rübenerdflohs (*Chaetocnema tibialis* L.); Pflanzenschutzberichte (Wien) 4, 129-149

跳甲首先在叶子上咬出窗户形状的坑，后来在叶子上咬出贯通的洞

在一株大龄的甜菜上，跳甲对叶丛造成的严重侵蚀

# 褐色根腐甲 [*Blitophaga opaca*（L.）]
# 黑色根腐甲（*Blitophaga undata* Müll.）

### （1）虫体特征、寄主

褐色根腐甲全身平坦，体长9～12mm，全身呈深褐色至黑色。在其带有金色毛的翅鞘上，两边各有3条形状明显的长肋。等足类幼虫体长最多达到15mm。身体呈亮黑色，侧面呈黄色。

黑色根腐甲体长11～15mm，身体不是非常平坦，体表无毛。在翅鞘上的长肋之间有皱纹。黑色根腐甲幼虫与褐色根腐甲幼虫外表相似，幼虫体色呈现单一的黑色。褐色根腐甲与黑色根腐甲成虫和幼虫更喜欢藜属植物，如糖用甜菜和饲用甜菜、红甜菜、糖萝苣、菠菜和滨藜属，将它们作为寄主。另外，褐色根腐甲与黑色根腐甲的成虫和幼虫吃十字花科植物，如油菜、甘蓝、芜菁。偶尔在胡萝卜、马铃薯和谷物上会发现褐色根腐甲与黑色根腐甲的成虫和幼虫。谷物极易受到黑色根腐甲的侵袭。

### （2）症状、可能的混淆

幼虫首先咬出窗形坑，后来咬出贯通的洞。在叶子上存在光滑边缘的、大小不同的洞，有时与甜菜叶甲侵蚀后造成的症状相似。幼虫出现较早也会导致虫灾的发生。与幼虫不同，成虫侵蚀叶子从边缘开始。在侵蚀处，叶片组织呈现典型的纤维化。叶片受侵害处变深灰色。

### （3）生物学、影响因子

在生物学上，黑色根腐甲与褐色根腐甲相似。在中欧，腐甲以成虫越冬，栖身在森林边的草垫子上以及路边和牧场的草丛中。3月末至4月初，腐甲离开冬栖处，首先侵蚀藜属植物，也可能侵蚀谷物。在甜菜发芽后，腐甲迁居到甜菜上。从5、6月份开始，雌性腐甲在寄主下面平坦的地面上最多排产120枚，黄白色，长度1～2mm的

腐甲的幼虫

褐色根腐甲

卵。5～9d后幼虫出卵，根据气温不同，在未来20～21d逐渐成熟，并在地面下几cm深处化蛹。在6月末7月初，成虫钻出，少量进食，8月份开始寻找冬栖处。成虫一年繁殖一代。

根腐甲喜欢土质松软的地面和避风的位置，如灌木丛和森林的洼地或背风面。特别是在干燥、温暖的气候下，相应的轮作田会受到更严重的虫害威胁。

### （4）发生率、重要性

褐色根腐甲从欧洲到中亚以及在北美都有分布。黑色根腐甲的分布除中欧外，还分布在南欧以及西亚到高加索地区。在西伯利亚和伊朗也同样有发现报告。根腐甲幼虫的侵蚀造成的损失最大，因为受到严重侵蚀的植物停止生长。一对根腐甲的后代，可能毁灭面积多达10m$^2$的甜菜叶丛。

### （5）预防措施

早播种，另外清除第一宿主（野藜属植物）。在受到侵袭时，施氮肥，促进植物的再生。

### （6）自然天敌

强盗甲虫像 *Carabus auratus*, *Amara aulica*, *Pterostichus lepidus*, *P. coerulescens*, *Poecilus versicolor*, *Calathus melanocephalus*, *C. fuscipes*。寄蝇科寄生在根腐甲幼虫上；蛙科、白头翁、山鹑、乌鸦也吃根腐甲。

**Literatur**

Blaszyk, P.; Madel, W. (1950): Beitrag zur Überwinterung und Fortpflanzungsbiologie von *Blitophaga opaca* L. (Coleopt.); Zeitschrift für angewandte Entomologie 31, 455-472

Blunck, H.; Görnitz, K. (1922): Lebensgeschichte und Bekämpfung der Rübenaaskäfer, Nachrichtenblatt für den deutschen Pflanzenschutzdienst 1, 69-70

Kleine, R. (1919): Welche Aaskäfer-Imagines (Silphiden) befressen die Rübenblätter? Zeitschrift für angewandte Entomologie 15, 278-285

König, K. (1983): Rübenaaskžifer, Die Land technische Zeitschrift 34, 511

黑色根腐甲

腐甲幼虫咬出的洞在早期出现时可归为虫灾

# 甜菜叶甲（*Cassida nebulosa* L.）

### （1）虫体特征、寄主

甜菜叶甲虫体绿色，翅鞘上带有棕色小点，身体平坦呈宽椭圆形，体长5～7.5mm，腹部黑色。头部隐藏在颈甲下方，翅鞘上有长肋和成列的斑点。甜菜叶甲老龄成虫可变成褐色和赭色。

幼虫的体色呈现亮绿色到绿色，体长7～9mm。身体侧面有短且分杈的突起，两根长角位于身体后面，在长角上积聚着蜕下的皮和粪便，这些是它显著的标志。甜菜叶甲侵害藜属类植物，芜菁、甜菜、红甜菜、糖莴苣，偶尔也侵袭油菜和甘蓝。

### （2）症状、可能的混淆

首先咬出窗形的坑，后咬出贯通的洞。更老一些的幼虫也侵蚀叶片边缘，也能把叶片取食到只剩叶脉。开始有大量的小侵蚀点，这是甜菜叶甲侵蚀造成的典型标志。甜菜叶甲可把植物侵蚀到只剩叶脉，这可能会与伽马蛾造成的侵蚀相混淆。甜菜叶甲造成的侵蚀首先开始于轮作田的边缘（从第一寄主藜属植物迁居而来）。

### （3）生物学、影响因子

4月底，成虫首先出现在滨藜属、白藜属和其他藜属植物上。在5月份一段较长时期内，雌性甜菜叶甲在寄主身上产500～700枚有黏性分泌物包裹的卵，8d后幼虫从卵中钻出。甜菜上一般没有虫卵。更准确地说，幼虫是在几乎毁掉第一寄主之后，迁移到甜菜上的。3周的侵蚀，经历了总共5个幼虫阶段之后，第五阶段的幼虫在叶片背面化

一对正在交尾的甜菜叶甲

甜菜叶甲的幼虫和成虫

蛹。大约8d之后，成虫钻出。7月底，迁回藜属植物上。在中欧，甜菜叶甲每年只出现一代。

成虫从一开始就依赖藜属植物。在轮作田地边或在林地中的藜属草本植物能促进虫害的发生。

### （4）发生率、重要性

实际上在整个北极地区，包括日本和北美，都发现了甜菜叶甲。自从在甜菜种植区使用灭草剂，消除杂草、野草之后，甜菜叶甲的危害大大降低了。

### （5）预防措施

一般来说，没有必要的预防措施。如果要预防，就把轮作田附近或林地中的藜属植物割掉。

### （6）自然天敌

卵寄生物，如*Chalcididen*、幼虫和蛹、寄生物，如*Tetrastichus bruzzonis*。此外，幼虫寄生物还有*Brachymeria vitripennis*, *Brachysicha pungens*, *Pleurotropis* spec., *Pteromalus* spec.。椿象也是甜菜叶甲的天敌。

**Literatur**

Brodvdii, M. (1968): The Cassidae, Zashch Rast. 13, 31-32 (in russisch). Zitiert in: Review of applied Entomology 58 (1970), 727

Domínguez Garcia-Tejero, E ( 1950): Distribución en Espana de las plagas y enfermedades de la remolacha, Bol. Pat. veg. Ent. agric. 18 181-204

Hano, G. (1983): A pajnsos labodabogar ( *Cassida nebulosa*) karositasa cukorrepan, es a vedekezes lehetosege. Növcnyvcdclem 19.234

Isart, J. (1966): Sobre las principaleq plagas de la remolacha en el Alto Aragon, Pirineos 79/80  234-251

Jermy, T. (1966): Feeding inhibitors and food preference in chewing phvtophagous insects Entomologia experimentalis et applicata 9, 1-12

Wilke. S. (1923): Der neblige Schildkäfer (*Cassida nebulosa* L), Nachrichtenblatt fur den Pflanzenschutzdienst 3, 2-3

甜菜叶甲在侵蚀叶片（上）
大量的小而典型的侵蚀点（下）

甜菜叶甲造成的典型症状

# 金玟甲（*Cassida nobilis* L.）

## （1）虫体特征、寄主

金玟甲体长3.5～6mm，身体呈椭圆形。棕色的翅盖上混有金色、银色的或者闪光的绿色长条纹。背面是黑色，淡绿色的脖子下面是弯曲的头部。

幼虫与甜菜叶甲的幼虫很像，但是没有甜菜叶甲幼虫那么长，头荚有斑点。

金玟甲只喜欢甜菜。只在很偶然的情况下，它们才会危害莙荙菜、菠菜、糖萝卜、藜属植物、滨藜属。

## （2）症状、可能的混淆

幼虫会造成和甜菜叶甲一样的症状，但是它们的咬痕没那么多。

## （3）生物学、影响因子

金玟甲在草甸上度过大约8个月的冬眠期。4月底它们飞向甜菜种植区域，首先是一周的成熟期取食。5月上、中旬金玟甲开始产卵，产卵将持续超2个月的时期。每个雌性在甜菜的下胚轴、叶柄和叶片背面产150～250枚卵，并在卵上分泌黏稠物。钻出虫卵的幼虫要经历4龄，到7月份，然后在叶柄上化蛹。7月下旬幼虫出现，晚些时候会寻找越冬的巢穴。在中欧每年产生一代金玟甲。

有利于金纹甲危害的因素是无强降雨、无飓风、气温温和。如果幼虫从植株上被冲下来，其大部分将会死亡。

## （4）发生率、重要性

尽管该物种在甜菜方面的资料基本上被记录了下来，但是在中欧仅仅偶尔才会在东部发生虫害。

## （5）预防措施

不详。在较轻的土壤上如果有必要，可以喷施较大剂量（的药）。

## （6）自然天敌

幼虫寄生物，如*Pseudoptilopsnitida*，姬蜂科，如*Trichgramma evanescens*，*Brachymeria vitripennis*。偶尔天敌也可是*Pteromalus* spec.和线虫（*Neoaplectana carpocapsae*）。

### Literatur

Slavchev, A. (1985): Sravnitelni ecologichni prouchvaniya vorkhu malkata i obiknovenata tseveklova shtitonoska (*Cassida nobilis* L. i *Cassida nebulosa* L., Coleoptera, Chrysomelidae) nepriyateli po zakharnoto tsveklo, Pochvozn. Agrokhim. Rast. Zasht. 20, 136-147

Kheyri, M., Broomand, H. (1992): First report of *Cassida nobilis* L. as sugar beet pest in Iran. Applied entomology and phytopathology 59, 109-137

金玟甲的幼虫和成虫

# 象鼻虫类

## 象鼻虫 (*Bothynoderes punctiventris* Germ., 同义词 *Cleonus p.*)

象鼻虫（BOLL WEEVIL）是鞘翅目昆虫中最大的一科，也是昆虫王国中种类最多的一种，全世界已知的种类已达600多种，仅我国台湾产的象鼻虫至少有141种。大多数种类都有翅，体长大致在0.1～10cm。其中"鼻子"占了身体的一半。看到这类昆虫令人不由得想起大象的长鼻子，因为它们的口吻很长，所以这类昆虫被人们称为象鼻虫。不过可别把长型的口吻当成象鼻虫的鼻子，何况生于末端的并不是鼻子，而是它们用以嚼食食物的口器。当然除了口吻长外，拐角着生于吻基部也是此虫的特色之一。

### （1）虫体特征、寄主

象鼻虫的身体呈灰黑色，上面有灰色至栗色的鳞片。在翅鞘后面的浅色部分形成一条深色交叉带。交叉带后面两侧各有一个白色带暗边的斑点。象鼻虫身体相对较短且壮实。体长在11～16mm。幼虫体长达13mm，身体呈白色，无脚，带有褐色头囊。象鼻虫除了侵食甜菜，还侵食菠菜、红甜菜、胡萝卜、飞廉属、藜属、蓼属、滨藜属、烟草属、莴苣和向日葵等植物。

### （2）症状、可能的混淆

像其他象鼻虫一样，成虫在甜菜叶片上侵食出类似拱形的凹痕。多数情况下根据拱形凹痕的

象鼻虫

大小，可将象鼻虫造成的侵食与其他动物造成的类似侵食区分开。4叶期的新出甜菜会将被象鼻虫完全吃光。如果地面太硬，没有留下脚印，并且没有兽类粪便，那么就很难区分虫害和兽害。

### （3）生物学、影响因子

成虫在前一年的甜菜地越冬，冬栖处在地下差不多竖直的土室。土室深度为地下10～40cm，在最后作为幼虫食物的甜菜周围，土室距离甜菜最多24cm。地温达到6℃后，象鼻虫向上迁移，根据天气的变化，在3月末至5月初这段时间出现在地表。首先通过迁移寻找可侵食植物，气温22℃以上时通过飞行迁移。5月中旬到6月末，雌性象鼻虫在寄主附近的地表下产几小组卵，最多达120枚。10～20d后，幼虫出卵，并首先侵食根部，而后也侵食整个甜菜植株。7月中旬开始，再进食一个半月，经历3个幼虫阶段后，在地下10～40cm处化蛹。两周后成虫钻出，但成虫在来年初春才会离开蛹壳。若成虫通过垄沟爬上地表，则会在地面挖一个大约10cm深的洞。大多数越冬的成虫无法在寒冷的季节存活。幼虫喜欢温暖，相对干燥，土质又不是很松软的地面。尤其是一个少雨的7月将有利于幼虫的生长。

### （4）发生率、重要性

象鼻虫的分布地区从俄罗斯南部、乌克兰经过中欧、南欧到法国南部。在早期侵食阶段，一

只成虫每天可毁掉多达10颗新出的甜菜。在前一年的甜菜地周围地区可能出现虫灾。如果15只以上的幼虫侵袭一颗甜菜，那么较老的甜菜会因根部受到侵食而受到严重损害。同大多数其他类象鼻虫一样，在中欧象鼻虫仅在温暖的年份引起重视。另外，虫害造成的损失经常受到地域的限制。

## （5）预防措施

如果象鼻虫出现，预先用带网杓的犁挖出25～30cm深的秋垄沟，目的是尽可能多的使象鼻虫进入土质松软的土层（使其在寒冷的冬天被冻死）。对发现象鼻虫的垄沟进行耕犁可明显减少早期的有害侵蚀。

## （6）自然天敌

鸟类，如野鸡和秃鼻乌鸦吃象鼻虫。阎虫科吃各个生长阶段的甲虫。蝇类，如*Rondania cucullata*，*Muscina assimilis*寄生在象鼻虫身上。真菌，如*Beauveria bassiana*，*Metarhizium anisopliae*也是象鼻虫的天敌。

**Literatur**

Auersch, O. (1961/62): Zur Kenntnis des Rübenderbrüßlers (*Bothynoderes punctiventris* Germ.) Teil II; Zeitschrift für angewandte Entomologie 49, 50-77

Auersch, O. (1961/62): Zur Kenntnis des Rübenderbrüßlers (*Bothynoderes punctiventris* Germ.). Teil III; Zeitschrift für angewandte Entomologie 49, 313-329

Eckstein, F. (1936): Zur Kenntnis des Rübenrüsselkäfers (*Bothy. punctiv.* Germ.) in der Türkei; Zeitschrift für angewandte Entomologie 22, 463-507

Eichler, W. (1951): Rübenfeind Derbrüßler Die Neue Brehm-Bücherei Nr. 25, Akademische Verlagsgesellschaft Geest & Portig KG, Leipzig; A. Ziemsen Verlag, Wittenberg/Lutherstadt.

Eichler, W., Schrödter, H. (1951): Witterungsfaktoren als Urheber der Massenvermehrung des Rübenderbrüßlers (*Bothynoderes punctiventris*) 1947-1949 in Mitteldeutschland; Zeitschrift für angewandte Entomologie 32, 567-575

Schmidt, G. (1950): Beobachtungen im Derbrüßlerbefallsgebiet Sachsen-Anhalt und Vorschläge zur Bekämpfung; Anzeiger für Schädlingskunde 23, 101-102

Schröder, H. (1951): Die Niederschlagsverhält nisse in Sachsen-Anhalt 1947/48 als Ursache der kreisweisen Befallsunterschiede beim Massenauftreten des Rübenderbrüßlers 1948; Zeitschrift für angewandte Meteorologie 1, 60-62

Thielecke, H. (1952): Biologie, Epidemiologie und Bekämpfung des Rübenderbrüßlers (*Bothynoderes punctiventris* Germ.) Beiträge zur Entomologie 2, 256-315

象鼻虫的幼虫及其对甜菜植物体的侵蚀

# 甜菜叶象鼻虫（*Tanymecus palliatus* Fbr.）

### （1）虫体特征、寄主

甜菜叶象鼻虫体长8～11.5mm。这种体型瘦长，呈灰黑色，身上闪着褐色光的甲虫，其翅鞘尾部呈尖状（因此而得名），身上带有10条清晰的斑点条纹。腹部与体表长有白毛，身体长度要比宽度稍长一些。甜菜叶象鼻虫的幼虫与其他种类象鼻虫的幼虫相似，只能由专家进行鉴定。幼虫体长大约12mm，呈白色至淡黄色，无脚，带有褐色头囊。甜菜叶象鼻虫侵食多种植物。例如，它喜欢侵食菾达菜、柠檬滇荆芥属、向日葵、牛蒡属、飞廉属、驴食草、生菜、桃、洋槐、荠菜、春白菊、凤仙花属和普通田白菜。同样也喜欢侵食糖用甜菜和饲用甜菜、卷心菜、田芥菜、苜蓿、野豌豆属、矮菜豆、马铃薯、烟草、雅葱属、覆盆子、草莓、梨、李子、米拉别里李子、欧洲鹅耳枥、欧洲榛子、槭属、大荨麻属、钝叶酸模属、鸟蓼属、白藜属、繁缕、香草、宽车前属、白色野芝麻属等植物。大量的其他草本植物将作为"必要寄主"。

### （2）症状、可能的混淆

甜菜叶象鼻虫侵食植物子叶和新长出的树叶。在这一阶段，甜菜叶象鼻虫造成的侵蚀与甜菜坏根甲造成的侵食相似，也与云雀和麻雀造成的侵蚀相似。有时，整个植株叶片会被啃食光，然后再侵食茎和叶柄。有时叶的边缘被咬出湖湾形的槽（与长鼻象鼻虫造成的侵害相对比）。在极端情况下，能出现虫灾。

### （3）生物学、影响因子

甜菜叶象鼻虫在地下越冬。在4月份出现，首先侵食寄主中发芽的草本植物。4月末5月初，甜菜叶象鼻虫也迁移到甜菜上。雌性甜菜叶象鼻虫在2～3个月的一段时间内，在饲料植物附近的地下，产下最多300枚单独的卵或者产下几组卵，每组最多可达20枚，然而根据目前掌握的资料来看，甜菜叶象鼻虫并不在甜菜旁边产卵。大约3周后，幼虫钻出并侵食根部。关于甜菜叶象鼻虫幼虫的发育过程，目前鲜为人知，但是根据俄罗斯专家（苏维雷

从背面看甜菜叶象鼻虫

从侧面拍摄的甜菜叶象鼻虫奔跑照片

佐伯—祖波夫斯基，艾希勒引用）的推测，甜菜叶象鼻虫繁殖一代很可能要两年。可以确定，在中欧地区，大概从7月份起，成年的甜菜叶象鼻虫就不再寄居于寄主上。由于雌性甜菜叶象鼻虫在实验室中的寿命大约为115d，雄性甜菜叶象鼻虫的寿命可以确定最多为5个月，因此由上述情况可以推断出雄性甜菜叶象鼻虫不是以人们想象中的状态越冬，而是化蛹、也可能以幼虫越冬。在中欧很少出现甜菜叶象鼻虫大规模繁殖。通常，大旱年发生在甜菜叶象鼻虫大规模繁殖之前，大旱年之后是更温暖的一年。暖冬会促进虫害的发生，因为甜菜叶象鼻虫会更早离开冬栖地。

## （4）发生率、重要性

甜菜叶象鼻虫只在数量激增的年份产生较大经济影响。例如，在德国，1922年、1925年、1938/1939年和1948—1950年出现过上述情况，但也只是在局部地区大量出现过，例如，在莱茵兰、汉诺威和波莫瑞地区。甜菜叶象鼻虫分布于欧洲各地，主要分布于欧洲东南和东部。北欧从未出现过虫害报告。

## （5）预防措施

在中欧，气候情况正常的情况下不必特别预防甜菜叶象鼻虫。在可能发生大规模虫害的时候，可在地块边缘犁出隔离沟，陡峭的一侧靠地块，这样无飞行能力的甜菜叶象鼻虫将无法迁移到田中去。

## （6）自然天敌

甜菜叶象鼻虫的天敌有菌类，如 *Metarhizium anisopliae*，线虫，如 *Heterorhabditis*。然而在可参考的文献中，并未记录自然天敌。

### Literatur

Alekhin, V. A. (1968): On the formation of an injurious insect fauna on sugar beet under irrigated conditions in the south-east of the European part of the SovietUnion; Ent. Obozr. 47, 731-740 (in russischer Sprache) Zitiert in: ReView of Applied Entomology 58 (1970), 347

Gersdorf, E. (1941): Beobachtungen über schädliche Rüßler; Anzeiger für Schädlingskunde 17, 25-26

Eichler, W. (1951): Der Esparsettenrüßler (*Tanymecus palliatus*) als Rübenschädling, Nachrichtenblatt für den Deutschen Pflanzenschutzdienst N.F. (Berlin) 5, 12-14

Haine, E. (1952): Studien zur Biologie des Zuckerrübenrüßlers (*Tanymecus palliatus* F.) I. Welche Pflanzen mögen *Tanymecus palliatus* als Nahrung dienen? Anzeiger für Schädlingskunde 25, 36-41

Hochapfel, H. (1949): Ein Auftreten des Zuckerrübenrüßlers (*Tanymecus palliatus* F.) an Spinat; Nachrichtenblatt der Biologischen Zentralanstalt Braunschweig 1, 19

Steiner, P. (1938): Beiträge zur Kenntnis der Schädlingsfauna Kleinasiens V. Über einige wenig bekannte Kleinschädlinge der Zuckerrübe in der Türkei; Zeitschrift für angewandte Entomologie 24, 1-24

从侧面看甜菜叶象鼻虫

甜菜叶象鼻虫的幼虫在寄主的髓部

# 长鼻象鼻虫 （*Otiorrhynchus lingustici* L.，同义词 *Brachyrhinus* L.）

### （1）虫体特征、寄主

长鼻象鼻虫体长大概9 ～ 14mm，有一个拱形的后腹部。基本的颜色为黑色，在翅盖上有斑点状排列好的灰棕色鳞片以及闪光的毛。翅盖生长在一起，因此飞不起来。清晰的口器长且宽。白色的幼虫体长可达10 ～ 12mm，身体易的向内部弯曲，无腿。长鼻象鼻虫特别喜欢危害苜蓿、三叶草属植物（特别是红车轴草）、野豌豆属、豌豆属、菜豆、羽扇豆属。甜菜位于不属于蝶形花科的寄主植物的前面。此外，也危害草莓、酸模属、委陵菜属、酸模、蒲公英属、菊苣、啤酒花、葡萄属、罂粟属、天冬属、果树、浆果、生菜、洋葱、菠菜、卷心菜、蔷薇花等等。长鼻象鼻虫危害的植物通常也是适宜幼虫的食物。

### （2）症状、可能的混淆

长鼻象鼻虫在叶片上的咬痕不是十分特别，因为其他的象鼻虫也有相似的症状。长鼻象鼻虫只啃食甜菜叶的边缘。它们会咬出不规则的弯曲。

### （3）生物学、影响因子

长鼻象鼻虫以成虫的形式在大概30cm土深的蛹里越冬（幼虫也可以越冬）。如果土壤温度在5 ～ 7℃，那么它们会翻开地表。4月到5月初，它们会出现在三叶草属和苜蓿植物上，然后再从这些植物转移到甜菜上。成虫的啃食会在夜间持续一周时间。在后期，长鼻象鼻虫也会在白天的时候取食。大概在出现3 ～ 4周以后雌虫开始产卵。大量的长鼻象鼻虫以孤雌（无雌雄交配）生殖方式絮衍后代。

产卵期可以持续20 ～ 50d。按照土壤结构和扎根的状况，这些卵以单个或者小组的形式被排在1.5 ～ 10cm深的土里。平均每只产卵150 ～ 250枚。当温度在18 ～ 24℃的时候，幼虫在大概14d之后钻出虫卵。它们会取食前面提到的寄主植物的根部，并一直持续到7龄阶段后化蛹。在有利的条件下，它们会在7月停止成长，并成蛹。在天较冷、食物

长鼻象鼻虫

长鼻象鼻虫在叶边缘啃出凹痕

不充足等等情况下它们会越冬，并在第二年继续觅食，并在7月份再次化蛹。在蛹壳内部成长的象鼻虫将在第二年的春天离开蛹。幼虫喜欢适度温暖、不太潮湿的土壤。因此，在干燥年份它们会大量繁殖。只要有大量的丰盛食物存在，较低的土壤湿度它们也可以很好的忍受。与此相反，如果降水量大的话，会造成大量的长鼻象鼻虫幼虫死亡。

## （4）重要性、发生率

长鼻象鼻虫在欧洲广泛存在。在东方，人们发现它直至俄罗斯亚洲部分的西部，南部到高加索山和小亚细亚。在英国，长鼻象鼻虫相对少见。它后来被带入到北美。早期大量的出现会严重危害甜菜，最后导致植株死亡。在中欧，只有在十分干燥的夏天才可能会出现严重的虫害。

## （5）预防措施

由于早年成功的迁入到豆科植物，可以用犁挖掘捕捉。

## （6）自然天敌

自然天敌有不同种的鸟类，如秃鼻、乌鸦、椋鸟科、野鸡、麻雀、鹌鹑。此外幼虫会受到许多甲虫，如亮星步甲、谢氏阎甲、*H. fimetarius*、*H. uncinatus*、四点青鳞、*Broscus cephalotes*、*Carabusschneideri*、*C. germaripseudoviolaceus*、金鱼、步行虫灾寄蝇、*Poecilus* 和一些隐翅虫的攻击。还有马蜂，如 *Ipocoelius rotundiventris*；线虫，如 *Neoaplectana chresima* 以及真菌球孢白僵菌、小球孢白僵菌、虫草棒束孢也属于长鼻象鼻虫的天敌。

### Literatur

Adlung, K. (1964): Beobachtungen über das Auftreten von Luzerneschädlingen und ihrer Parasiten; Gesunde Pflanzen 16, 136-140

Hanuß, K. (1958): Untersuchungen über den Klee-Luzernerüßler Brachyrhinus (*Otiorrhynchus*) lingustici L., Zeitschrift für angewandte Entomologie 43, 233-281

Jørgensen, J. (1953); Biology of the Alfalfa Snout Beetle, K. Vet Høsk. Aarsskr. 1953, 105-146

Mühle, E.; Fröhlich, G. (1951); Vergleichende Untersuchungen über Brachyrhinus (*Otiorrhynchus*) lingustici L. und Liophloeus tessulatus Müll. und deren Beziehungen zum Lieb stöckel. Beiträge zur Entomologie 1, 1-41

Müller, K, R. (1938); Der Liebstöckelrüßler, ein gefährlicher Luzerneschädling. Kranke Pflanze 15, 61-64

Palm, C. E. (1936): Status of the alfalfa snout beetle Brachyrhinus lingustici L. Journal of economic Entomology 29, 960-965

长鼻象鼻虫幼虫

# 灰圆象鼻虫 (*Philopedon plagiatus* Schaller，同义词 *Cneorhinus*)

## (1) 虫体特征、寄主

灰圆象鼻虫体长可达4.5～8mm，灰白至黄棕色的身体矮壮且呈球形（"大肚子"），翅盖上有不太明显的深色长条纹和鳞片，有时候没有条纹。成虫是可以飞行的。

幼虫是淡黄色的，无腿，最长可达9mm，头荚为棕色，在后腹部第九节有坚硬的突起物。起皱的矮胖身体可轻易地向腹部弯曲。这种象鼻虫主要危害嫩的针叶树，有时候也危害橡树、苹果树、椴梓树和葡萄。此外，幼虫还会危害一些草本植物，如甜菜、胡萝卜、卷心菜、天冬属、菜豆、草莓、多种多样的野草、喜沙草、金雀花属和青草。幼虫主要会危害木本植物的根部。

## (2) 症状及可能的混淆

灰圆象鼻虫会吃空子叶和叶片，并咬出弯曲的叶边缘。症状与其他为害叶子的象鼻虫如甜菜叶象鼻虫、长鼻象鼻虫很难区分。

## (3) 生物学、影响因子

幼虫在蛹中越冬，在4月末或者5月初离开蛹。一周的成熟期后雌虫会在6月份于10～20cm深的土里产下30～70枚卵。大约两周

灰圆象鼻虫

圆象鼻虫的咬痕

后幼虫钻出虫卵。幼虫仅取食寄主的根部，首先是松属植物的根部，它们会剥去植物的皮。10月份的时候幼虫会化蛹。成长结束之后象鼻虫不破蛹而出，而是在蛹壳里越冬。它们具夜行性，白天的时候隐藏在大约3cm深的土壤沙质层里。灰圆象鼻虫喜欢沙质的环境。影响因子是疏松的土壤以及相邻年轻的松属植物。

## (4) 重要性、发生率

人们在欧洲和北非的沙质土壤里发现了灰圆象鼻虫。在典型的甜菜种植区却没有这种象鼻虫出现。因此，甜菜仅是附属寄主植物。

## (5) 自然天敌

在文献里仅记载了马蜂。有的时候杂食性的线虫 *Neoaplectana carpocapsae* 以及真菌 *Metarhizium anisopliae* 会为害幼虫。

**Literatur**

Bagger, O. (1982): Skadedyr pa landbrugsplanter, Manedsoversigt Plantesygdomme 1982, 35-40

Ozols, G. E. (1960): Pests of pine stands on the coastal dunes of the gulf of Riga, Zool. Zh. 39 63-70 (in russisch). Zitiert im: Review of Applied Entomology 50 (1962), 115-116

Schnaider, Z. (1954): Szkodniki drzewostanów popozarowych, Rocn. Nauk. Le`sn. 4, 145-162 (in polnisch). Ziticrt in: Review of Applied Entomology 43 (1955), 393

# 豌豆叶象鼻虫（*Sitona lineatus* L.，同义词*Curculius*）

## （1）虫体特征、寄主

豌豆叶象鼻虫体长3.6～5.3mm，特征是突然可见的无理由的停顿。黑底色的身体上有黄灰色至棕色的鳞片。此外，翅盖包含淡色和深色的条纹。这种象鼻虫短且宽，并有凹部。

幼虫为淡黄色，无腿，6mm长。身体为棕色，并有少量红棕色的毛。

豌豆叶象鼻虫喜欢危害豆科，如苜蓿、鸟足豆、豌豆、谷物豆、野豌豆、草木犀、天蓝苜蓿以及苜蓿的其他种类。除了上述主要的寄主植物之外，文献里还记载了小扁豆、矮菜豆、蔓菜豆、黄豆、冬青属、菊苣等寄主植物。甜菜偶尔也是特别的寄主植物：在没有主要的饲料植物的时候幼虫会危害甜菜。此外，已经吃豆科植物的象鼻虫不会再吃甜菜。幼虫只会危害豆科植物，因为它们开始至少是象鼻虫喜欢的根瘤菌植物。

## （2）症状、可能的混淆

嫩的叶子由边缘向外凸出。症状与其他食叶象鼻虫相似，然而豌豆叶象鼻虫的咬痕更小更多。

## （3）生物学、影响因子

豌豆叶象鼻虫可多龄越冬（卵、蛹、成虫）。3月或者4月离开越冬的巢穴之后它们会首先飞到饲料作物（三叶草属、苜蓿等）。当豆科作为前作作物时，象鼻虫主要危害甜菜。只要有豌豆或者谷物豆的时候，大概从18℃开始象鼻虫就会飞入这些区域。并开始产卵（每只雌虫最多可产1000粒卵），卵会随意的产在叶片、茎秆或者土壤里。一周半到三周后，幼虫开始钻出虫卵，并钻进土壤，开始啃食根部瘤，后期啃食根部（差不多到成长的后期）。从6月起在大概5cm深的土里化蛹，1～3周之后第一代象鼻虫出现。到9月或者10月，它们开始寻找冬栖处（草皮、三叶草地、苜蓿地、地缝）。在中欧每年仅成一代豌豆叶象鼻虫。

## （4）发生率、重要性

豌豆叶象鼻虫出现在整个欧洲，后被带入北美。如果豆科作为前茬作物，那么象鼻虫就会危害甜菜。至今为止，虫害仅在亚热带国家有过报道。

## （5）自然天敌

各种各样的姬蜂科，如*Pygostolus falcatus*, *Perilitus rutilus*, *P. lituratus*, *Leiophron muricatus*, *Microtonus aethiops*, *Campogaster exigua*。此外，天敌还有螨、缨翅目以及线虫*Steinernema feltiae*, *St. bibionis*, *Heterorhabditis bacteriophora*会侵袭豌豆叶象鼻虫的幼虫。真菌*Beauveria bassiana*也是豌豆叶象鼻虫的自然天敌。

**Literatur**

Andersen, K.Th. (1931): Der linierte Graurüßler oder Blattrandkäfer, Monographien zum Pflanzenschutz 6 (1931), Verlag Julius Springer, Berlin.

Andersen, K. Til. (1934): Der Einfluß der Umweltbedingungen (Temperatur und Ernährung) auf die Eier-zeugung und Lebensdauer eines Insekts (*Sitona lineata* L.) mit postmetaboler Eientwicklung und langer Legezeit. Zeitschrift für angewandte Entomologie 20, 85-116

Crebert, H. (1928): Der Blattrandkäfer *Sitona lineata* als Hülsenfruchtschädling, Zeitschrift für Pflanzenkrankheiten 38, 322-326

Nielsen, B. S., Jensen, T. S. (1993): Spring dispersal of Sitona lineatus: the use of aggregation pheromone traps for monitoring, Entomologia experimentalis et applicata 66, 21-30

Ravn, H. (1990): Bekaempelse af bladrandbiller i aerter, Danish Plant Protection Conference on Pests and Diseases 7, 285-292

Wiech, K.; Jaworska, M. (1993): Susceptibility of Sitona weevils (*Col. Curculionidae*) to entomogenous nernatodes, Zeitschrift für angewandte Entomologie 110, 214-216

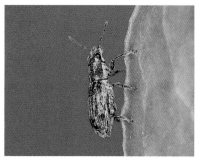

豌豆叶象鼻虫，只是偶尔会危害甜菜

# 鳞翅目虫类

## 黄地老虎/金针虫 （*Agrotis segetum* Schiff.，同义词 *Scotia segetum* Schiff.）

### （1）虫体特征、寄主

黄地老虎属夜蛾科，前翅为黄灰色至棕灰色，翅展35～40mm，每个翅膀上都有深色环绕的肾形纹以及一个环形的花纹在翅膀前半端。雄性黄地老虎后翅为白色，雌性为浅棕色，均伴有黑褐色的边缘。

刚钻出虫卵的幼虫为淡灰色（有时候是淡淡的闪光的紫色）。幼虫起初无后腿，大概1个月以后才长出。这段时期，身体的颜色会从灰绿色变成灰黄色。16条腿的幼虫后期颜色会呈闪光的深灰绿色。身体上部有3条深色的长线，这三条长线被白色的条纹从中间分开。

黄地老虎幼虫属特别多食性。栽培的大多数作物都会受到它们的危害，例如甜菜、马铃薯、芸薹、芜菁甘蓝、胡萝卜以及所有蔬菜。此外，烟草和大量的野草，如田旋花、野生萝卜、蓼属、蒲公英属、锦葵属植物、滨藜属、牻牛儿苗属、三色堇、老鹳草属、欧蓍草、车前属、冰草属等都会受到危害。橡树幼苗和欧洲山毛榉幼苗以及针叶树嫩芽也要关注被黄地老虎幼虫啃食危害的可能。

### （2）症状、可能的混淆

幼虫首先会在叶子上咬出窗户状的咬痕（小的破坏），后期会在叶子上咬出洞（易与甜菜跳蚤甲虫和甲虫的咬痕混淆）。大概从8月份开始，甜菜的根部会被幼虫咬坏，一部分被咬成小洞（症状与蛴螬很像）。如果没有严重受损，收割时会发现这些甜菜有痂样的结疤。

黄地老虎夜蛾

### （3）生物学、影响因子

黄地老虎从幼虫到化蛹共6龄阶段。这6龄阶段同时也是越冬的形式（在大概50cm深的地下越冬）。如果土壤温度的界限值超过10℃（大概4月底或者5月初），幼虫将朝土表方向转移，在2～5cm深的土里成茧，在茧里幼虫自己化蛹。19～22d以后（5月底或者6月初）夜蛾破蛹而出（雌雄比例为1∶1）。如果破晓时气流的最低温度超过14～16℃，夜蛾开始飞行。变成飞蛾后大概一个星期开始产卵，雌虫可产200～2 000枚白色的卵，后期，卵将从棕色变成黑色，每一枚卵通常都是随意的排在植物上和土壤里的。8～14d以后（依温度而定）幼虫会钻出虫卵。白天的时候幼虫大概每个小时在植物上停留两次并取食，其他时间幼虫在土壤里度过。大概从3龄开始，怕见光的幼虫主要吃地下食物，万不得已时会在晚上吃地表食物。最严重的侵害属6龄幼虫，在此之前需要5龄的成长阶段。在非常有利的条件下（温暖、干燥的天气）幼虫化蛹的阶段会持续不足2

个月，8月底或者9月初第二代夜蛾会出现。它们的飞行与所谓的"缓慢成长"同时进行，第二个飞行高峰期会超过6月的第一个高峰期。通常情况下每年繁育一代。

黄地老虎通常在幼虫的最后阶段越冬。暖冬可能会使幼虫存活下来。这样的后果将导致春季的虫害早到。影响因子是幼虫阶段有丰富腐殖质的松软的土壤以及温暖、干燥的天气。长期潮湿的土壤会妨碍活动和休息。如果进食行为被破坏，就算食物供给充足大量的黄地老虎也会饿死。

### （4）重要性、发生率

黄地老虎是欧洲最重要的夜蛾。除了欧洲之外，人们在天气暖和的亚洲和非洲也发现

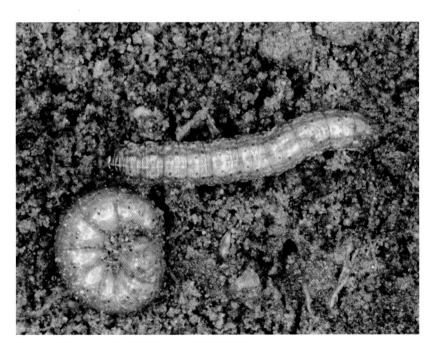
黄地老虎的幼虫：受到打扰时会呈弯曲的形状

茧里的黄地老虎蛹

了黄地老虎。关于它造成的损害，胡尔伯特和聚斯报道过，每一个幼虫对于甜菜的平均损害是总收成量损害的10%。根据科会格的研究，在灾害严重的年份，黄地老虎会吃掉30%的甜菜。

### （5）预防措施

在温暖干燥的初夏，人工喷洒会破坏产卵和制止幼虫成长。

### （6）自然天敌

苏云金芽孢杆菌（*Bacillus thuringiensis*）、黄地老虎多面病毒、黄地老虎颗粒病毒；真菌，如金龟子绿僵菌（*Metarhizium anisopliae*）、*Spicaria fumosorosea*、球孢白僵菌（*Beauveria bassiana*）和大孢干尸霉（*Tarichium megaspermum*）；线虫，如小卷蛾斯氏线虫（*Steinernema carpocapsae*）；卵寄生虫，如赤眼蜂（*Trichogramma evanescens*）；幼虫寄生虫，如茧蜂科（*Microplitis scurati*、*Macrocentrus collaris*、*Apanteles spurius*）和姬蜂科（*Ichneumon bimaculatus*、*Ambyletes armatorius*、*A. fuscipennis*、*A. melanocastanus*、*A. panzeri*、*A.*

虫害开始时甜菜上面的虫害面积

*vadatorius*），寄蝇科（例如 *Tachina larvarum*）和有攻击性的苍蝇，如厩腐蝇。

黄地老虎幼虫的天敌有生活在土壤里的步行虫科 *Hister bipustulatus*、*H. quadrimaculatus* 以及步甲虫 *Broscus cephalotes*。此外，鼩鼱、欧鼹、刺猬、乌鸦、椋鸟科、山鹬、蝙蝠都是夜蛾的天敌。

### Literatur

Crüger, G. (1978): Beobachtungen zum starken Erdraupen-Auftreten (*Agrotis* ssp.) im Jahr 1976; Nachrichtenblatt für den Deutschen Pflanzenschutzdienst (Braunschweig) 30, 17-19

Drinkwater, T. W.; Rensburg, J. B. J. van (1992): Association of the common cutworm, Agrotis segetum (*Lepidoptera: Noctuidae*) With winter weeds and volunteer maize; Phytophylactica 24, 25-28

Esbjerg, P.; Nielsen, J. K.; Philipsen, H.; Zethner, O.; Øgård, L. (1986): Soil moisture as mortality factor for cutworms, *Agrotis segetum* Schiff. (Lep., Noctuidae); Zeitschrift für angewandte Entomologie 102, 277-285

Esbjerg, P.(1988): Behaviour of Ist- and 2nd-in star cutworms (*Agrotis segetum* Schiff.) (Lep., Noctuidae) : the influence of soil moisture; Zeitschrift für angewandte Entomologie 105, 295-302

Esbjerg, P. (1990): The significance of shelter for Young cutworms (Agrotis segetum); Entomologia experimentalis et applicata 54, 97-100

Herold, W. (1919): Zur Kenntnis von *Agrotis segetum* Schiff. (Saateule); Das Ei und die jugendliche Larve; Zeitschrift für angewandte Entomologie 5, 47-60

Herold, W. (1920): Zur Kenntnis von *Agrotis segetum* Schiff. (Saateule) II. Die herangewachsene Raupe; Zeitschrift für angewandte Entomologie 6, 302-329

Herold, W. (1923): Zur Kenntnis von *Agrotis segetum* Schiff. (Saateule) III. Feinde und Krankheiten; Zeitschrift für angewandte Entomologie 9, 306-332

Hülbert, D. & Süss, A. (1983): Biologie und wirtschaftliche Bedeutung der Wintersaateule *Scotia* (*Agrotis*) segetum Schiffermüller Beiträge zur Entomologie 33, 383-438

Hülbert, D. (1983): Prognosemöglichkeiten zum Auftreten der Wintersaateule (*Scotia segetum* Schiff.); Nachrichtenblatt für den Pflanzenschutz in der DDR 37, 52-56

Johnsen, S. (1992): L`influence de l'age specifique et de la temperature sur la mortalité chez Agrotis segetum: un modele explicatif; Bulletin OILB/SROP (Italien) 15, 92-93

Ramson, A.; Herold, H.; Hülbert, D.; Pallutt, W. und Kordts, H. (1977): Auftreten, Biologie und Bekämpfung der Wintersaateule (*Scotia* (*Agrotis*) segetum Schiff.); Nachrichtenblatt für den Pflanzenschutz in der DDR 31, 25-39

Süss, A. und Hülbert, D. (1988): Ökonomische Aspekte der Überwachung, Prognose und Bekämpfung der Wintersaateule (*Scotia segctum* Schiff); Nachrichtenblatt für den Pflanzenschutz in der DDR 42, 27-30

Vargas-Osuna, E., Carranza, P., Aldebis, H.K., Santiago-Alvarez, C. (1995): Production of *Agrotis segetum* granulosis virus in different larval instars of *Agrotis segetum* (Lep., Noctuv dae). Zeitschrift für angewandte EntomologiQ 119, 625-697

# 伽马蛾 (*Autographa gamma* L.)

## （1）虫体特征、寄主

因为银白色、棕色、深灰色的前翅（翅展3.5～4.5cm）上的花纹与希腊字母伽马很相像，所以伽马蛾与其他夜蛾类很容易区分。它们的卵是椭圆的，直径为0.6mm，为白色、浅灰色或者浅绿色。伽马蛾幼虫与其他夜蛾的区别是它们少了4只腹足，只有12只。由于这样伽马蛾像尺蛾科动物一样向前移动。它们的本色将依据饲料作物而变化，从浅灰色至蓝绿色。背部有6条白色的长线，但是颜色不明显（主要是幼虫的时候）。这些长线被一条黄色的线填充着。

伽马蛾属特别多食性，当下的所有栽培作物都可成为它们的寄主：甜菜、饲料萝卜、糖萝卜、莙荙菜、谷物豆、芸豆、豌豆属、小麦、黄瓜、大麻籽、马铃薯、三叶草属、各种类别的卷心菜、球茎甘蓝、芜菁甘蓝、生菜、羽扇豆属、苜蓿、玉米、芸薹、天冬属、菠菜、洋葱等。

此外，人们在几乎所有的阔叶野生草本植物上也发现了伽马蛾幼虫，特别像蒺藜、鼬瓣花属、酸模属、飞廉属、荨麻属、毛茛属、野生萝卜、荠菜、款冬、虞美人、猪殃殃、蓼属、矢车菊、蒲公英属、滨藜属、芥子、长毛箐姑草、车前属。伽马蛾总共的寄主有大概90种植物。

## （2）症状及可能的混淆

幼虫会造成点状的咬痕，2龄幼虫的咬痕为小洞。从3龄幼虫开始咬出的小洞就明显了，在4龄阶段这些小洞就更加明显，5龄开始就会造成叶片的大面积消失直至只剩下叶脉。这两种情况下，会有大量的不同的深灰色的屑状物。冰雹会造成叶脉的损害，但伽马蛾的危害不会出现叶脉损害。

前翅中间部分的标记让我们想起了希腊字母伽马

画像中伽马蛾身上的长毛清晰可见

（同义词：*Phytometra gamma, Plusia gamma*）

### （3）生物学、影响因子

中欧的夜蛾从4月份开始飞行，一直会持续到11月份。雌、雄性比例为1：1.1，雄性稍多。交配完之后，雌性夜蛾开始把每个卵（仅偶尔是多个卵）不规则的产在叶子上，少数将卵产在饲料作物的叶子上部。平均每只可产260～1 000粒枚。大概10d之后幼虫钻出虫卵。第一个阶段持续4.5d半，下一个阶段5d。根据作物质量的差异，总共要持续5～6龄。

最后一个阶段持续3～12d。在疏松的细沙里化蛹，大多数在卷起来的叶子下面，也有在土壤里的。平均19d的休息之后夜蛾就会破蛹而出。从卵到成虫总共要持续56d。在中欧每年会有2～3代伽马蛾，它们一部分会相互重叠。根据一些学者的观点，所有阶段的伽马蛾都可越冬，另一些学者的观点是把卵这个阶段除外。

影响因子是4～6月的潮湿。空气湿度低会提升幼虫的死亡率。如果平均温度在25～29℃，并且5～6月的降雨达到100mm，那么这就提供了伽马蛾大量出现的气候前提。暖和的9月份会促进第三代繁育。

### （4）重要性、发生率

伽马蛾在包括西亚和北非在内的古北界整个区域广泛存在。它们是黄地老虎之外甜菜最主要害虫的夜蛾。夜蛾的急剧增加与天气因素密切相关，一般情况下数量急剧增加的情况仅会出现在多年的时间间隔。大概80％的虫害是5龄和6龄幼虫导致的。伽马蛾成长的后期，每只幼虫每天可以吃掉6～10m$^2$面积的叶片。大概可以吃掉15％～20％的叶子。

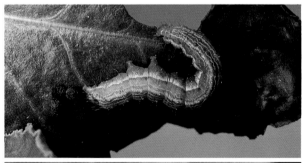

伽马蛾幼虫正在取食（上）
伽马蛾的行为（下）

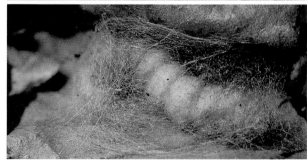

开始变蛹：制作细纱（上）
蛹在制作完成的细纱里（下）

## （5）预防措施

预防措施还不清楚。

## （6）自然天敌

多面体病毒、细菌（*Bacillus thuringiensis*）、真菌（*Empusa muscae*，*Tarichium* spec.）是非常重要的天敌。此外还有姬蜂科、寄蝇科，如菜粉蝶绒茧蜂、*A. congestus*，*A. pallidipes*，*Microplitis mediana*、钩尾姬蜂、黑须卷蛾寄蝇、跳小蜂属、全北群瘤姬蜂、*Gelis* spec.，*Ichneumon militarius*，*I. culpator*、盾脸姬蜂属、全北群瘤姬蜂、*Itoplectis maculata*，*Stenichneumon culpator*，横带截尾寄蝇、蓝黑栉寄蝇、*Pimpla turionella*，*P. instigator*，*Aprostocetus galactopus*，*Eumea westermanni*，普通怯寄蝇、茹蜗寄蝇、金小蜂属、小蜂以及卵寄生虫 *Trichogramma evanescens*。此外，许多幼虫被鸟类（麻雀、篱雀、红尾鸲、椋鸟科、乌鸦）消灭了。

**Literatur**

Fankhänel, H. (1963): zu Fragen der Massenvermehrung und des Gesundheitszustandes der Gammaeule *Autographa gamma* L. in der DDR im Spätsommer 1962, Beiträge zur Entomologie 13, 291-310

Freier, B. und Gottwald, R. (1990): Einsatz von Pheromonfallen zur Überwachung von Eulenschmetterlingen (*Noctuidae*) im Feldgemüsebau. Nachrichtenblatt für den Pflanzenschutz in der DDR 44, 8-12

Hill, J. K. und Gatehouse, A. G. (1992): Effects of temperature and photoperiod on development and pre-reproductive period of the silver gamma moth *Autographa gamma* (*Lepidoptera*: *Noctuidae*). Bulletin of Entomological Research (UK) 82, 335-341

Krämer, K. (1963): Zum Auftreten der Gammaeule *Phytometra* (*Plusia*) *gamma* L., Anzeiger für Schädlingskunde 36, 175-177

Noll, Y. und Wiegand, H. (1965): Untersuchungen zur Prognose des Auftretens von Erdraupen und der Gammaeule in Abhängigkeit von den Umweltbedingungen. Erfahrungsberichte der Biologischen Zentralanstalt Kleinmachnow, 1965.

Schwitulla, H. (1963): Zur Gradation der Gammaeule *Phytometra* (*Plusia*) *gamma* L. Zeitschrift für Pflanzenkrankheiten 70, 513-532

Steudel, W. (1963): Einige Beobachtungen bei der Aufzucht von Raupen der Gammaeule (*Phytometra gamma* L.) im Laboratorium. Nachrichtenblatt für den deutschen Pflanzenschutzdienst 15, 152-15

Wolf, W. (1985): *Noctuidae* und *Geometridae*, Atalanta 16. 55-64

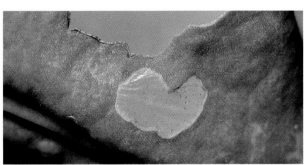

2龄幼虫咬痕（窗户状的）（上）
较老幼虫的咬痕（下）

伽马蛾幼虫造成的叶脉破坏

# 小地老虎/黑色地老虎 （*Agrotis ipsilon* Hufn.，同义词 *Scotia ypsilon*）

### （1）虫体特征、寄主

小地老虎的身体为深色（雄性伴有发光），有22～25mm长的前翅，前翅上有模糊的肾形图案，并附深色斑点。幼虫为闪光的地黄色至青灰色，最大的4.5cm长，配淡色的边线和不很清晰的宽且深色的后背线和肉赘。至化蛹共经历大约6龄。

幼虫属多食性，除甜菜之外，主要取食谷物、玉米、洋葱、马铃薯、番茄、烟草、胡萝卜、卷心菜、生菜、荚果、青草、三叶草属、苜蓿以及其他各种各样的野草。

### （2）症状及可能的混淆

幼虫早期的出现使甜菜的嫩茎在表面附近被分开（这易与线虫混淆）。幼虫主要危害就近的植物，对植物的破坏还将增多。毛虫会在较老的甜菜上面咬出洞，这与黄地老虎类似。有时也会与蛴螬的危害混淆。

### （3）生物学、影响因子

人们区分来自于南部阿尔卑斯山脉区域，4～6月份飞去南德的漫游夜蛾和土生土长种，本土的夜蛾飞行时间在7月或者8月，在幼虫阶段休眠。一些学者认为，在南德可能有两种本土种。5月初至8月末，小地老虎将产卵（每只雌虫120～700枚卵，据报道，雌虫最多可产2 000枚卵）。4～6月份或者从9月份开始幼虫将出现。在最后阶段，幼虫开始在10～20cm深的土层下面（2.5～3cm长）的地洞里化蛹。繁衍的时间将持续9.5～10个星期。影响因子为富腐殖质的疏松的土壤和充足的土壤湿度。幼虫不喜欢太潮湿或太干燥。

相对淡色的前翅是小地老虎的特征

## （4）重要性、发生率

小地老虎是一种世界性物种。人们在北纬64°的范围内都会发现它们。仅在非洲部分区域没有小地老虎。在南德地区首先遭受小地老虎危害。基于上面描述的这种夜蛾的取食行为，甜菜的第六层叶子可以忍受虫害。每3～6只幼虫会危害1m²的甜菜。

## （5）预防措施

预防措施目前还不清楚。

## （6）自然天敌

寄生虫，如*Amblyteles Panzeri*，*A. uniguttatus*，*Meteorus laeventris*，*M. rubens*，*Tachina larvarum*，*Macrocentrotus collaris*，*Microsporidie Vairimorpha necatrix*，细菌，如*Bacillus thuringiensis*等。鸟类，如椋鸟科和歌鸫。此外，大量的小地老虎会同类相食。

**Literatur**

Awadallah, K.T., zaki, FN., Gesraha, M.A. (1995): Interaction between *Apanteles ruficus* Hal. and *Meteorus rubens* Nees on larvae of *Agrotis ipsilon* Hufn. Zeitschrift für angewandte Entomologie 119, 625-626.

Beck, S. D. (1988): Thermoperiod and larval development of *Agrotis ipsilon* (*Lepidoptera*: *Noctuidae*); Annals of the Entomological Society of America 81, 831-835

Bues, Poitout, S.;Toubon, J. F. (1990): Etudes bio-ecologiques de *Agrotis ipsilon* Hufn. dans le Sud de la France; Bulletin SROP 13, 75-81

Bues, R.; Toubon, J. E; Poitout, S. und Saour, G. (1992): Selection de souches de *Agrotis ipsilon* Hufn. (*Lep.: Noctuidae*) a durées de préoviposition longue ou courte, comparaison de leur activité reproductrice; Zeitschrift für angewandte Entomologie 113, 41-55

Sappington, T. W.; Showers, W. B. (1993): Influence of larval starvation and adult diet on long-duration flight behavior of the migratory moth *Agrotis ipsilon* (*Lepidoptera: Noctuidae*) ; Environmental Entomology 22, 141-148

Sappington, T. Showers, W. B. (1992): Reproductive maturity, mating status and long-duration flight behaviour of *Agrotis ipsilon* (*Lepidoptera: Noctuidae*) and the conceptual misuse of oogenesis-flight syndrome by entomologists; Environmental Entomology (USA) 21, 677-688

Wachtendorf, W. (1955): Untersuchungen über Lebensweise und Bekämpfungsmöglichkeiten der Erdraupen (*Agrotis ypsilon* Rott., *Lep.: Noct.*); Zeitschrift für angewandte Entomologie, 462-471

小地老虎在甜菜上咬出的小洞

幼虫在咬断甜菜茎

# 警纹地夜蛾 / 警纹夜蛾 [*Agrotis exclamationis* (L.)，同义词 *Scotia exclamationis*]

## （1）虫体特征、寄主

警纹地夜蛾在淡棕色的翅膀上（翅展大概3.4 ~ 4cm）有明显的深棕色肾形图案以及一个木栓状的斑点，这与一个直立的惊叹号很像。幼虫为黄灰色，4 ~ 5cm长，背线为浅和深的镶边，亚背线不明显，身上有清楚的黑色点。

除了甜菜和饲料萝卜、糖萝卜、莙荙菜之外，马铃薯、胡萝卜、所有的蔬菜以及大量的野草都会受到警纹地夜蛾的危害。幼虫经常在植物之间漫游。

## （2）症状及可能的混淆

警纹地夜蛾的幼虫在所谓的"夜蛾灾年"会导致与黄地老虎相似的症状（首先是叶片上的咬痕、后期是甜菜株体上面的小洞）。叶子上的咬痕肉眼几乎看不到，也与其他种类的夜蛾的危害很难区分。

## （3）生物学、影响因子

5月底到8月份夜蛾出现在中欧。在温暖的年份可以繁殖两代（4 ~ 7月以及8月）。雌性夜蛾在甜菜叶片的背面和其他草本植物上产600 ~ 800枚暗白色的卵。8 ~ 14d以后幼虫将钻出虫卵。在正常年份因越冬9月末或10月初就会迁移到土壤深处（50cm）。在来年的4月末或者5月初天气变暖的时候化蛹。影响因子首先是5 ~ 7月份的干燥和温暖气候。对于幼虫成长最理想的气温是22 ~ 26℃。

警纹地夜蛾仅在黎明或者深夜于甜菜植株上寻找产卵的位置

警纹地夜蛾的幼虫身体表面闪着淡光

## （4）重要性、发生率

警纹地夜蛾在古北界区域广泛存在。主要在俄罗斯、德国、土耳其、希腊、法国、英国、波兰和丹麦报道了相关的虫害。

## （5）预防措施

干燥时，5、6月份对土地进行人工降雨作业。

## （6）自然天敌

多面体病毒*Bacillus thuringiensis*，姬蜂科*Amblyteles pulchellus*和*Ophion luteus*，寄生蝇，如*Blondelia nigripes*，卵寄生虫，如*Trichogramma* spec.，*Pleistophora*类别里的Microsporidien等。

## Literatur

Akhmedov, R. M. (1970): Analysis of the phenology of the heart-and-dart moth *Agrotis exclamationis* L. (*Lepidoptera*, *Noctuidae*) in the conditions of different geographical zones, Entomological Review, Washington DC 49, 24-26

Merzheevskaya, O. I. (1968): The effects of temperature on the development of *Agrotis exclamationis* L. (Russisch), Zoologitscheski Schurnal 47,245-260

Rivnay, E, und Yathom, S. (1964/65): Phenology of Agrotinae in Israel, Zcitschrift f. angewandte Entomologie 55, 136-152

Sherlock, P. L. (1984): Some pathogenic effects of a species of *Pleistophora* (*Protozoa*, *Microsporidae*) for *Agrotis exclamationis* and other noctuids Entomophaga 29, 73-81

Sogaard Jorgensen, A. (1978): The species of cutworms (*Agrotis* SSP.) found in Danish agricultural and horticultural crops, Zeitschr. angewandte Entomologie 55, 136-152

Thvgesen, T. (1968): Knoporme. lagttagelser over biologien samt resultater af bekaempselsesforsog 1959-66, Tidsskrift for Planteavl. 71 429-443

翅膀前半部分的栓状斑点给了警纹地夜蛾名字

# 甘蓝夜蛾 [*Mamestra brassicae* (L.)]

### （1）虫体特征、寄主

甘蓝夜蛾在大小和翅膀颜色上的变化非常大。据文献资料显示，甘蓝夜蛾的翅展19～45mm。前翅的本色为褐色，有时候会有灰色的变化。翅膀后端有白色的肾形图案。此外，前翅距后边缘4～5mm处有一个淡色的波纹线。甘蓝夜蛾与其他蔬菜夜蛾的明显区别是前腿的足刺。

化蛹前的幼虫35～43mm长，有16只脚，多数为绿色，有时候也有灰色和棕色。背线和亚背线通常是不明显的。背线两侧延伸着直至身体末端的一条深色的对角线（每个部分总共有两条），最后有一个马掌形的记号。

甘蓝是甘蓝夜蛾最喜欢的寄主（特别是皱叶甘蓝），此外还有其他的芸薹属作物（芸薹、芜菁），在一些文献里记载，甜菜通常是甘蓝夜蛾的危害对象。此外，幼虫还会危害如下植物：楼斗

甘蓝夜蛾

菜属、酸模属、苹果、熊葱、天仙子、豌豆属、草莓、亚麻、法国菊、芸豆、萝卜属、黄瓜、马铃薯、大蒜、剪秋罗属、南瓜、玉米、罂粟、石竹属、大葱、小洋萝卜、大黄茎、金盏花属、南茼蒿、生菜、香葱、向日葵、菠菜、烟草、番茄、车前属、泻根属、洋葱等。

### （2）症状及可能的混淆

第一代的低龄幼虫早期会造成窗户状的咬痕，后期会造成小洞。症状与伽马蛾很像。由于甜菜不是甘蓝夜蛾的主要寄主，因此它对于甜菜的危害有限。对于甘蓝夜蛾可以把植物取食到仅剩叶脉的说法文献里没有记载。甘蓝夜蛾幼虫对甜菜造成的虫害没有伽马蛾严重。这两种夜蛾的幼虫十分相似。

第二代幼虫只吃叶片，从3龄就开始取食叶片的中心部位，直至钻入甜菜体内。此外，症状与甜菜蛾很像，甘蓝夜蛾的幼虫不会钻入植株的心叶中。如果这代夜蛾大量出现，就一定会破坏甜菜，特别是会导致甜菜的腐烂。可能发生的3代夜蛾出现在甜菜成长的结束期，所以危害相对有限。

### （3）生物学、影响因子

5月或者6月，夜蛾开始钻出处于土中的蛹。交配1～4d后，每只雌性甘蓝夜蛾可以在寄主植物叶子背面产大概500枚卵（最多900枚卵），此外，芸薹属作物也是它们喜欢的寄主植物。10～15d之后，第一代幼虫钻出虫卵，开始取食叶子。年轻的幼虫在植株摇动时会掉到土壤里。大概从7月的下旬开始，它们开始化蛹。7月底，新一代的夜蛾开始出现，一直会飞到9月。雌性甘蓝夜蛾可以存活1～2个星期，由于上年的孵出的

（同义词：*Baranthra brassicae*）

延迟会导致长期的产卵的期限。从8月份开始，第二代幼虫钻出虫卵。在特别有利的年份（最佳温度在19～21℃）幼虫的成长就特别快，因此产卵也会提前。这样就可能在秋天的时候有第三代的出现。最后一代的幼虫由于化蛹和越冬会再次钻入土里。

影响因子是适当的气温：每只雌虫在24℃的温度下产卵会持续2～3d，在16℃的温度下会持续大概12d。因此雌虫只有在暖和的气温下才可以多产卵。如果这一年的寄主没在附近种植，去年种的甘蓝将遭受到严重虫害。这样夜蛾就会避开甜菜。

### （4）重要性、发生率

甘蓝夜蛾在整个欧洲广泛存在。此外，人们在亚洲的大部分区域和日本也发现了甘蓝夜蛾。因此，所有甜菜种植区都会受到危害。

### （5）预防措施

根据目前的知识来看甘蓝夜蛾只是偶尔危害甜菜，因此通常来说不需要专业的预防措施。如果担心前一年的甜菜种植会受到严重的危害，那么借助于甘蓝种植地的"牵制行动"来应对产卵的雌性甘蓝夜蛾。

### （6）自然天敌

寄生虫，如*Microplitis*，*Trichogramma*，*Eulophus*，*Rogas*。另外还有马蜂和鸟类。此外，幼虫也会受到多面体病毒的侵害。长期以来这都是对抗这种物种的生物防治措施。

**Literatur**

Gröner, A. (1976): Das Kernpolvedervirus der Kohleule [*Mantestra brassicae* Seine Produktion und Erprobung fur die biologische Schädlingsbckžimpfung. Zeitschrift fur angewandte Entomologic 82. 138-143

Grüner, C.. Sauer. K.P. (1984): Aestivation of *Mamcstra brassicac* (Lep.): adaptive strategy In: Engcls ct al (cds). Advances in Invertebrate Reproduction 3, Elsevier Science Publishers, 588

Krämer, K. (1963): Zur Biologic der Kohleule [*Baranthra (Matncstra) brassicae* L.] Gesunde Pflanzen IS. 67-73

Noll, J. (1963): Uber den Einfluss der Ternperatur auf die Lebenssseise der Imagines, auf Beginn, Verlauf und Dauer der Eiablage sowie auf die Einzahlen (Eiproduktion) der Kohleule [*Mantestra (Baranthra) brassicae* L.] und seine Bedeutzung für den Massenwechsel des

Schädlings Nachrichtenblatt des Deutschen Pflanzenschutzdienstes (Berlin), NF 17.9-24

甘蓝夜蛾幼虫在叶子上咬出的洞

# 马铃薯茎蛀虫 (*Hydraecia micacea* Esp.)

### (1) 虫体特征、寄主

马铃薯茎蛀虫的大小和颜色变化很大，翅展可以达到4～5cm。身体为淡棕色，平均长度2cm。浅棕至深棕色的前翅有丝绒般的深色中央区域，后翅浮细嫩的金光。前翅深色区域的浅色肾形图案清晰可见。

马铃薯茎蛀虫的幼虫长4～5cm，呈红肉色，有时也呈黄色或者淡灰色，有一个闪着红棕色光芒的外壳。遍布身体各个部分的肉赘为黑色。

马铃薯茎蛀虫的主要寄主是马铃薯、甜菜、番茄、啤酒花、洋葱、玉米和草莓，还有覆盆子和黑麦。此外，人们还在各种沼泽根茎植物上，如酸模属、鸢尾属，发现了其幼虫。还有一些寄主植物可能不是很知名。

### （2）症状及可能的混淆

植物顶端和根部会受到危害。幼虫在植物中挖掘通道，会导致植物一部分死亡，相邻的甜菜会受到危害。症状易被混淆。

### （3）生物学、影响因子

在中欧马铃薯茎蛀虫于卵阶段在植物上越冬。在北部区域（例如苏格兰）幼虫的寿命会更长一些。此外，以蛹的形式越冬值得讨论，因为植物隐藏的虫危害很难解释。4月份幼虫钻出虫卵并在茎叶上钻洞。首先会危害甜菜嫩芽，此外，会危害周边的作物。如果蛹已经越冬，5月初就会产卵，然后幼虫会在5月中旬出现。它们会钻到甜菜的根部。6月起到8月初幼虫将离开寄主，在附近5～6cm深的土里化蛹。8月或者9月起夜蛾出现，并把卵产在前面提到的寄主植物上，部分也会产

甜菜根部的钻洞会导致作物植株死亡

马铃薯茎蛀虫幼虫

在草上。影响因子是种植马铃薯、玉米或者洋葱作为轮作作物以及在甜菜地旁边种植草本植物。

### （4）重要性、发生率

马铃薯茎蛀虫的分布区域除了在整个欧洲之外还有亚洲，直至日本。它们可能是被带入加拿大的。在中欧甜菜种植的虫害危害大体已被控制住了。

### （5）预防措施

上一年进行深翻耕；受虫害危害区域不再种甜菜；如果工作量许可的话，拔掉和铲除受虫害危害的植物。

### （6）自然天敌

首先蝙蝠和夜鹰科等会吃掉马铃薯茎蛀虫。幼虫的天敌还没有详细记载。寄生虫，如赤眼蜂（*Trichogramma*）会侵害虫卵。

### Literatur

Deedat, Y D; Ellis, C. West, J. R. (1983): Life history of the potato stem borer (Lepidoptera: Noctuidae) in Ontario; Journal of Economic Entomology 76, 1033-1037

Deedat, Y D; Ellis, C. R. (1983): Damage caused by potato stem borer (Lepidoptera: Noctuidae) to field corn; Journal of Economic Entomology 76, 1055-1060

Giebnik, B. L; Scriber, J. M. Hogg, D. B. (1985): Developmental rates of the hop vine borer and potato stem borer (Lepidoptera: Noctuidae): implications for insecticidal control; Journal of Economic Entomology 78, 311-315

Scherney, F. (1970): *Hydraecia micacea* Esp. als Schädling an Hopfen und Mais; Gesunde Pflanzen 22, 106-108

West, R. J.; Teal, P. E. A.; Laing, J. E.; Grant, E. M. (1984): Calling behavior of the potato stem borer *Hydraecia micacea* Esper (Lepidoptera: Noctuidae) in the laboratory and the field; Environmental Entomology 13,1399-1404

West, R. Laing, J. E. A. (1985): Method for rearing the potato stem borer *Hydraecia micacea* Esper (Lepidoptera: Noctuidae) in the laboratory; Journal of Economic Entomology78,219-221

马铃薯茎蛀虫幼虫的咬洞

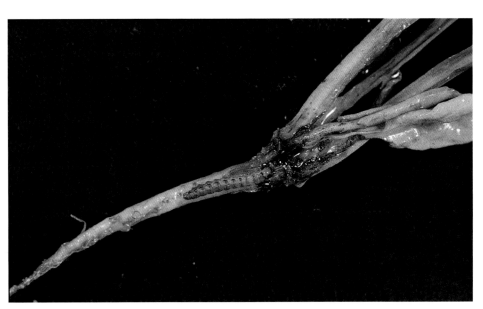

马铃薯茎蛀虫在甜菜的心叶部位

# 虎斑蛾（*Arctia caja* L.）

## （1）虫体特征、寄主

虎斑蛾的翅展可达7cm，前臂本色为白色，并混以棕色的花纹。后翅的颜色变化是从橘色到红色，并混以黑色至铜青色的花纹。身体附棕色长毛，白色的触角明显突出。幼虫为黑色，并有长毛：上面为棕色至淡棕色，下面白色。甜菜不是它们主要的寄主植物：只有在幼虫成危害的情况下才会危害甜菜。幼虫特别喜欢果树、葡萄、蔬菜等。

## （2）症状及可能的混淆

幼虫会引发窗户状的咬痕、边缘的咬痕以及咬出小洞，这些咬痕易与伽马蛾混淆。幼虫主要危害甜菜幼苗。

## （3）生物学、影响因子

8月份的时候幼虫钻出虫卵，首先会造成窗户状的咬痕，但不明显。同时会越冬。温暖的春季幼虫离开越冬的洞穴，于6月份长大，并在土里的细沙中化蛹。7月初至8月夜蛾飞行。影响因子为温暖的天气。

## （4）重要性、发生率

欧洲、亚洲、日本、北美都有分布。中欧的甜菜种植只是偶尔会受到虫害危害。

## （5）预防措施

预防措施目前还不清楚，通常来说也没有什么必要。

## （6）自然天敌

寄生虫，如 *Ascogaster rufidens*，*Apanteles cajae*，*Carcelia guava*，*C. cheloniae*，*C. excisa*，*Exorista affinis*，*E. larvicola*，*Compsilura concinnata*，*Tachina lavarum* 等会侵害虫卵。此外，小甲虫、真菌、病菌等也是虎斑蛾的天敌。鼠科、蝙蝠、夜鹰亚目等也会吃掉虎斑蛾。

### Literatur

Bues, R., Poitout, S. (1983): Cycles evolutifs de cinq especes de lepidopteres Arctiidae en France (*Arctia caja* L. , *Spilosoma lubricipeda* L., *Spilosoma luteum* Hfn., *Arctia villica* L. et *Phragmatobia fuliginosa* L.), Ann. Soc. Entomol. France NS 19, 251-260

Bues, R. Poitout, S. (1984): Influence de la temperature et de la photoperiode sur l'induction et l'elimination de l'arret de developpement lavaire de *Arctia caja* (*Lep. Arctiidae*) en conditions naturelles et controlees, Ann. Soc. Entomol. France NS 20, 251-260

Moreau, J. P. (1965): A propos de la biologie *d'Arctia caja* L. (*Lepidopteres - Arctiidae*). In: XIIth International Congress of Entomology, London, 8-16.7.64, Proceedings 5. 539. (Editor: P. Freeman)

虎斑蛾幼虫具有很多长毛

胸部的长毛以及前翅的花纹可能是虎斑蛾名字的由来

# 星白雪灯蛾 / 星白灯蛾 （*Spilosoma menthastri* Esper.，同义词：*Diacrisia lubricipeda* L.）

### （1）虫体特征、寄主

星白雪灯蛾翅展可达4cm。白色的翅膀上有大量的黑色斑点。后腹部为橘黄色。幼虫深棕色至黑色，毛多且长，上面有一条显著的红色背线（有时也是橘黄色的）。

幼虫是杂食性的，会吃掉大量的观赏植物以及水果和蔬菜。如果幼虫大量出现，会将甜菜作为寄主植物。

### （2）症状及可能的混淆

幼虫会引起与虎斑蛾相似的症状（窗户状的咬痕、边缘的咬痕以及咬出小洞）。症状易与伽马蛾混淆。甜菜幼苗首先会受到虫害。

### （3）生物学、影响因子

星白雪灯蛾也叫星白灯蛾，蛹的阶段在石头、围墙脚、篱笆桩等下面以及落叶下越冬。翌年5月飞蛾破蛹而出，飞行时间可延长至7月份。星白雪灯蛾属夜行性。在6～9月份会发现幼虫，接下来幼虫化蛹。

在非常温暖的夏季，8月份会出现完整的第二代。影响因子目前未知。

### （4）重要性、发生率

欧洲中部、北部、东部以及俄罗斯、亚洲北部、日本均有分布。中欧的甜菜种植只受到很轻的虫害危害。

### （5）预防措施

通常来说，预防措施没有必要。

### （6）自然天敌

寄生虫，如 *Pimpla rufata*，*Ernestia radicum*，*Nemoraea pellucida*，*Carcelia cheloniae*，*Tachina lavarum*，*Apanteles congestus*，*A. solitarius* 等。此外，甲虫、真菌、病菌等也是星白雪灯蛾的天敌。

**Literatur**

Baker, C. R. B. (1971): Egg and pupal development of *Spilosoma lubricipeda* in controlled temperatures. Entomologia experimentalis et applicata 14, 15-22

Gor-yshin, N. 1. & Kozlova, R. N. (1967): Thermoperiodism as a factor in the development of insects. Zh. obshch. Biol. 28, 278-288 (in russischer Sprache)

红色背线是星白雪灯蛾幼虫的典型特征

7月初星白雪灯蛾开始飞行

# 甜菜蛾 ［*Scrobipalpa ocellatella*（Boyd）］

### （1）虫体特征、寄主

甜菜蛾体长可达7mm，翅展13～14mm。皮革黄的前翅上有不规则的云一般的棕色和黑色的点，后翅为灰白色。幼虫多毛，长12～14mm，浅色、灰黄色至绿色。身体的每个部分都有一个交叉排列的红色斑点。化蛹前的幼虫有2～3条粉红色的长线。

甜菜蛾喜欢危害甜菜、饲料萝卜、糖萝卜、若莙荙菜。其他的藜属蔬菜也是甜菜蛾的寄主。

### （2）症状及可能的混淆

幼虫在树叶上一起吐细丝结网，并啃食树叶。在叶茎和甜菜上啃出深深的通道，部分还会混以深色的粪便，这也导致了新叶生长。叶子和甜菜会被染成棕黑色，并且失水、枯萎。

早期症状与卷叶蛾相似，后期会出现腐烂和干枯。受甜菜蛾虫害危害后可观察到粪便痕迹。

### （3）生物学、影响因子

甜菜蛾以幼虫或上年蛹的形式越冬。4月或者5月份开始破蛹成蛾，可存活大约11d。雌性甜菜蛾将在2～5种寄主植物的叶子和茎叶上产0.5mm长、椭圆形的卵，总共可产卵25～100枚。7～10d之后幼虫钻出虫卵。它们首先在叶子上挖掘坑道，并引起前面描述过的症状。一个典型的特点是它们向前和向后爬的速度一样快。到4龄幼虫以后，6月底或者7月初，在最深5cm的土里化蛹。7月中旬开始出现下一代。10月初至中期甜菜蛾结束生长，并以蛹的形式越冬。8月底或者9月初出现第三代，它们将会经历幼虫阶段，这几代会重叠。

影响因子是干燥、暖和的天气，特别是在7月和8月份出现这样的天气。

### （4）重要性、发生率

人们在除了北部区域之外的几乎整个欧洲发

甜菜蛾幼虫在叶子上相互吐丝

甜菜蛾和蛹

（同义词：*Lita, Phthorimaea, Gnorimoschema*）

现了甜菜蛾，此外，在马德拉群岛、北非以及西亚和斯里兰卡也有甜菜蛾。在德国，甜菜蛾喜欢在莱茵兰—普法尔茨、莱茵黑森地区、黑森州南部、巴登—符腾堡州的西北部。在特别暖和的年份它们会有严重的危害，会严重破坏产糖量。

### （5）预防措施

在秋季收割后尽可能的进行土地深翻。通常情况下，在平坦的土层或者植物残留物上越冬的甜菜蛾由于深翻将不会再到土壤表层。

### （6）自然天敌

蛾类幼虫上寄生的 *Chelonella sulcata*，*Ch. contracta*，*Microdus lugubrator*，*Cremastus ornatus*，*Apanteles albipennis*，*Agathis tibiales*，*A. propinqua*，*Phytomyptera phthorimaeae*，*Nemorilla floralis*。此外，蚂蚁科的 *Formica* 和 *Lasius* 会吃掉甜菜蛾幼虫。

### Literatur

Berker, J.; Löcher, F. J. (1959): Untersuchungen über die Rübenmotte *Phthorimaea ocellatella* Boyd (Lepidoptera, Gelechiidae); Zeitschrift für Pflanzenkrankheiten (Pflanzenpathologie) und Pflanzenschutz 66, 65-76

Huzián, L. (1963): Contribution on the distribution, outbreaks and prognosis of the beet moth *Scrobipalpa ocellatella* Boyd; Bull. Fac. agric. Sci. agr. Univ. Gödöllö 1963, 419-437 (in ungarisch) Zitat und Kurzfassung in: Review of applied Entomology 52 (1964), 250-251

Löcher, F. J. (1960): Beitrag zur Bekämpfung der Rübenmotte *Phthorimaeae ocellatella* Boyd; Zeitschrift für Pflanzenkrankheiten (Pflanzenpathologie) und Pflanzenschutz 67, 589-598

Löcher, F. J. (1963): Fortschritte in der Bekämpfung der Rübenmotte (*Phthorimaea ocellatella* Boyd); Zeitschrift für Pflanzenkrankheiten (Pflanzenpathologie) und Pflanzenschutz 70, 284-287

Niehoff, B. (2007): Zuckerrübenschädlinge in 2006. (Teilbereich Rübenmotte); Zuckerrübe 56 (2) 80-83

Robert, P. C; Ourisson, G.; Wolf, G. (1971): L'activité des facteurs stimulant la localisation des oeufs peut-elle être inhinbée au moment de la ponte chez la teigne de la betterave *Scrobipalpa ocellatella* Boyd (Lepidoptera, Gelechiidae)? XIII[th]. International Congress of Entomology, Moscow, 2-9. August 1968, Proceedings vol. 2, 380-381

Robert, P. C. (1972): Der Einfluß der Wirtspflanzen und der Nichtwirtspflanzen auf Eibildung und Eiablage der Rübenmotte *Scrobipalpa ocellatella* Boyd (Lepidoptera, Gelechiidae); Acta Phytopathologica Akademiae Scientiarum Hungaricae 6, 235-241

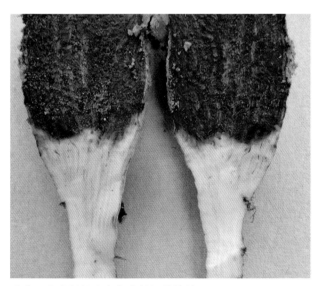

甜菜上的腐烂是虫害危害的间接结果

甜菜蛾的症状：缠在一起的叶子

# 甜菜云卷蛾 (*Cnephasia virgaureana* Treitsch)

## (1) 虫体特征、寄主

甜菜云卷蛾的体长和颜色变化都十分大。根据文献资料,甜菜云卷蛾的翅展达8 ~ 23mm。前翅的典型特征是颜色,白灰色过渡到棕灰色再到深灰色。部分或多或少有深色的带子,以及淡棕色或者黑色的斑点。相反,后翅为单色。

幼虫体长8 ~ 15mm。颜色变化从黄白色过渡到浅灰色再到橄榄绿。头部和颈部为黄棕色至黑棕色。此外,身体上有清晰的黑色肉点。除了三对胸足之外,幼虫还有四对腹足。碰一下,它们就会卷在一起。

甜菜云卷蛾幼虫十分杂食性。它们会危害啤酒花、苜蓿、豌豆属、甜菜、亚麻、葡萄、罂粟属、烟草。此外,在欧洲山毛榉、桦树、果树以及醋栗上也发现了甜菜云卷蛾。它们也危害野草,如飞廉属、野豌豆属、毛蕊花属、鼠曲草属、婆婆纳属、鼬瓣花属、车前属、珍珠菜属、蒲公英属、酸模属、滨藜属、春白菊、蓼属、野芝麻属、春黄菊属、藜属、川续断属、滇荆芥属、牛至属等。

## (2) 症状及可能的混淆

1龄幼虫开始时会咬出小洞,这与年轻的甜菜蝇蛆很相像。后期叶子会相互卷曲在一起。在卷曲的叶片中幼虫首先会啃出刮子状,后期会咬出洞。症状易与甜菜蛾混淆。

## (3) 生物学、影响因子

根据现在的知识储备,甜菜云卷蛾以幼虫的形式在草本植物等上越冬。从5月初至7月中可以观察到甜菜上的幼虫咬痕(每只甜菜卷叶蛾的危害期大约4个星期)。从6月开始幼虫吐丝结成7 ~ 8mm长的棕色蛹。成蛹15 ~ 19d后夜蛾破蛹而出。飞行时间7 ~ 8月。这段时期之内甜菜云卷蛾会在寄主植物上产卵。年轻的幼虫在钻出虫卵

甜菜云卷蛾的颜色十分多变

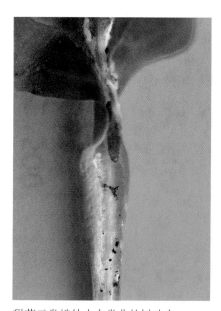

甜菜云卷蛾幼虫在卷曲的树叶中

[同义词：*Cnephasia wahlbomiana* L., *Pseudociaphila branderiana*（L.）]

之后不进食就会冬眠。

影响因子，如豆科作为前茬作物（如苜蓿）或者间作植物（如三叶草属）。

### （4）重要性、发生率

甜菜云卷蛾遍布整个中欧以及南欧和北欧的部分区域。此外，在西伯利亚、东亚、日本、新西兰和美国也发现了甜菜云卷蛾。在中欧，它们出现在一些年份的甜菜种植区，通常不会造成严重的经济损失。由于幼虫的虫害引起的叶片的损失与叶片的生长几乎可以抵消。

### （5）预防措施

通常没有必要采取预防措施。

### （6）自然天敌

不同种类的鸟类、此外还有猎蝽科（花蝽科），甲虫（蝎蛉属、斑蝥、葬甲亚科），寄生虫，如姬蜂科 *Angitia fenestralis*，*A. rufipes*，*Cryptopimpla errabunda*，*Itoplectis maculator*，*Omorgus mutabilis*，*Scambus brevicornis* 以及茧蜂科（*Bracon caudiger*，*Meteorus chrysophthalmus*，*M. gyrator*，*Microbracon hebetor*，*Microgaster nitidulus*，*M. tibialis*，*M. tiro*）。此外 *Pimpla* spec. 也是甜菜云卷蛾的天敌。

### Literatur

Bollow, H. (1955): Der „Schattenwickler" (*Cnephasia wahlbomiana* L.) und sein Massenauftreten im Jahre 1954 in Bayern, Pflanzenschutz 7, 11-13

Feucht, W. (1955): Der Wickler *Cnephasia wahlbomiana* L. (=*virgaurcana* Treitsch), ein Rübenschädling? Anzeiger für Schädlingskunde 28, 105-107

Klemm, M. (1958): Das Auftreten des Schattenwicklers (*Cncphasia wahlbomiana* L.) in Süddeutschland, Nachrichtenblatt für den deutschen Pflanzenschutzdienst (Braunschweig) 10, 167-170

Kurir, A. (1975): Zur Polyphagie und zum natürlichen Vertilgerkomplex von *Cnephasia virgaureana* Tr. (Lepid., Tortricidae), Zeit schrift für angewandte Entomologie 79, 110-112

Schreier, O (1953): *Cnephasia virgaureana* Tr. (Lepidopt., Tortr.) an Beta-Rüben, Pflanzenschutzberichte 11, 84-87

卷曲在一起的甜菜叶子

甜菜云卷蛾的症状有时与甜菜蛾很相像

# 草地螟（*Loxostege sticticalis* L.）

## （1）虫体特征、寄主

草地螟体长10～12mm，淡褐色，翅展23～25mm。前翅为红褐色、闪着金光、并有不明确的斑点。

幼虫体长可达24mm，最开始为淡灰色，后期为深灰色。有黄色的背线和侧线。淡色的肉点伴有黑色的圈，头部短毛且黑。

草地螟的寄主植物特别多，但是不是所有的寄主都可以让它成长为完整的夜蛾。特别适宜的寄主，如白色藜属、滨藜属以及一些栽培作物，如：糖甜菜、菜豆、羊角芹、草。此外，一些相对适宜的寄主，如三叶草属植物、苜蓿、扁蓄、蒿属、向日葵、大麻、亚麻、果树。在这些植物上草地螟虽然不再成长，而且经常会出现繁殖受阻。幼虫吃冰草属、玉米、烟草等，但不化蛹。

## （2）症状及可能的混淆

幼虫特别喜欢吃植物新长出部分，叶片将被取食到只剩叶脉。对于甜菜来说，草地螟喜欢破坏心叶部位，然后再到老叶子上。如果出现严重的虫害，那么就会被咬吃到只剩叶茎和较大的叶脉。前期的症状与甜菜蛾很像，后期的症状与伽马蛾相像。

## （3）生物学、影响因子

大约在5月初，飞蛾从4～8cm深的沙质土中的蛹里爬出。雌虫先不性成熟。约20℃起，开始寻找花朵，采食花蜜。从15℃（直至32℃）开始卵巢成熟，空气湿度至少要求在55%～60%。在有利的情况下，3～5d之后性成熟，特别时需要7～10d。密集光照的情况下，夜蛾会扩展飞行很

草地螟飞蛾

草地螟幼虫在啃叶脉中的组织细胞

（同义词：*Pyrausta st.*, *Parasitochroa st.*）

远的距离。

在德国出现的草地螟首先被来自于东南欧的气流吹散。从5月底开始，雌虫可以产300枚或者更多的卵在藜属植物和其他寄主植物上。

卵的数量与幼虫食物质量直接相关。由于饱食幼虫的雌性草地螟能在大范围内成卵巢。根据中欧的情况，幼虫钻出虫卵后需要2～3周的时间直至成蛹。在暖和的气候条件下，仅需要7～10d。经过5龄，它们会从一种植物漫游到另外一种植物上，特别是当食物不足的时，会迁徙很长的距离。第一代中的一部分以蛹的形式越冬，另外一些在7月底或者8月初离开土壤。第二代通常不再繁殖，因此大多数不造成侵害。

影响因子为5月底至6月中的东南向气流，以及温暖、干燥的盛夏。

## （4）发生率、重要性

草地螟主要在东南欧和乌克兰危害甜菜。在中欧草地螟仅限在南部和东部的甜菜种植区。北德几乎没有草地螟危害的记录。草地螟后来被带入北美，现在还在那里广泛存在。

在中欧，草地螟对于甜菜种植的重要性有限，在平均水平以上温暖的年份，如果有从东南欧而来的季风天气，将会导致有危险性的草地螟的大量出现。

## （5）预防措施

在中欧几乎没有可行性的预防措施。

## （6）自然天敌

来自于布甲科的甲虫会追捕草地螟幼虫。幼虫的天敌还有许多，如姬蜂科的物种，如

*Angitia armilata*，*A. chrysosticta*，*Cremastus decoratus*，*C. ornatus*，*Cryptus dianae*，*C. viduatorius*，*Eulimneria fuscicarpus*，*E. geniculata*，*E. xanthostoma*，*Laborychus debilis*，*Mesochorus noxius*，*M. tachypus*，*Omorgus mutabilis*，*Apanteles ruficrus*，*A. tibialis*，*A. vanessae*，*Meteorus chrysophthalmus*，*Trichogramma evanescens*，*Pales pavida* 等。蛹会被秃鼻乌鸦吃掉，此外，椋鸟科、麻雀、歌鸫等也是草地螟飞蛾的天敌。

**Literatur**

Anonym (1987): Guideline for the biological evaluation of insecticides Loxostege sticticalis; EPPO Bulletin 17,453-458

Caporale, E (1970): Contributo alla conoscenza della *Pyrausta* (*Parasitochroa*) *sticticalis* (Lep. Pvralidae): Bolletino dell' Instituto di Entomologia della Université degli Studi di Bologna 29, 207-240

Lange, W. H. (1987): Insect pests of sugar beet; Annual Review of Entomology 32.341-360

Schreier, O. (1968): Die Schädlinge der Zuckerrübe in Österrrich; Pflanzenarzt (Wien) 21.3-16

草地螟幼虫体长可达24mm

# 双翅目害虫

## 甜菜蝇 [*Pegomyia betae*（Curt）]

### （1）虫体特征、寄主

长期以来，甜菜潜叶蝇都被当成了甜菜蝇，事实是甜菜潜叶蝇仅是甜菜蝇的一个品种。甜菜蝇主要侵害甜菜，甜菜潜叶蝇在中欧首先侵害藜属植物（*Chenopodiaceen*），它们只是偶尔侵害甜菜，这就证明了甜菜蝇是一个特有的种类。甜菜蝇（*P. betae*）体长5～6mm，比家蝇小，也比家蝇细长。身体和腿部为灰色，眼睛为红色。蝇蛆长6～8mm，无腿，白色。在尖尖的前端有黑色的口钩，在尾端有12个短的花环一样摆置的肉瘤状突起物。后面的两个小隆肉包含大概5mm长的棕色围蛹。

甜菜蝇侵害甜菜、饲料萝卜、莙荙菜、菠菜，小范围内也侵害其他的藜属植物。

### （2）症状、可能的混淆

甜菜蝇的行走"隧道"首先出现在子叶和叶片上，这些"隧道"为透明状、白绿色。这些"隧道"接下来会变干，直至变成褐色。与其他蝇类（甜菜潜叶蝇、水蝇）留下的"隧道"很难区分，这是主要症状。

### （3）生物学、影响因子

甜菜蝇以蛹的形式在土里越冬。在4月末或者5月初，欧洲酸樱桃开花的时候脱蛹。10～14d后，即七叶树属开始开花时，甜菜蝇开始产卵（每只雌虫可以产卵50～70枚），0.8mm长的白色卵相互平行的摆放在叶子的背面。4～8d以后幼虫破壳而出，根据温度的变化9～22d的幼虫可以成蛹，同时进行两次蜕皮。成蛹的阶段（在2～5cm深的土壤里）持续18～22d。大约8个月的时间后将要越冬。每年会产生3代甜菜蝇，一部分可以重叠（参阅甜菜蝇生长周期）。成年的甜菜蝇可以存活35d。

适度的温度和相对凉爽的7月和8月天气是影响因子。如果温度高于32℃会延缓所有甜菜蝇的生长周期，而且高温的夏天会提高寄生率。

正在产卵的甜菜蝇

甜菜蝇的卵（上）
甜菜蝇幼虫（下）

## （4）重要性、发生率

西欧和中欧、斯堪的纳维亚半岛的一部分区域、波兰、捷克、斯洛伐克、白俄罗斯以及俄罗斯西部都是甜菜蝇的危害区域。欧洲南部和亚洲是甜菜潜叶蝇的主要栖居地。在北美，甜菜蝇和甜菜潜叶蝇同时存在。随着杀虫剂的流行，甜菜蝇对种子的危害已经大大降低。在没有杀虫药保护的区域（第2～6片树叶）会有很高的危险。因为这段时间之内存活的蝇卵的数量实际上已超过现有的叶子的数量。对于第一代幼虫来说，吃掉20%的叶子是可忍受的极限。第二代和第三代几乎不造成经济损失。

## （5）预防措施

通过早播和尽可能低的喷洒除草剂可以促进甜菜幼苗的生长。

## （6）自然天敌

大量的寄生虫，如 *Phygadeuon pegomyiae*，*P. fumator*，*Opius spinacae*，*O. batae*，*O. sylvaticus*，*O. procerus*，*O. bremeri*，*Apanteles congestus*，*Microgaster carinatus*，*Melanophora roralis*，*Aleochara bipustulata* 以及寄生虫的卵，如 *Trichogramma evanescens*，*T. minutum*，还有一些其他的物种。隐翅虫科、瓢虫、臭虫和草蛉科会吃掉甜菜蝇的虫卵。椋鸟科、麻雀、燕子、苍头燕雀和黄鹂会吃掉甜菜蝇本身。

### Literatur

Bremer, H. und Stapel, Chr. (1959): Zur Temperaturabhängigkeit der Rübenfliegenepidemien, Zeitschrift für Pflanzenkrankheiten und Pflanzenschutz 66, 636-640

Erfurth, P. und Ramson, A. (1974): Rübenfliege (*Pegomyia betae* Curt.) Anleitung zur Schaderreger- und Bestandesüberwachung im Pflanzenschutz 2-2.4, S.1-4 iga Erfurt (DDR)

Gersdorf, E. (1963): Über „Rübenfliege" und ihre Verwandten. Anzeiger für Schädlingskunde 36, 65-67

Gersdorf, E. (1960/61): Neue Beobachtungen über die Rübenfliege, ihre Parasiten und ihre Begleitfauna in Niedersachsen, Zeitschrift für angewandte Entomologie 47, 378-415

Küthe, K. (1987): 30jährige Beobachtungen der Populationsdynamik der Rübenfliege *Pegomyia hyoscyami* (Panz.) in Mittelhessen und deren Bekämpfungsmöglichkeiten; Gesunde Pflanzen 39, 93-99

Röttger, U. (1978/79): Untersuchungen zur Wirtswahl der Rübenfliege *Pegomyia betae* Curt. (Diptera, Anthomyidae), Zeitschrift f. angew. Entomologie 87, 337-348

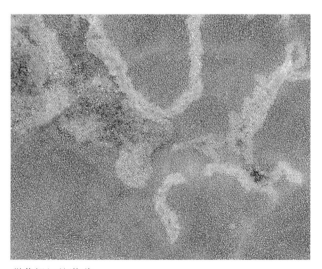

甜菜蝇蛆的潜道

在较老的甜菜叶子上造成的伤害实际上不会影响产量

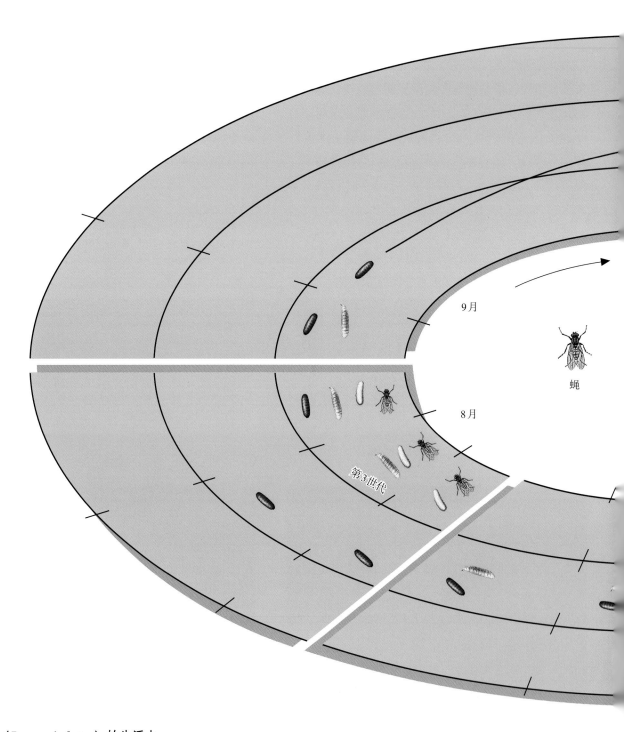

9月

8月

蝇

第3世代

甜菜蝇（*Pegomyia betae*）的生活史

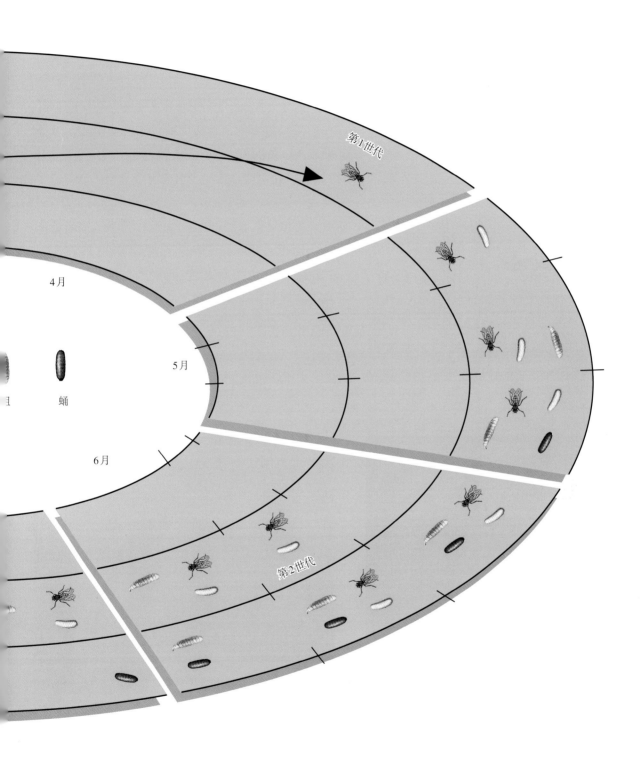

4月

5月

6月

蛹

第1世代

第2世代

# 沼泽大蚊 (*Tipula paludosa* Meig.)

### （1）虫体特征、寄主

沼泽大蚊呈灰色至灰褐色，细长，体长可达15～26mm。翅膀为带褐黄色，前端为铁锈色。其他标志为长条纹的深色胸部和14节的触角。脚部关节超过夹板长度。

沼泽大蚊为圆筒形、有皮革似的褶子。幼虫为灰色，长30～40mm，腹末有6个主要的肉质突起。这些肉质突起的排列好像一张丑脸。

### （2）症状及可能的混淆

沼泽大蚊和甘蓝大蚊最早的出现（首先在牧场或重新犁翻后的休耕地）会侵害胚芽。人们常常误将这些破坏行为归于线虫。后期时大蚊幼虫会在下胚轴咬出小洞。植株会被咬断，有时候会被咬成水沟型。初期阶段症状与甜菜隐食甲相似。

### （3）生物学、影响因子

沼泽大蚊每年产一次卵，8或者9月为飞行期。与沼泽大蚊不同，甘蓝大蚊每年产两次卵，飞行期在5月和8月。两种大蚊的雌蚊都可以存活大约10d。它们在草甸或土壤的表层进行产卵，沼泽大蚊平均可产卵350枚，甘蓝大蚊平均可产卵750枚，最多可产卵1 300枚（黑色）。2～3周后幼虫破壳而出，并不间断的成长到4龄。它们在大约10cm深的土壤下面化蛹。两种大蚊都会在幼虫期越冬。飞行时凉爽、潮湿的天气以及富有腐殖质的疏松、潮湿的土壤是影响因子。

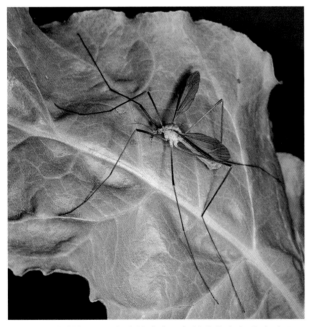

虽然沼泽大蚊把叶子当成着陆点，但是它们却把卵产在土壤上

甘蓝大蚊和其他的大蚊相同的特点是非常长的腿

# 甘蓝大蚊 (*Tipula oleracea* L.)

甘蓝大蚊在很大程度上与沼泽大蚊相似，不过在翅膀前端后面有浅色的条纹。它的触角有13节。

甘蓝大蚊的幼虫长19～35mm，比沼泽大蚊的幼虫小，在其他方面两者很难区分。沼泽大蚊和甘蓝大蚊的寄主大部分是一样的。它们的主要食物都是牧草。此外，它们也危害谷物、三叶草属、甜菜、菜豆属、豌豆属、苜蓿、卷心菜、卷心莴苣、芸薹、马铃薯和黄瓜，以及荞麦属、大丽花属和法兰西菊。某种程度上讲，大量的野生草本植物也是它们的寄主。

## （4）重要性、发生率

中欧的北部、西欧以及北欧是它们主要的生存空间。出现在甜菜地里的幼虫也是偶尔会破坏甜菜。首先值得注意的是绿色植物休耕或者牧场新翻地之后的时期。

## （5）预防措施

在绿色植物休耕或者牧场新翻地之后投入杀虫药。把白色三叶草属植物作为间作作物是不可以的。

## （6）自然天敌

欧鼹、椋鸟科、乌鸦、野鸡、凤头麦鸡、海鸥、蜘蛛 (*Trombidium*, *Rhyncholophus*)、螨、线虫 (*Neoaplectana*)、真菌 (*Entomophthora sphaerosperma*)、甲虫 (*Harpalus*, *Platynus*)、寄生蝇 (*Bucentes geniculata*, *Admoncomonas*, *Polymastix*, *Hexamitus*, *Embadomonas*)。

### Literatur

Bodenheimer, F. (1923): Beiträge zur Kenntnis von *Tipula oleracca* L. Zur Schädlingsökologie. Zeitschrift fur angcwandte Entomologie 9, I-80

Lauenstcin. G. (1987): Tipuliden als Grünlandschädlinge-Biologie und Bekämpfung, Zeitschrift fur angcwandte Zoologie 73, 385-431

Laughlin, R. (1967): Biologv of *Tipula paludosa*; Growth of the larvae in the field, Entomologia experimentalis et. applicata 10, 52-68

Szewczvk. Langenbruch. G.A., ( 1997): Neue Zuchtmethode fur Tiptila paladosa und *Tipula oleracea* (*Dipt. Tipulidae*) und Beobachtungen zur Entwicklung der Laborpopulationen. Journal of applied Entomology 121, 549-554

被大蚊幼虫咬坏的植物

大蚊的蛹

# 花园毛蚊 （*Bibio hortulanus* L.）

## （1）虫体特征、寄主

雌性和雄性花园毛蚊长度可达6～9mm，但是颜色差别明显：雄性为黑色，雌性为红黄色。带褐色的翅膀遮盖住了白色长毛的后腹部。身体很臃肿。最明显的特征为飞行时下垂着的后腿。黑毛蚊与花园毛蚊不同，性别不按照颜色区分，而是按大小区分的。雄性黑毛蚊体长可达6～8.5mm。雌性黑毛蚊体长为8.5～9.5mm。与花园毛蚊不同，黑毛蚊身体的毛为黑色，除这一点外，花园毛蚊和黑毛蚊的雄性完全一样。

花园毛蚊的幼虫为灰褐色，长15mm，无腿，但有一个近黑色、有光泽的头囊。每一节都指向后面竖立着的刺，最后一节的刺特别突出。黑毛蚊的幼虫与花园毛蚊的幼虫很像，但是长大后的黑毛蚊的雌虫要比花园毛蚊的雌虫大。毛蚊属多食性：它们取食草本植物、谷物、马铃薯、甜菜、芦笋、啤酒花以及大量的蔬菜作物。它们首先取食这些物种的腐殖质层和肥料。

## （2）症状及可能的混淆

毛蚊幼虫对于作物的侵害表现在它们会吃掉根部或者胚芽植物胚轴。这种伤害与其他害虫，如线虫，造成的伤害很相像。但当拔出萎蔫的作物时，才会发现不同：毛蚊幼虫不同于线虫，毛蚊会咬断根部和嫩枝。

## （3）生物学、影响因子

两种毛蚊都在幼虫阶段越冬。花园毛蚊在4月末或者5月初的时候化蛹。然后大约从5月中旬开始将破蛹而出变成最后的昆虫。黑毛蚊化蛹和钻出的时间比花园毛蚊要早两个星期。在暖冬之后和温暖的冬春之交，这些幼虫从3月中旬起出现。5月下旬到6月，雌性毛虫会在土壤上产大概100枚卵。它们会选择富腐殖质的或者粪圈周围的区域。幼虫首先取食一些腐烂的有机物。由于喜欢干燥的环境，幼虫主要生活在土壤的表层。迫不得已时，它们会在晚上离开这里。幼虫在

雌性和雄性花园毛蚊的不同在于红色的胸部区域

典型毛蚊的飞行动作

# 黑毛蚊（*Bibio marci* L.）

5 ～ 10cm深的土里越冬。富腐殖质的、十分湿润的土壤以及刚施过肥的还没马上下沉的区域是影响因子。暖冬和阳春会加重虫害危害。

## （4）发生率、重要性

花园毛蚊栖居在整个欧洲和北非部分地区，黑毛蚊仅少量出现在欧洲。这些毛蚊仅在特别的年份会激增，特别是有充足的腐殖质的时候。幼虫从秋末开始侵害作物。在春天的破蛹期，毛蚊对甜菜的危害最大。

## （5）预防措施

在春天或者秋天的垄沟里通过施有机肥料降低产卵的刺激。

## （6）自然天敌

毛蚊以及其幼虫会被像野鸡、椋鸟科、乌鸦、寒鸦等鸟类吃掉。此外，线虫*Neoaplectana bibionis*也会吃掉毛蚊幼虫。

### Literatur

Bagger, O. (1982): Skadedyr pa landbrugsplanter; Manedsoversiggt Plantesyygdomme 534, 35-40

Bollow, H. (1951): Zur Biologie und Systematik der landwirtschaftlich wichtigen Haarmücken (Bibionidae); Pflanzenschutz 3, 131 f.

Fischer-Colbrie, P. (1987): „Schwarze Fliegen" — eine neue Schädlingsart im Obstbau?; Pflanzenschutz 3, 7

König, K. (1983): Haarmücken; Landtechnische Zeitschrift 10, 1357

Martinez, M. (1992): Les dipteres Bibionidae.

Insectes frequents mais ravageurs ocasionees; La defense des vegetaux (France) 438, 30-34

Molz, E.; Pietsch, W. (1914): Beiträge zur Kenntnis der Biologie der Gartenhaarmücke (*Bibio hortulanus* L.) und deren Bekämpfung; Zeitschrift für wissenschaftliche Insektenbiologie 121

Müller, H.c.; Molz, E. (1912): Über Schädigungen von Zuckerrüben durch die Gartenhaarmücke; Deutsche Landwirtschaftliche Presse 46

Müller, K.R. (1953): Zur Biologie und Bekämpfung der Gartenhaarmücke (*Bibio hortulanus* L.); Nachrichtenblatt für den deutschen Pflanzenschutzdienst (Berlin) N.F. 7, 41-48

Rieckmann,W. (1983): Allzuviele Haarmücken sind ungesund; Hann. Land- und Forstwirtschaftliche Zeitung 136, 11

Rode, H.; Vorsatz, F. (1962): Über ein bemerkenswertes Auftreten von Gartenhaarmückenlarven an Kartoffeln; Nachrichtenblatt für den deutschen Pflanzenschutzdienst (Berlin) 16, 37-39

土壤里的毛蚊幼虫（上）
雄性花园毛蚊（下）

雄性黑毛蚊与雄性花园毛蚊的不同是它们有较小的身材

# 蟋　　蟀

## 欧洲蝼蛄 (*Gryllotalpa gryllotalpa* L.)

### （1）虫体特征、寄主

欧洲蝼蛄体长可达3.3～6cm，身体呈茶褐色，有精巧的长毛。有力的前腿加宽了在开掘牙的一个尾端隐藏起来的足铲。后腹部被翅盖遮住了一半。后翅膀突出于身体的尾端。

幼虫从卵中孵出后首先像蚂蚁。最初它们为白色，后来颜色逐渐变深。后期从外表上面观察，才能发现它们与成虫的长像更加接近了。

欧洲蝼蛄特别杂食。除了腐殖质外它们还啃食，如作物的地下部分、马铃薯、卷心菜、芜菁、烟草、生菜、甜菜以及不同种类的蔬菜等。此外，无论是昆虫、蚯蚓、蜗牛的成虫还是幼虫欧洲蝼蛄都会吃掉。

### （2）症状及可能的混淆

欧洲蝼蛄会吃掉植物的根部并留下成排的咬痕。人们首先会在欧洲蝼蛄巢穴周围区域发现光秃的地方。因为在邻近的植物附近有欧洲蝼蛄行进的手指般的通道，这点会与其他甜菜害虫在低龄生长阶段的情况混淆。到后期，甜菜植株会被吃掉。这种症状与毛虫很像，有时候也与蛴螬很像。

### （3）生物学、影响因子

欧洲蝼蛄主要生活在地下，夜晚在地表下寻找食物。有时候也吃植物的绿色部分。欧洲蝼蛄的洞穴在地表下5～30cm处。食物通道通向洞穴。每年的5月或者6月雌性蝼蛄在洞穴里产大概200～300枚（多时600枚）卵，这些卵长2.6mm，起初为绿色，然后是绿棕色，到晚期为黄白色。在幼虫出卵前，雌虫偶尔会舔这些卵（阻止真菌

雌性欧洲蝼蛄虽然在夜晚会对自己的卵进行照顾，但是同时它们会吃掉最多95%的自己的后代

（同义词：*G. vulgaris*）

侵染）。1.5～3周以后幼虫钻出虫卵。它们常常待在洞穴里直至完成第四次蜕皮，挖出自己的通道。第十次蜕皮以后幼虫就成长为成虫了。

　　因为产卵在9月进行，欧洲蝼蛄不仅要在幼虫阶段，也在蜕为成虫的阶段进行冬眠。在中欧，欧洲蝼蛄总的成长需要16～18个月。在冷一些的区域需要两年半。雄性欧洲蝼蛄可以存活大概300d，雌性欧洲蝼蛄可以存活550d。富腐殖质、温暖的土壤是影响因子。

### （4）重要性、发生率

　　欧洲蝼蛄在整个欧洲普遍存在。此外，在北非和亚洲西部也有欧洲蝼蛄。对于甜菜的损害偶尔会出现在沙质的富有腐殖质的区域。

### （5）预防措施

　　由于成虫会迁入花园等，所以大多数的边缘区域会出现虫害。在这些区域里可能会在土壤里出现表面很平的罐状洞。只有这样，欧洲蝼蛄晚上就可以抓住在周围走来走去的虫子。

### （6）自然天敌

　　自然天敌首先是步行虫科（*Cababus* spec.），它们会在晚上追踪欧洲蝼蛄幼虫。欧鼹、鼩鼱，还有狐狸也会吃蝼蛄的成虫，有时猫头鹰也会捕食蝼蛄。日间活动的鸟类，如乌鸦，也吃欧洲蝼蛄，但是它们仅是在相对平坦的巢穴附近才会成功捕捉到欧洲蝼蛄。此外，一个重要的事实是蝼蛄会吃掉95%的自家卵。

**Literatur**

Beier, M.; Heikertinger, E (1954): Grillen und Maulwurfsgrillen. Die Neue Brehm-Bücherei Heft 119, Wittenberg-Lutherstadt

Godan, D. (1961): Untersuchungen über die Nahrungspräferenz der Maulwurfsgrille (*Gryllotalpa gryllotalpa* L.), Zeitschrift für angewandte Zoologie 48 341-357

Godan, D. (1964): Untersuchungen über den Einfluß tierischer Nahrung auf die Vermehrung der Maulwurfsgrille *Gryllotalpa gryllotalpa*, Zeitschrift für angewandte Zoologie 51 207-223

Hahn, E. (1958): Untersuchungen Ober die Lebensweise und Entwicklung der Maulwurfsgril le (*Gryllotalpa vulgaris* Latr.) im Lande Brandenburg, Beiträge zur Entomologie 8, 334-365

Mandal, S.; Roy, S. Cloudburst D.K.(1984): Allatectomy in Young adult male *Gryllopalpa gryllopalpa* lengthens the life span by inhibiting the senescence process, Abstracts of the International Congress of Entomology (Harn burg) 17, 261

欧洲蝼蛄画像

在小花园附近区域要经常观察欧洲蝼蛄造成的损害

# 蜗　　牛

## 野蛞蝓科
## 庭院灰蛞蝓 [*Deroceras reticulatum*（O. F. Müller）]
## 灰蛞蝓 [*Deroceras agreste*（L.）]

### （1）虫体特征、寄主

蛞蝓是对甜菜造成伤害的最主要的软体动物。中欧首先出现了庭院灰蛞蝓。灰蛞蝓主要在局部区域出现。

庭院灰蛞蝓伸展开来身长为3.5～5（6）cm。蛞蝓体型很粗，身体皱缩在一起。在褶皱之间的沟壑里有一个图样，厚厚的深色斑点，此外，后背和身体的一边上有网状的标记。颜色由淡黄色到棕色再到蓝灰色。脚底的颜色很淡，黏液为乳白色和无色。

灰蛞蝓和庭院灰蛞蝓的体长几乎一样。身体和体表为淡棕黄色（皮革的颜色），有时候为棕色或者灰色。褶皱很精细，既不是斑点也不是网状结构。脚底为白色到乳白色，黏液无色至淡乳白色。

除甜菜外，还有一些作物是这两种蛞蝓的寄主：菜豆、豌豆属、草莓、从果树上掉落下来的水果、谷物、药用植物、苜蓿、三叶草属、卷心菜、玉米、罂粟、小洋萝卜、芸薹、生菜、菠菜、芜菁和烟草。此外，在牧场、田埂里以及灌木丛里等也发现了蛞蝓。

### （2）症状及可能的混淆

新长出的植物会被吃掉，在较老的植物上面会出现不规则的啃咬的洞和喙边。这种症状有时候易与汉马夜蛾、甜菜饵虫幼虫以及象鼻虫混淆。蛞蝓的咬痕具有闪着银色光芒的、干燥的黏液痕迹（雨后就不好确定了）的特点。

### （3）生物学、影响因子

蛞蝓是夜间活动的，雌雄同体，在没有交配对象时，可以自行交配。相对而言，灰蛞蝓有更多的自行交配。在5～11月份进行产卵。每个蛞蝓在受精8～10d后，可以产100～340枚卵，这些卵成组的排在小的洞穴里。根据温度的差异幼虫钻出虫

庭院灰蛞蝓和所有蛞蝓一样会在叶子上留下黏液的痕迹

甜菜叶子上的灰蛞蝓

146

卵的时间常在6周内。最初白灰色的幼虫2个月以后会褪色，4.5～6个月后性成熟。平均可存活9～10个月，根据其他数据，庭院灰蛞蝓可以存活26个月。这两种蛞蝓每年均繁衍一次后代。在良好的条件下，

例如在英国也有繁育两批后代的可能。

暖冬、爽春、潮夏等气候（例如持续的雨天）以及适宜的温度（15～21℃）是影响因子。在这样年份里，8月中旬就开始出现严重的虫害危害。

**蛞蝓的生长周期，在此以灰蛞蝓为例**

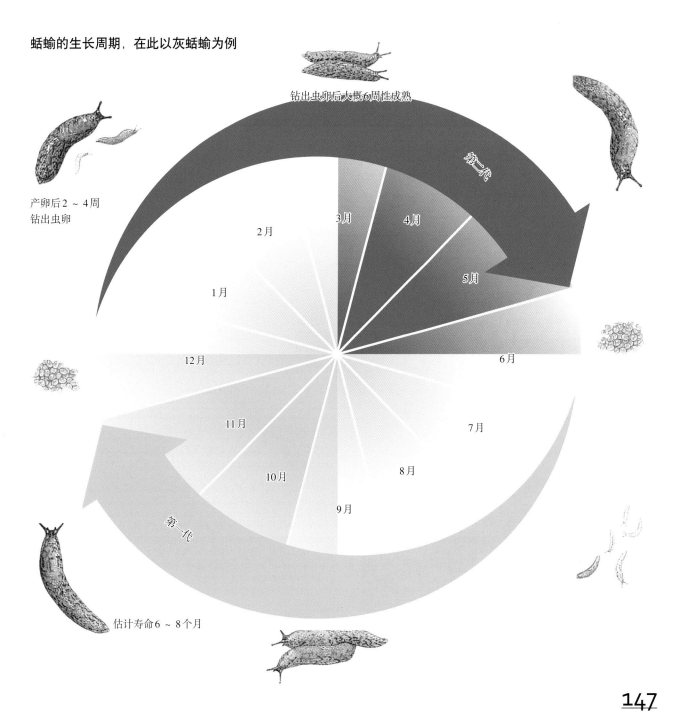

钻出虫卵后大概6周性成熟

第二代

产卵后2～4周
钻出虫卵

3月
4月
2月
5月
1月
12月
6月
11月
7月
10月
8月
9月

第一代

估计寿命6～8个月

这两种蛞蝓都喜欢黏土，它们避免干燥的沙质土。从土壤结构方面来看，潮湿的土壤会刺激蛞蝓的出现。牧场和休耕地交界处会出现虫害，如土壤被覆盖的间作作物（例如芸薹等）、较强盛的杂草、地势低的或者没有犁翻过的土壤、少量的人工降雨、有机物质的应用（施绿肥）、三叶草属，苜蓿或者豌豆属的轮作以及pH高于6.3。

### （4）重要性、发生率

除寒冷的区域外，庭院灰蛞蝓基本上遍布整个欧洲。在法国东南部、意大利、西班牙和巴尔干山区没有蛞蝓。灰蛞蝓可以较好地适应寒冷的天气。在斯堪的纳维亚半岛、芬兰、苏格兰、丹麦、比利时、德国东部、波兰、瑞士、匈牙利、捷克、斯洛伐克以及比利牛斯山区发现了灰蛞蝓。它们是否会出现在德国南部和奥地利还不能确定。当气候潮湿时，特别是在砍伐区附近，新长出来的甜菜会受到严重的侵害。十字花科作为间作物也会受到虫害危害。如果秋天多雨，蛞蝓会在甜菜上面啃咬出洞来。

### （5）预防措施

再次翻压预备播种的土地以避免蛞蝓在土里筑巢。间作之后，受蛞蝓虫害危害的区域休耕。也可以使用土壤旋耕设备。甜菜植株间的距离不要设计的太远。避免施太多氮肥。

### （6）自然天敌

真菌，垣轮枝孢菌（*Verticillium chlamydosporium*）会侵袭蛞蝓的卵。寄生单细胞生物，如肾形虫（*Colpoda steini*），蛞蝓马氏虫（*Tetrahymena limacis*），梨形四膜虫（*T. pyriformis*）以及喙状车轮虫（*T. rostrata*）都可以攻击蛞蝓本身。此外，天敌还有线虫，如 *Angiostoma limacis*，*Ascaroides limacis* 以及来自于 *Carabiden*，*Staphyliniden* 和 *Lampyriden* 家族的有攻击性的甲虫。除此之外，乌鸦、寒鸦、椋鸟科、乌鸫、山鹬、野鸡、凤头麦鸡、刺猬、壁虎以及蟾蜍都是蛞蝓的自然天敌。

庭院灰蛞蝓的症状：边缘的咬痕和咬出的小洞
灰蛞蝓的卵

**Literatur**

Barnes, H. F. (1944): Discussion on slugs. I. Introduction. Seasonal activity of slugs. , Annals of applied Biology 31, 160-163

Dimetrieva, E.F. (1978): The influence of temperature and moisture of the upper soil layer on the hatching intensity of the slug *Deroceras reticulatum*. Malacolog. Review 11, 81

Hommay, G. , Lovelec, O. , Jacky, F. (1998): Daily activity and use of shelter in the slugs *Deroceras reticulatum* and *Arion distinctus* under laboratory conditions. Annals of applied Biology 132, 167-185

Getz, L. L. (1959): Notes on the Ecology of Slugs: *Arion circumscriptus*, *Deroceras reticulatum* and *Deroceras laeve*, American Midland Naturalist 61, 485-498

Godan, D. (1973): Schadwirkung und Wirtschaftliche Bedeutung der Schnecken in der Bundesrepublik Deutschland, Nachrichtenblatt f. d. deutschen Pflanzenschutzdienst 25, 97-101

Godan, D. (1960): Bestimmungstabelle der schädlichen Schneckenarten, Gesunde Pflanzen 12, 26-33

Runham, N.W. (1978): Reproduction and its control in *Deroceras reticulatum*. Malacologia 7, 341-350

Wareing, R., Bailey, S.E.R. (1985): The effects of steady and cycling temperatures on the activity of the slug *Deroceras reticulatum*. Journal Mollusca Studies 51, 257-266

# 欧洲蛞蝓科
**大蛞蝓** [*Arion ater*（L.）resp. *Arion rufus*]
**庭院蛞蝓**（*Arion hortensis* Férussac，同义词：*Arion vejdovskyi*）
**西班牙蛞蝓** [*Arion lusitanicus*（Mabille）]

## （1）虫体特征、寄主

对于大蛞蝓种类的划分至今仍有争议。根据内部的特征划分为红色蛞蝓和黑色蛞蝓，因此一些划分方法把他们看成是亚种。与此相反，另外一些划分方法把它们分成两个不同的类别。

大蛞蝓体长可达10～15cm，少数可以达到20cm。对于大蛞蝓的颜色，这两种大蛞蝓的颜色变化从黑色到灰色，橘黄色到砖红色。深色的大蛞蝓的脚部边缘与身体的其他部位相比通常为浅色和微红色。只有未长大的大蛞蝓的身体部位边缘为深色。身体的褶皱很大、微长。

庭院蛞蝓体长可达2.5～4cm，少数可达5cm。成年的庭院蛞蝓为深棕灰色，后背为灰黑色，另外一边是深色的带。皮肤具黏性。最下面一排的褶皱（在脚部边缘上面）通常为白色。触角为红色，身体为黑色或者灰色。脚底为淡黄色至橘黄色，身体的黏液为浅黄色。脚底的黏液无色。

西班牙蛞蝓为中等大小，有的很大，体长可达7～15cm。颜色为脏脏的灰绿色到棕色至橘黄色。深色的边带布满整个虫体外衣，像古琴一样。西班牙蛞蝓长大之后这种边带会消失。脚部边缘为淡黄白色至浅橘黄色，身体的黏液无色。

这些蛞蝓的主要危害植物：马铃薯、罂粟、芸薹、甜菜、芜菁、谷物、三叶草属、豆科以及蔬菜（特别是生菜）。由于这些蛞蝓通常是杂食性的，所以寄主范围特别广泛。

大蛞蝓

庭院蛞蝓

### （2）症状及可能的混淆

新长出的甜菜芽会被吃掉，较大的植株上会出现有蛞蝓特征的咬痕，这与其他的物种很难区分。庭院蛞蝓的生活较隐秘，它们喜欢生活在地下，以至于叶子的茎部以及甜菜经常被吃光。从叶子的咬痕来看，很容易和野蛞蝓科混淆。甜菜身上咬出来的洞易与毛虫的咬痕混淆，部分还容易与蛴螬混淆。

### （3）生物学、影响因子

基于生活方式，大蛞蝓属"夏季蛞蝓"。它们在春季和夏季生长起来。7月时性成熟，8月或者9月产6～8窝卵，最多可产400枚卵。大蛞蝓或者是以卵的形式或者是以睡眠的幼虫的形式越冬（幼虫在10月或者11月出现）。大蛞蝓的寿命总共12～14个月，一些报道称它们可以存活2～3年。

与大蛞蝓不同，庭院蛞蝓属"冬季蛞蝓"。它们在夏季成长，在秋季和冬季性成熟，在来年的春季继续成长。它们可产5～8窝卵，150～200枚。20～40d以后，幼虫钻出虫卵，4～7个月后性成熟。1个月后开始产卵。产卵阶段持续2～3个月。庭院蛞蝓可以存活7～12个月。

西班牙蛞蝓是在20世纪70年代中期随蔬菜引进而被带入德国（上莱茵）的，并从此开始广泛传播。西班牙蛞蝓的移动性大（爬行速度为5～9m/h）。在8月或者9月西班牙蛞蝓可在土里产多窝（30～40小堆）卵，300～400枚。3～8月份幼虫钻出虫卵。从6月份起（到11月份）成虫出现。这种蛞蝓的特征为强烈的分泌黏糊糊的黏液，许多自然天敌不喜欢这些黏液。影响因子同野蛞蝓科很像，主要是暖冬和潮夏。在野蛞蝓科里已经详细列举的例子适用于此。

甜菜上的庭院蛞蝓

西班牙蛞蝓

## （4）重要性、发生率

大蛞蝓对甜菜的危害相对较低。仅仅在耕地边缘区域出现了一些严重的虫害危害，在内部区域基本没有危害。庭院蛞蝓也是如此，庭院蛞蝓主要危害这些区域附近，会造成严重的虫害。最危险的是西班牙蛞蝓，它们会出现在耕地区域内，每天可以吃掉 $80 \sim 120m^2$ 的甜菜叶子。

大蛞蝓和西班牙蛞蝓是西欧和中欧的物种。大蛞蝓的分布区域北部可以扩展到斯堪的纳维亚半岛南部、法国、比荷卢三国、德国，东部可以扩展到波兰、捷克西北部。然而南欧却没有这种物种。人们在如下区域发现了西班牙蛞蝓：爱尔兰的伊比利亚半岛、英格兰、法国、瑞士、德国、奥地利、保加利亚。庭院蛞蝓在西北欧也会出现。在英格兰、荷兰、法国部分区域、奥地利、波兰和德国也有庭院蛞蝓。

## （5）预防措施

参阅野蛞蝓科。

## （6）自然天敌

参阅野蛞蝓科。

### Literatur

Dainton, B.H., Wright, J. (1985): Falling temperature stimulates activity in the slug Arion ater. Journal of Experimental Biology 118, 439-443

Grimm, B., Schaumberger, K. (2002): Daily activity of the pest slug Arion lusitanicus under laboratory conditions. Annals of applied Biology 141, 35-44

Kracht, M. (1990): Landwirtschaftlich schädliche Schnecken: Vorkommen, Schadwirkung und Bekämpfung unter besonderer Berücksichtigung alternativer Verfahren. Diplomarbeit TH Darmstadt, Fachbereich Biologie, Botanik. (138 Seiten).

Grimm, B, Schaumberger, K. (2002): Daily activity of the pest slug Arion lusitanicus under laboratory conditions. Annals of applied Biology 141, 35-44

Linnes, C. (2006): Schnecken: Große Gefahr für kleine Rüben. Die Zuckerrübe 55, 98-99

Young, A. G, Port, G. R., Green, D. 1. (1991): Development of a forecast of slug activity: Validation of models to predict slug activity from meteorological conditions. Crop Protection 12, 232-236

留下黏液痕迹的西班牙蛞蝓　　　　　大蛞蝓在交配

# 树丛蜗牛 [*Cepaea nemoralis*（L.），同义词：*Helix nemoralis*]

## （1）虫体特征、寄主

圆圆的蜗牛壳直径为18 ~ 25mm，壳的高度为12 ~ 22mm。上面有5个半螺纹。蜗牛壳的颜色通常为棕色带子花纹的亮黄色。此外，还有带棕色花纹的、没有花纹的，以及只有淡色带子花纹的黄色树丛蜗牛。树丛蜗牛危害的植物：花椰菜、苜蓿、三叶草属、驴食草、芸薹、谷物。它们也侵害甜菜，但不是最喜欢取食的作物。此外，还发现树丛蜗牛会吃掉大量的庭院植物、野草，如大荨麻，以及牧场上和果树上的树皮和果实。

## （2）症状、可能的混淆

树丛蜗牛的幼虫在叶子上咬出窗户一样的洞，少量在甜菜上，特别是在采种甜菜株上。因为人们可以在受虫害危害的植物周围找到蜗牛，所以症状很容易归类。

树丛蜗牛能对采种甜菜造成明显的破坏

## （3）生物学、影响因子

从4月份开始，树丛蜗牛陆续走出它们冬天的巢穴（在土壤里枯死的植物下面）。树丛蜗牛为夜行性，当然，雨天的时候它们也会在白天活动。它们可以在蜗牛壳里度过短期的干燥天气，长期干燥的时候它们会藏在草、树叶等下面。6 ~ 8月蜗牛开始在土壤下面的洞里产卵，每只可产卵30 ~ 50枚。10月份开始，先是成年蜗牛开始返回冬眠巢穴，然后是幼虫。

潮湿的气候以及充足的氮是影响因子。

## （4）重要性、发生率

蜗牛最多是会对采种甜菜造成损害，对于甜菜后期的生长影响很低。树丛蜗牛在大西洋至奥得河，阿尔卑斯山脉至波罗的海平坦的区域均有发现。此外，在爱尔兰、英格兰、南苏格兰、挪威和瑞典的南部海滨区域，奥地利、匈牙利、捷克、波兰的部分区域也发现了树丛蜗牛。

## （5）预防措施

大体来看预防措施没什么必要。

## （6）自然天敌

鞭毛虫，如 *Cryptobia helicis*；孢子虫，如 *Klossia helicina*，橡子螺，如 *Oxychilus draparnaudi*，甲虫，如 *Lampyris noctiluca* 和 *Pterostichus vulgaris*；双翅目昆虫幼虫，如 *Spiniphora bergenstammi* 和 *Sp. excisa* 以及较大的动物，如乌鸫、歌鸫、椋鸟科、山鹬、野鸡、鸫科。

## Literatur

Arnold, R. (1969): The effects of selection by climate on the landsnail *Cepea nemoralis* (L), Evolution 23, 370-378

Brussard, F. (1974): Population size and natural selection in the landsnail *Cepea nemoralis*, Nature (London) 251, 713-715

Carter, H.A., Jefrrey, R.C.V., Williamson, P. ( 1979): Food overlap in coexisting populations of the land snails *Cepea nemoralis* and *Cepaea hortensis*. Biological Journal. Linn. Soc 1, 169-176

Osterhoff, L.M. (1977): Variation in growth rate as an ecological factor in the land snail *Cepaea nemoralis* L. Netherlands Journal of Zoology 27, 1-32

Williamson, R.P., Cameron, R.A.D., Carter, M.A. (1977): Population dynamics of the land snail *Cepea nemoralis* L: A six year study. Journal of animal Ecology 46, 181-194

Wolda, H, (1967): The effect of temperature on reproduction in some morphs of the landsnail *Cepea nemoralis* (L), Evolution 21, 117-129

Wolda, H.; Zweep, A. und Schuitema, K. A. (1971): The role of food in the dynamics of populations of the landsnail *Cepea nemoralis*, Oecologia (Berlin) 7, 361-381

通常情况下树丛蜗牛不会对甜菜种植产生大的破坏

# 小吸气蜗牛 [*Succinea putris* (L.)]

### （1）虫体特征、寄主

小吸气蜗牛体长可达10～17（24）mm。蜗牛壳易碎且透明，有3个大的螺纹，最外层的螺纹占据了蜗牛壳高度大概2/3。发光的蜗牛壳为琥珀色至稍带绿的黄色。小吸气蜗牛身体的颜色为灰白的稍黄的棕色，也有深灰色。小吸气蜗牛吃芦苇属，草地里、沼泽里和水域附近的草和杂草，以及栽培作物，如甜菜、卷心菜等。

### （2）症状及可能的混淆

小吸气蜗牛在甜菜叶子上咬出的洞的直径比蛞蝓的小。小吸气蜗牛的咬痕易与甘蓝夜蛾的咬痕或者叩头虫，确切的说，庭园丽金龟子在叶子上的咬痕相混淆，但这些害虫都没有黏液痕迹。

### （3）生物学、影响因子

4月份，幼虫开始从卵里钻出。最早会在8月末或者9月初达到性成熟。小吸气蜗牛既以成虫的形式又以幼虫的形式越冬。第二年的3月份（大概温度在10℃以上）开始在叶子和树皮下面或者土里进行交配。可以产25～65枚卵，平均产卵大约48枚。在10～20d（依据温度和湿度来定）幼虫钻出虫卵。小吸气蜗牛最长可存活20个月。

温暖、潮湿的春季和多雨的夏季是影响因子。小吸气蜗牛喜欢在潮湿的地域（河岸、池塘边、沼泽地、泥坑）活动，它们不喜欢干燥的气候。

### （4）重要性、发生率

小吸气蜗牛几乎遍布整个欧洲，但是在大不

小吸气蜗牛咬出的小洞以及留下的黏液痕迹

列颠和斯堪的纳维亚半岛却很少见。在西伯利亚地区，小吸气蜗牛的标本也有被找到。小吸气蜗牛对甜菜造成的损害不到总体叶子损害的20%。它们只在耕地边缘区域和水域附近出现。

### （5）预防措施

由于小吸气蜗牛造成的危害很有限，所以预防措施没有必要。

### （6）自然天敌

小吸气蜗牛的天敌是有触角的吸虫纲物种，如 *Leucochloridium paradoxum*。受到侵害的蜗牛会改变自己的行为，啃食叶子的上面区域，这样它们又会轻易的成为一些鸟类的食品。

**Literatur**

Datkauskiene, I.(2005): Characteristic of lifespan and reproduction period of *Succinea putris* (L.) (Gastropoda: Styllomatophora). Ekologija 3, 28-33

Rigby, J.E. (1965): Succinea putris, a terrestrial opisthobranch molluse, Proceedings of the Zoological Society of London 144,445-486

# 线　　虫

## 胞囊线虫（*Heterodera schachtii* Schmidt）

### （1）虫体特征、寄主

发育完全的雌性线虫呈柠檬状，长0.4～1.1mm，宽0.2～0.8mm。雄性线虫为圆柱形，细长，长1.2～1.6mm，宽0.027～0.033mm。他们的尾部一般呈圆形。细长的，线状雌雄2龄幼虫0.4～0.6mm长。胞囊线虫主要侵害藜科植物，如糖用甜菜、饲用甜菜、红菜头、若莙菜、菠菜，以及白菜类作物、芜菁、甘蓝、白菜型油菜品种、羽衣甘蓝、球茎甘蓝、水芹、萝卜等。野生萝卜、田芥菜、滨藜属、各种藜科类植物、繁缕属以及荠菜也被视为寄主。

### （2）症状及可能的混淆

受危害的甜菜自6月底停止生长。它们的叶子相对较小且呈浅色。在强光照射下很快萎蔫，但在夜间会恢复。甜菜主根不再生长，只是不断长出新的侧根。侧根逐渐互相交缠，从而产生典型的线虫根须。此时易于判断作物是否受到胞囊线虫的侵害。然而，在6～7月，若还未形成胞囊，在不拔出植株的情况下易与北方的根结线虫混淆。与根结线虫不同的是，胞囊线虫几年内会形成典型的侵害巢。这些病灶在没有进一步被测试的情况下易与旱灾混淆。淡黄色的胞囊证明与黄胞囊线虫有关。在缩短轮作（包括豆类植物）的情况下，会出现黄胞囊线虫。

### （3）生物学、影响因子

线虫的生命力比土壤中胞囊虫卵更强。幼虫的孵化可以持续很长时间，因为被保护的虫卵生命力可达9年。即使没有来自寄主的孵化刺激，在它们第一次蜕变后，一部分幼虫也会离开胞囊内的虫卵。幼虫穿过土壤，进入甜菜的须根里。像根结线虫一样，同时向纵向繁殖。由线虫引起的刺激导致临近的植物组织立即发展成养分细胞（合胞体），这样的合胞体就是线虫繁殖的基础。幼虫进入根部1～2周后，完成第二次蜕变，几天后进行第三次蜕变。在这期间雌性幼虫鼓起为瓶状。第四阶段，它们撕裂根部细胞，后腹部向外。

正常生长甜菜（中间）与受虫害危害甜菜（左边和右边）对比

有线虫根须的甜菜

雄性幼虫在第三次蜕变结束后不需再进食，并进入休眠期，停留在3龄幼虫的外皮中，经3～4d的第四次蜕变结束后，将脱离植物外出寻找雌性幼虫。雌雄幼虫交配后可产200～300枚卵，最多可达600枚。其中，一部分虫卵呈凝胶状。几个星期后，接近白色的雌性虫卵变成褐色、柠檬状胞囊，胞囊脱离根部。每年以这种方式会生成2～3代线虫。湿热的天气以及十字花科（油菜、白菜、芜菁甘蓝、白菜型油菜品种、羽衣甘蓝）的种植或轮作的藜科（菠菜）植物促使了虫害的发生。

### （4）发生率、重要性

在温暖的、富含腐殖质的欧洲、中东、北美及澳大利亚的土壤里，人们很容易发现胞囊线虫。它是最具危害的甜菜害虫。被严重侵害的土壤产量损失可达45%，在晚播种的情况下尤其严重。是否遭受虫害危害很大程度上取决于天气（潮湿、高温）。1L土壤中若包含4 000～5 000枚虫卵和幼虫，则被视为发生了虫害危害。

### （5）预防措施

避免同十字花科与藜科这样的寄主轮作。除草，并保证至少4年轮作。所谓的相克作物，如苜蓿、玉米、洋葱和黑麦的消极影响，迄今为止还未得到证明。专门栽培有抵抗力的油萝卜、芥末及荞麦呈现出很有效的作用。通过种植这些植物防治效果可达70%，作物产量可达10～20dt/hm$^2$。若每升土壤含有超过大约8 000只虫卵或幼虫，则推荐种植这类作物，若低于这个界限，基于土壤较差的开垦性，则不推荐种植这类作物。在未受虫害的情况下，这类作物的产量要低于无抵抗力作物的产量。

### （6）自然天敌

辅助链枝菌、厚垣轮枝孢菌、蜡蚧轮枝菌、少孢节丛孢菌和圆锥状节丛孢菌属于真菌防线虫。剑线虫菌也是胞囊线虫的天敌。此外，凶猛的线虫、线蚓科、跳虫和长须螨科（下盾螨科等）也可以成为线虫、胞囊线虫的自然天敌。

线虫的窝

有线虫存在的甜菜地在比较成熟的状态下显现萎蔫

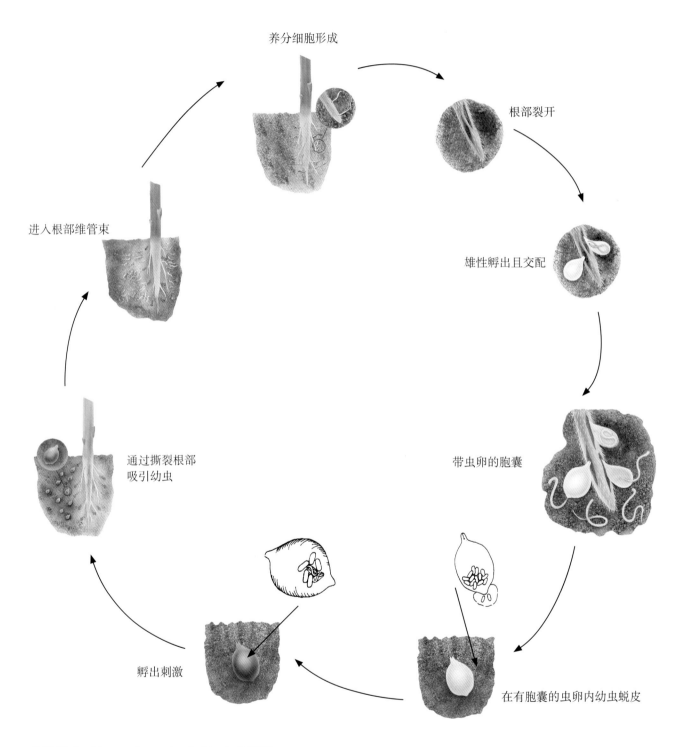

养分细胞形成

根部裂开

雄性孵出且交配

进入根部维管束

带虫卵的胞囊

通过撕裂根部
吸引幼虫

孵出刺激

在有胞囊的虫卵内幼虫蜕皮

**胞囊线虫（*Heterodera schachtii*）生长周期**

## Literatur

Arndt, M. (2002): Einfluss von Fruchtfolge, chemischer und biologischer Bekämpfungsmaßnahmen auf die Befallsentwicklung von Rübennematoden (*Heterodera schachtii*) und den Zuckerrübenertrag. Gesunde Pflanzen 54, 74-79

Bleve-Zacheo, T.; Zacheo, G. (1987): Cytological studies of the susceptible reaction of sugar beet roots to *Heterodera schachtii*; Physiol. Mol. Plant Pathol. 30, 13-25

Dowe, A.; Decker, H. (1985): Unkräuter als Wirte zystenbildender Nematoden; Nachrichtenblatt für den Pflanzenschutz in der DDR 39 139-141

Fichtner, E. (1986): Einfluß von Textur, Gehalt an organischer Substanz, Dichte und Luftgehalt des Bodens auf die Vermehrung von *Heterodera schachtii* Schmidt, 1871 an Zuckerrüben; Archiv für Phytopathologie und Pflanzenschutz 22, 343-350

Griffin, G.D. (1988): Factors affecting the biology and pathogenity of Heterodera schachtii on sugar beet; Journal of Nematology 20,396-404

Heinicke, D. (1990): Rübennematoden integriert bekämpfen; Pflanzenschutzpraxis Jg. 1990 (1), 31-33

Heinicke, D.; Warnecke, H. (1994): Biologisch bekämpfen durch gezielte Begrünung; Die Zuckerrübe 34, 175-178

Heinrichs, C. (2000): Problemlösungen bei der Bekämpfung des Rübennematoden *Heterodera schachtii* — Rheinische Erfahrungen mit nematodenresistenten Zuckerrüben. Gesunde Pflanzen 52, 67-70

Moltmann, E.; Ohnesorge, B.; Westphal, H. (1985): Density dependent invasion and early establishment of *Heterodera avenae* and *H. schachtii*; Nematologica 31, 229-233

Müller, J., Steudel, W. (1983): Der Einfluss der Kulturdauer verschiedener Zwischenfrüchte auf die Abundanzdynamik von *Heterodera schachtii* Schmidt. Nachrichtenblatt des deutschen Pflanzenschutzdienstes 35, 103-108

Raski, D.J. (1950): The life history and morphology of the sugar beet nematode *Heterodera schachtii* Schmidt; Phytopathologica 40, 135-152

Schlang, J. (1986): Untersuchungen zur Dispersionsdynamik von *Heterodera schachtii*; Mitteilungen aus der Biologischen Bundesanstalt für Landund Forstwirtschaft Berlin-Dahlem 232, 407

Schlang, J. (1990): Erstnachweis des Gelben Rübenzystennematoden (Heterodera trifolii) für die Bundesrepublik Deutschland; Nachrichtenblatt für den Deutschen Pflanzenschutzdienst 42, 58-59

Steudel, W.; Schlang, J.; Müller, J. (1985): Untersuchungen zum Einfluß einiger Zwischenfrüchte auf die Abundanzdynamik des Rübennematoden (*Heterodera schachtii* Schmidt) in verschiedenen Bodentiefen, Mitteilungen aus der Biologischen Bundesanstalt für Land- und Forstwirtschaft Berlin-Dahlem 226, 129-140

Thomason, I.J., Elfe, D. (1962): The effect of temperature on development and survival of *Heterodera schachtii* Schm. Nematologica 7, 139-145

Westphal, A., Becker, J.O. (2001): Soil suppressiveness to *Heterodera schachtii* under different cropping sequences. Nematology 3, 551-558

Yeates, G.W., Boag, B. (2003): Growth and life histories in Nematoda With particular reference to environmental factors. Nematology 5, 653-664

Zaspel, I.; fichtner, E. (1985): Untersuchungen zur Vermehrung von *Heterodera schachtii* Schm. an Raps, Oelrettich und Senf; Archiv für Phytopathologie und Pflanzenschutz 21, 215-220

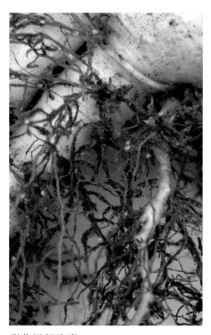

甜菜根部胞囊

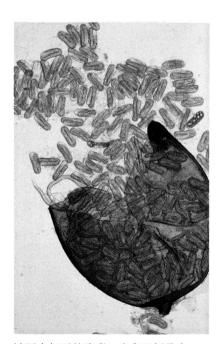

被压力打开的胞囊：虫卵里折叠在一起的幼虫

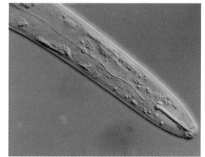
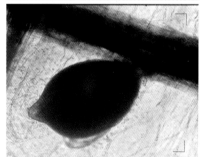

带有刺吸式口器（上）的虫卵头部和典型的柠檬形状的线虫胞囊

# 鳞球茎茎线虫 [*Ditylenchus dipsaci*（Kühn）]

### （1）虫体特征、寄主

鳞球茎茎线虫是数目众多的茎线虫属的一种。雌性鳞球茎茎线虫身体的长度可达1～1.6（1.8）mm，宽度可达0.03～0.04mm。雄性鳞球茎茎线虫没有雌性大。扣住的刺吸式口器长仅0.01～0.013mm，相对较短。尾部呈尖状。幼虫细长，呈线状。幼虫从虫卵孵出时大概0.3mm长。这种线虫的寄主范围很广。例如谷物（特别是黑麦和燕麦属）、多种饲料粮、三叶植物、苜蓿、芜菁甘蓝、胡萝卜、马铃薯、芸薹、亚麻、烟草、豌豆属、菜豆属、洋葱、芹菜、黄瓜、大黄茎、草莓、啤酒花、风信子，还有一些杂草，如法国菊、繁缕、鼬瓣花属、蓼属、野生萝卜、田芥菜、猪殃殃属植物、普通的狗舌草、禾秆草以及野燕麦等都可以受到鳞球茎茎线虫的虫害。

### （2）症状及可能的混淆

看上去像生长激素造成的损害，新鲜的甜菜可能会在最嫩的心叶上出现异变，一部分也会在生长点的突起处出现异变。在夏天，准确地说是从8月起，裂口或者说更像是结痂的，晚期在根冠部形成黑的、褪色的受害部位。裂口可以深入到组织里面，并且继续扩展至腐烂（鳞球茎茎线虫）。如果湿度很高，在甜菜根处可见白色的脓包。最典型的混淆是，症状有时候跟甜菜黄单胞菌混淆。

### （3）生物学、影响因子

茎线虫的形成有一定的演变过程，如经过了烟草属、球茎属、黑麦属还有红色、白色的三叶草属、苜蓿属等。在所有这些种属里，鳞球茎茎

幼小甜菜上的异变

通过对甜菜身体上进行检验了解害虫的危害

（同义词：*Stock-oder Stängelälchen*）

线虫在土壤里进行冬眠以度过不同的生长阶段。在晚春时，线虫在最表层的土壤范围内，要么侵入气孔，要么到达受伤的甜菜根体内。在此，水薄膜是非常必要的，水薄膜通常可以在肥沃的土壤于潮湿的天气下形成。在接下来的吸收行为中，酶将被释放出来，酶会破坏细胞膜。先期的繁殖相当强大，但在夏天会降低，在晚秋的时又会达到一个新的高峰。只能在健康和变色组织的交界区找到线虫。鳞球茎茎线虫自己进行繁殖。在交配完之后，雌性茎线虫在寄主的组织里进行产卵，可产200～500枚。在平均温度15℃的情况下，新产出的虫卵将在3～4周的时间里达到性成熟。在这段时间内，虫卵要进行4次蜕变，第一次蜕变在卵中进行。成年的鳞球茎茎线虫可以存活45～73d。在中欧，鳞球茎茎线虫每年大约繁殖4次。秋天，这些鳞球茎茎线虫从受危害的甜菜植株回到土壤。

影响因子是5月和6月份相对低的气温以及表层土壤非常好的湿度（湿气、下雨、露水）。

### （4）发生率、重要性

茎线虫会出现在整个欧洲、土耳其、以色列、南北非洲以及日本。此外，在印度次大陆、夏威夷、北美及南美的一些地方（阿根廷、巴西）也发现了鳞球茎茎线虫。这种茎线虫以蜕变后的形式出现可造成200dt/hm²的产量损失。同时，降低含糖量1.5%。此外，由于受虫害危害的甜菜很难进行机械挖掘，所以产量降低。这种茎线虫的危害是关乎严重经济利益的。

### （5）预防措施

保证最短4年一次的轮作。只要有可能，就应避免轮作甜菜、黑麦、燕麦属、玉米、谷物豆属、

被破坏的甜菜根冠部

危害造成的甜菜根冠部的腐烂

芸豆属、芸薹和胡萝卜。除掉杂草寄主（禾秆草、繁缕、法国菊、蓼属）。种植作为间作作物的油萝卜可降低危害。如有可能，可施钙肥以提高植物的抵抗力。

## （6）自然天敌

凶猛的细菌，如洛斯里被毛孢；杀线虫真菌，如节丛孢属；混食性的凶猛的线虫，如棘壳锯齿线虫和腐生单齿线虫等。

### Literatur

Aftalion, B.; Cohn, E. (1990): Characterization of two races of the stem and bulb nematode (Ditylenchus dipsaci) in Israel; Phytoparasitica 18, 229-232

Goffart, H. (1959): Untersuchungen über einen Befall durch Stängelälchen (Ditylenchus dipsaci) an Futterrüben; Anzeiger für Schädlingskunde 32, 21-23

Griffin, G. D. (1983): The interrelationship of Heterodera schachtii and Ditylenchus dipsaci on sugar beet; Journal of Nematology 15, 426-432 I

pach, U.; Liebig, W. (1988): Schäden durch Ditylenchus dipsaci an Winterraps; Gesunde Pflanzen 40, 470-472

Knuth,P. (1995): Einfluss der Zwischenfruchtart auf die Vermehrung von Stängelälchen (Ditylenchus dipsaci) und den daraus resultierenden Befall in der Folgekultur. Gesunde Pflan zen 47, 50-53.

Küthe, K. (1974): Der Einfluß von Rübenkopfälchenbefall (Ditylenchus dipsaci Filipjev) auf Schmutzprozente, Zuckergehalt und Ertrag bei Zuckerrüben; Gesunde Pflanzen 26,48-57

Steele, A.E. (1984): Nematode parasites of sugar beet; In: Nickle, W. R. (ed.): Plant and insect nematodes. Dekker, New York (1984)

Sturhan, D. (1969): Das Rassenproblem bei Ditylenchus dipsaci; Mitteilungen der Biologischen Bundesanstalt für Land- und Forstwirtschaft Berlin Dahlem 136, 87-98

Tacconi, R.; Ambrogioni, L. (1990): Ditylenchus dipsaci (Kühn) Filipjev. Tylen chida, Anguinidae; Inform. Fitopatol. 40, 35-38

Whitehead, A. G.; Fraser, JE; Nichols, A.J.F. (1987): Variation in the development of stem nematodes, Ditylenchus dipsaci, in susceptible and resistant crop plants; Annals of Applied Biology 111, 373-383

像痂状的受损部位

褪色后变黑

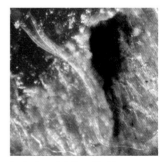
根冠部区域内的撕裂

# 北方根结线虫 (*Meloidogyne hapla* Chitwood)

## （1）虫体特征、寄主

成年雌性北方根结线虫的身体呈未完全发育好的梨形。长度可达0.4～1.9mm，宽度可达到0.3～1.9mm。雄性线虫身体的长度可达到1.2～1.9mm，体型不是梨形，而是鳗鱼形，直径可达到0.03～0.036mm。

虫体两端细长。幼虫的寄主植物众多。但是根据目前掌握的知识，北方根结线虫未见寄生于谷物。其寄主为如下植物：生菜、菠菜、黄瓜、番茄、胡萝卜、马铃薯、甜菜、饲用甜菜、豌豆属、菜豆属、谷物豆、三叶草属、卷心菜、向日葵、烟草、芜菁甘蓝等。此外，还有大量的观赏植物和杂草（藜属植物、茄属植物等）。

## （2）症状及可能的混淆

受危害的植物生长变得缓慢，遇干旱极速枯萎，病态逐渐加重，根茎散乱。在根上可观察到大量的结节状的虫瘿。虫害严重的情况之下，植株将会由于虫瘿的生长而枯萎。

根部的枯萎通常是由于受到了苔藓虫、线虫的危害。受虫瘿幼虫危害的植株在清晨时分又将显得细胞紧满。可能的混淆首先是老植株长成后的胞囊线虫，因为它的胞囊像是放在根系上似的。与之相反，由虫瘿幼虫导致的肿胀看起来像根部本身的组成部分。此外，根须生长畸形。后期在甜菜植株上清晰可见直径几厘米的虫瘿是典型的症状。可比较症状的存在，使北方根结线虫得以偶然发现（富兰克林）。

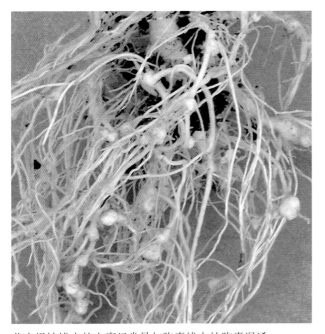

北方根结线虫的虫瘿经常易与胞囊线虫的胞囊混淆

受北方根结线虫危害的散乱的根茎

### （3）生物学、影响因子

北方根结线虫以虫卵的方式在土里或植物残留物上越冬。在提前一次进行蜕变后，幼虫于5月份破壳而出。幼虫侵入植物根部，并呈纵向平行驻留。铲除会引发相邻近的植物组织受破坏，因而导致虫瘿形成。在虫瘿内部，雌性线虫肿胀成梨形，此时，雄性线虫为细长形状。雌雄线虫大概1个月进行一次繁殖。交配后雌性线虫形成一种凝胶似的虫卵包，在虫卵包里可孕育出300～2 000枚虫卵。在根部虫瘿里新一代的线虫破壳而出。在植物生长期内，继续膨胀的虫瘿直径可达到5cm。在每一个生长期内最多可孕育出3代线虫。随着根部的枯萎，这些北方根结线虫再重回土里。成功实现在虫瘿群体内以虫卵的形式过冬。影响因子有轻微的砂质的或者轻微的黏土质的土壤环境，此外还有甜菜与叶状果实的轮作。温暖、不太干燥的5月和6月份容易受虫害。

### （4）发生率、重要性

北方根结线虫在世界范围内均有出现，在热

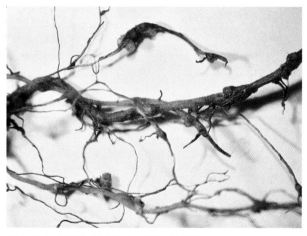

带有北方根结线虫绳结状虫瘿的甜菜根

带和亚热带区域，这种线虫多以相近的形态出现。在中欧，它的危害一般被限定在对植物生长延迟上。当幼虫繁殖好的情况下，可造成20%的减产，当然，这是多种影响因子导致的结果。

### （5）预防措施

从经济价值的角度考虑，如果合理，轮作应适当提高谷物的种植份额。避免种植，如豆属类寄主作物。

### （6）自然天敌

虱属*Hypoaspis* spec.，能捕捉线虫的菌类，如*Arthrobotrys arthrobotryoides*和*Dactylaria thaumasia*。

**Literatur**

Barker, K. IR.; Starr, JL.; Schmitt, D. P. (1987): Usefulness of egg assays in nematode population-density determinations; Journal of Nematology 19, 130-134

Edwards, W. Jones, R. K. (1984): Additions to the weed host range of *Meloidogyne hapla*; Plant Diseases 68, 811-812

Jatala, Jensen, H. J. (1983): Influence of *Meloidogyne hapla* Chitwood, 1949 on development and establishment of *Heterodera schachtii*, Schmidt 1871 on Beta vulgaris Ia.; Journal of Nematology 15, 564-566

Karssen, G., van Aelst, A.C. (2001): Root-knot nematode perianal pattern development: a reconsideration. Nematology 3, 95-111

Lathinen, A.E.; Trudgill, D. I.; Tiilikkala, K. (1988): Threshold temperature and minimum thermal time requirements for the complete life cycle of *Meloidogyne hapla* from Northern Europe; Nematologica 34, 443-451

Mac Guidvin, A. E; Bird, G. W. (1983): Within - generation dynamics of *Meloidogyne hapla* associated with *Allium cepa*; Journal of Nematology 15, 483

Rumpenhorst, H. J. (1984): Intracellular feeding tubes associated with sedentary plant parasitic nematodes; Nematologica 30, 77-85 Stephan, Z. A. (1983): Variation in development and infectivity among populations of *Meloidogyne hapla* on four tomato cultivars and other host plants; Nematol. Mediter. 11, 125-131

Stübler, H.; Börner, H. (1985): Untersuchungen zum Wirtspflanzenspektrum von *Meloidogyne hapla* in Schleswig-Holstein; Nachrichtenblatt für den Deutschen Pflanzenschutzdienst 37, 97-103

Viglierchio, D. R. (1987): Elemental distribution in tissues of plants heavily infected with nematodes; Nematologica 33, 433-450

# 奇特伍德根结线虫（*Meloidogyne chitwoodi* Golden et al., 1980）

## （1）虫体特征、寄主

奇特伍德根结线虫的雌虫呈白色、圆形，后将长成近似于梨形，长度0.43～0.74mm，宽度0.34～0.52mm，没有北方根结线虫那么大。在线条清楚的头部有一个强壮的刺吸式口器。蠕虫状的雄虫长度0.89～1.27mm。头部区域向前有一点下降，但不是同身体的其他部脱离。雌雄线虫鳗鱼状的幼虫在生长的二龄阶段长度可达0.34～0.42mm。尾部渐细，变成看上去玻璃状的一个宽圆形尾部。奇特伍德根结线虫属广食性。至今可确定如下作物受其危害：马铃薯、小麦、燕麦属、大麦科、玉米、所有的野生禾本属、苜蓿、芜菁甘蓝、菜豆、豌豆属、野豌豆属、胡萝卜、番茄、向日葵、草莓、欧洲防风、唐菖蒲属、白色三叶草属、红色三叶草属、水仙属、郁金香属、铁线莲属、委陵菜属、桦树、灰色的松树、香忍冬、德国鸢尾属以及翠雀属。此外，还有大量的野生草本植物，如冰草属、鬼针草属、卷心菜、蓟属、画眉草属、锦葵属、萝卜属、野生萝卜属、苦苣菜属等。

## （2）症状及可能的混淆

参阅北方根结线虫。

## （3）生物学、影响因子

奇特伍德根结线虫主要是在虫卵期越冬。在温度低于10℃的情况下，幼虫开始破壳而出。接下来的生长发展过程与北方根结线虫相似。每年一代新虫的数量与温度息息相关的，在温和的气候下，通常会产生三代新虫。在10℃的气温情况下，从生长到发育成性成熟的线虫需要82～84d。

如果气温在20℃的话，整个过程仅需要3周。在炎热、干燥的气候情况下，线虫通过转移到深的土壤层（到1.5m）进行破壳。奇特伍德根结线虫对于温度的适应性低于北方根结线虫，温度应在20～25℃。这两种线虫都更喜欢轻质的土壤环境。

## （4）发生率、重要性

奇特伍德根结线虫在80年代才被发现，并确定为一个新的物种。目前在德国还没有发现其存在。奇特伍德根结线虫首先是在新大陆（美国、墨西哥、阿根廷）和南非被发现的。这种线虫的发生率在荷兰被证实过。

因为奇特伍德根结线虫侵害了包括最重要的谷类在内的所有栽培作物，所以通过轮作方式对它的界定很难实现。与北方根结线虫相比，这种

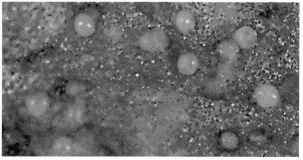

与北方根结线虫相似的奇特伍德根结线虫的结节状虫瘿（上）；植物残留物里面的虫卵（下）

线虫的繁殖潜力更强，也容易导致其排挤北方根结线虫，如果本土出现了这种线虫，那么它将很快超过本土的其他线虫。奇特伍德根结线虫的繁殖潜能在甜菜里当然很高。

### （5）预防措施

有效的除草以及消灭长有脓包的枯萎的庄稼。不要种植来自于受虫害危害区域的马铃薯。也许当根部虫瘿出现时，为了进行人为的辨识可以让专家进行鉴定。避免土壤侵蚀，特别是雨水从土壤流出进入溪流样的侵蚀等。根据经验，优先在水域区域沿着水流的方向预防线虫。

### （6）自然天敌

与北方根结线虫相同。

**Literatur**

Braasch, H. (1994): *M. chitwoodi (Tylenchida: Meloidogynidae)*; Informationsblatt Nr. 007 der Biologischen Bundesanstalt für Land- und Forstwirtschaft, Kleinmachnow 1994 (7 Seiten)Brinkman,

H., Goossens, J.J., van Riel, H.R. (1996); Comparative host suitability of selected crop plants to *Meloidogyne chitwoodii* Goldan et al. 1980 and Meloidogyne fallax Karssen 1996. Anzeiger für Schädlingskunde, Pflanzenschutz und Umweltschutz 69, 127-129

Mojtahedi, Santo, G. Wilson, J. H. (1988): Host tests to differenciate *Meloidogyne chitwoodi* races 1 and 2 and *M. hapla*; Journal of Nematology 20, 468-473

Mojtahedi, H.; Ingham, R.E.; Santo, G. S.; Pinkerton, J. N; Reed, G. L. Wilson, J. H. (1991): Seasonal migration of *Meloidogyne chitwoodi* and its role in potato production; Journal of Nematology 23, 162-169

Müller, J.; Sturhan, D.D., Rumpenhorst, H.J., Braasch, H., Unger,J.G. (1996): ZumAuftreten eines für Deutschland neuen Wurzelgallennematoden (*Meloidogyne chitwoodii*). Nachrichtenblatt des deutschen Pflanzenschutzdienstes 48, 126-131

O'Bannon, J.H.•, Santo, G.S. (1984): Effect of soil temperature on reproduction of *Meloidogyne chitwoodi* and *M. hapla* alone and in combination on potato and M. chitwoodi on rotation plants; Journal of Nematology 16, 309-312

Pinkerton, J. N; Mojtahedi, Santo, G. 0'Bannon, J. H. (1987): Vertical migration of *Meloidogyne chitwoodi* and *M. hapla* under controlled temperature; Journal of Nematology 19, 152-157

## 栖居在甜菜上面的其他的线虫种类

在专业文献里列有栖居在甜菜上面的其他的线虫种类，但是由于它们对甜菜生长造成的危害较低，所以很少被提及。在此将列举根结线虫类（Wuryelgallenälchen）的纳西根结线虫（Meloidogyne nassi）、南方根结线虫（Meloidogyne incognita）、爪哇根结线虫（Meloidogyne javanica）；移动型的根结线虫类（Wandernden Wurzelnematoden）的毛刺线虫（Trichodorus spec.）、拟毛刺线虫（Paratrichodorus spec.）、长针线虫（Longidorus spec.）。

根结线虫的种类已知已超过80种，这都是由于它的寄主种类众多。虽然这种多样性确保了其存活，但是，另一方面同大量的"应急寄主"相比，它所造成的损失较小。毕竟有超过200种植物受根结线虫危害。因此，甜菜只是根结线虫众多寄主中的一个。造成的产量上损失也是与此相符的，保持在一定的范围之内。

在最近的文献中，纳西根结线虫（Meloidogyne nassi）被反复讨论。鉴于其造成的损害，危险仍旧存在。这种线虫主要的寄主是瑞士（或者意大利）黑麦草属（Lolium multiflorum）。很明显，首先甜菜对于纳西根结线虫十分有吸引力。根部寄生会导致强壮的虫瘿生长，接下来就是明显的枯萎。实验证明，虫瘿可以包含80只幼虫。甜菜给线虫（直至三龄幼虫）提供了显而易见的最佳的生活环境。肿胀后大概9～10周，大多数的幼虫会突然死亡。接下来，虫瘿会缩小。新形成的根部不再被栖居。存活下来的线虫继续长成成年线虫，很少有卵产在黑麦草属上。最后产出的虫卵低于原始的产出密度。尽管可观察到短暂的枯萎现象，但是在迄今为止的研究中纳西根结线虫几乎没有造成确切的产量损失。

南方根结线虫（Meloido-gyne incognita）是一种世界范围内最经常出现的根结线虫。这种线虫存在于德国和其他地方的如马铃薯、番茄、黄瓜等茄属植物中，还有其他一些蔬菜种类、烟草和大量的

南方根结线虫

毛刺线虫的地块症状

野草中，偶然也出现在甜菜中。温暖的气候还有潮湿的土壤都有利于南方根结线虫的繁殖。在这种前提下，每年可以有许多代新虫产生。由南方根结线虫的引起的症状与北方根结线虫相似（植物的地上部显现生长缓慢式萎蔫）。它对甜菜造成的损害最低。

爪哇根结线虫（*Meloidogyne javanica*）同样也遍布世界。在所有根结线虫里，它的寄主数量排在第二位。南方根结线虫的危害性也适用于爪哇根结线虫。值得一提的是，与其他的病原相比，爪哇根结线虫的危害同南方根结线虫的危害一样可以减弱甜菜的抵抗力，因此，受危害的寄主将会有其他的危害损失。

毛刺线虫（*Trichodorus* spec.）、拟毛刺线虫（*Paratrichodorus* spec.）和长针线虫（*Longidorus* spec.）是外部寄生的移动型根结线虫，栖居于甜菜上。这种根结线虫种类特别多，依据线虫的寄主谱，它们更偏爱谷物和禾本科。因此，甜菜更多的情况下属于"应急寄主"：寄生甜菜主要是轮作过渡到下一次谷物种植期间的生存。此外，马铃薯以及各种不同的野草，如繁缕、黑色的茄属、白色的藜属等也扮此作用。毛刺线虫和拟毛刺线虫目前只能转移到合适的寄主以及在充分的毛细结构和很好湿度的土壤中进行短暂的种族繁殖。潮湿、不太暖和的天气有碍生长。

毛刺线虫和拟毛刺线虫的身体长度最大可达1.2mm，属于相当大的线虫。与这两种线虫相比，长针线虫的长度可达4～6mm，是非常大的线虫。长针线虫特别喜欢栖居于颗粒粗、排水好的土壤。其主要的危害在春季种子发芽后。防治不充分，可导致明显的受虫害危害的症状（生长缓慢、出现萎蔫）。当然，长针线虫喜欢的土壤类型和种类恰好不是甜菜类的。

### Literatur

Diez, J.A., Dusenbery, D.G. (1989): Preferred temperature of *Meloidogyne incognita*. Journal of Nematology 21 99-104

Ehwaeti, M.E., Fargette, M., Phillips. M.S., Trudgill, D.L. (1999): Host status differences and their relevance to damage by *Meloidogyne incognita*. Nematologv 1,421-432

Lamberti, F., Taylor, Ch. E. (1979): Root knot nematodes (Meloidogyne species): systematics, biology. Academic Press, New York.

Thomas, E. (1999): Meloidogyne naasi, eine Gefahr für Zuckerrüben? Gesunde Pflanzen 51, 50-54

Thomas, E. (2000): CJber die Pathogenität von Meloidogyne naasi gegenüber Zuckerrüben. Gesunde Pflanzen 52 129-134

Tsortzakakis E.A., Blok, vs, Phillips, M.S., Trudgill, D.L. (1999): Variation in root knot nematode (*Meloidogyne* ssp.) in Crete in relation to control with resistant tomato and pepper. Nematology 1, 499-506

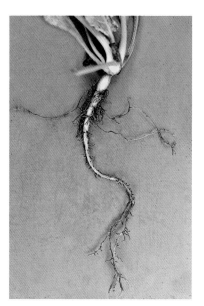

毛刺线虫的单个植物

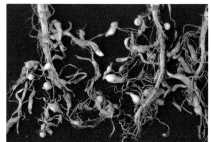

纳西根结线虫的症状：上面是早期危害（5月下半月），下面是晚期危害（6月上半月）

# 哺乳类动物

## 小林姬鼠 (*Apodemus sylvaticus* L.)

### （1）鼠体特征、寄主

夜间行动的小林姬鼠体长可达7～11.5cm。其尾巴明显短于其体长。背部为黑褐色到赭色，与此相反，腹部为灰黄色。背部到腹部的颜色过渡连贯（这是与同族的其他从外表上看十分相似的黄颈鼠的不同之处）。小林姬鼠耳朵很大，眼睛向外突出。成年小林姬鼠的重量可达到18～21g。

小林姬鼠的主要食物有山毛榉果实、橡子、欧洲榛子、菩提树种子、欧洲鹅耳枥、槭属、云杉属、松属、落叶松属，此外还有浆果、昆虫、绿色的植物，如草、三叶草、蒲公英属开花的花蕾以及甜菜种子。

### （2）症状及可能的混淆

当播种之后，种子里还未吸收水分，这些种子就可以直接被小林姬鼠挖出来，撬开并且吃掉。人们可以在小坑里或者小坑的附近发现被小林姬鼠挖出并吃掉的种子残留物。小林姬鼠经常成群结队行动。造成的症状易与家养鸽子的混淆，因为小林姬鼠会在种子旁边挖土，挖出的小坑没什么规律跟家养鸽子挖的很像。

### （3）生物学、影响因子

小林姬鼠的洞穴一般在温暖、阳光充足的阔叶林和混交林边缘处、自然形成的林中空地、林中砍光树木的空地上、灌木丛中、矮树篱里还有田埂和农田里。4月份开始直到秋天，小林姬鼠交配怀孕。每25d会怀2～4胎，每胎3～8只幼鼠。幼鼠3个月性成熟，寿命可达4年。影响因子：与普通田鼠相同。

### （4）重要性、发生率

在欧洲，小林姬鼠的分布范围可到达北纬65°。此外，人们在土耳其、亚洲西部、印度和北非也发现小林姬鼠的存在。对于甜菜种植来说，一只小林姬鼠每晚可以吃掉800粒或者更多的种子。

预防措施是转移榛子仁或者核桃仁、麦芽、甜菜种子等。

### （5）自然天敌

与普通田鼠相同。

**Literatur**

Birkan, M. (1968): Repartition ècologique et dynamique des populations d'*Apodemus sylvaticus* et *Clethriomys glareolus* en pinède à Rambouillet; La Terre et la Vie 3, 231-273

Bode, A. D. (1988): Schade door bosmuizen (*Apodemus sylvaticus* L.); Rat Muis 36, 53-54 F

elten, H. (1952): Untersuchungen zur Ökologie und Morphologie der Waldmaus (*Apodemus sylvaticus* L.) und der Gelbhalsmaus (*Apodemus flavicollis* (Melchior) im Rhein Main-Gebiet; Bonner Zoologische Beiträge 3, 187-206

Gersdorf, E. (1971): Waldmäuse und Vögel zerstören pillierte Rübensaat; Nachrichtenblatt f.d.deutschen Pflanzenschutzdienst (Braunschweig) 23, 151-153

Moens, R. (1988): Observations effectuees au cours d'un essai de lutte contre Apodemus sylvaticus en semis de betteraves; EPPO-Bulletin 18, 274-282

Pelz, H. J. (1979): Die Waldmaus *Apodemus sylvaticus* L. auf Ackerflächen: Populationsdynamik, Saatschäden und Abwehrmöglichkeiten; Zeitschrift für angew. Zoologie 66, 261-280

Pelz, H. J. (2006): (Feld-)Waldmaus und Feldmaus. Zuckerrübe 55, 100-102

von Horn, A. (1967): Schäden durch die Waldmaus (*Apodemus sylvaticus*) an der Rübensaat; Gesunde Pflanzen 19, 216

Windt, A. (1998): Mäuse in Zuckerrüben. Zuckerrübe 40, 32-33.

小林姬鼠在黄昏时分离开

洞穴；被小林姬鼠破坏过留下的典型的不对称小坑

# 普通田鼠 [*Microtus arvalis*（Pallas）]

## （1）鼠体特征、寄主

普通田鼠为黄灰色和灰褐色，属水䶄家族，体长9～15cm。尾巴长度可达4.5cm。肚子颜色污白。吻部很钝，眼睛相对较小，耳朵不显眼。成年普通田鼠的身体重量可达19～25g，最大的普通田鼠有46g。

普通田鼠的食物为各种各样植物的绿色多汁部分、浆果果实、谷物幼苗、各种植物根部、种子、坚果、胡萝卜、甜菜、菜豆科、豌豆科、芸薹、三叶草科、苜蓿、禾本科等。

## （2）症状及可能的混淆

普通田鼠特别喜欢吃地下较老的植物。甜菜经常被普通田鼠挖空。症状不易被混淆。

## （3）生物学、影响因子

普通田鼠生活在20～30cm深，最深可达50cm，的地下洞穴里。每年5～10月，普通田鼠开始繁育下一代，母鼠与公鼠交配后19～21d生产，会怀胎5～7次，每胎可产4～7（10）只幼鼠。一对普通田鼠在没有天敌攻击的前提下每年可以生出2 500只或者更多的下一代或者下下一代田鼠。47～90d的幼鼠可以达到性成熟。受孕后的母田鼠将直接被保护起来。普通田鼠可以存活一年半到两年的时间。影响因子有在漫长的融雪期里温度波动幅度不大的多雪的冬季、暖和的春季以及温暖干燥的秋季。6～9月的降水会促进植物生长，从而也有利于普通田鼠的成长。

## （4）重要性、发生率

普通田鼠遍及除了西班牙、南部意大利、斯堪的纳维亚半岛、英格兰、爱尔兰、科西嘉岛、撒丁岛和西西里岛的整个欧洲。普通田鼠最经常破坏的就是牧场和谷物。它们每天需要相当于本身身体重量30％的食物。普通田鼠对于甜菜的威

普通田鼠的特征是小眼睛、小耳朵、短尾巴

暴露出来的普通田鼠的洞穴

胁主要处于洞穴周围。它们以大概3～4年为周期出现。

## （5）预防措施

仔细地进行谷物收割（会有少量的空心谷物）、仔细观察有茬的垄沟、秋天的深垄沟，减少种植多年生的饲料作物。

## （6）自然天敌

狐狸、鸡貂、白鼬、鼬属、猫、野猪、刺猬、猫头鹰、秃鹰、鹰隼科、乌鸦、鹊、野鸡、海鸥、鹬科等都是普通田鼠的自然天敌。此外，绦虫、蛔虫、细螺旋体病和弓形虫病也威胁着普通田鼠的生命。

**Literatur**

Bäumler, W. (1997): Über das Verhalten sympatrischer Mäusearten gegenüber Duftstoffen der Erdmaus (*Microtus agrestis* L.). Anzeiger für Schädlingskunde, Pflanzenschutz und Umweltschutz 70, 105-107

Frank, F. (1956 b): Das Fortpflanzungspotential der Feldmaus, *Microtus arvalis* (Pallas) — ei ne Spitzenleistung unter den Säugetieren; Zeitschrift für Säugetierkunde 21, 176-181

Herold, W. (1954): Beobachtungen über den Witterungseinfluß auf den Massenwechsel der Feldmäuse; Zeitschrift für Säugetierkunde 1, 86-107

Lauenstein, G. (1979): Zur Problematik der Bekämpfung von Feldmäusen (*Microtus arvalis* (Pall.)) auf Grünland, Zeitschrift für angew. Zoologie 66, 35-59

Lauenstein, G. (1986): Einfluß betriebstechnischer Maßnahmen auf den Befall von Grünland mit Feldmäusen (*Microtus arvalis* (Pallas)); Gesunde Pflanzen 38, 569-579

Reichstein, H. (1960): Untersuchungen zum Aktionsraum und zum Revierverhalten der Feldmaus *Microtus arvalis* (Pall.) — Markierungsversuche; Zeitschrift für Säugetierkunde 25, 150-169

Scherney, F. (1976): Die Feldmaus; Pflanzenschutzinformationen 30 der Bayerischen Landesanstalt für Bodenkultur, Pflanzenbau und

Pflanzenschutz van Wijngaarden, A. (1957 b): De Periodiziteit in de Populatiemaxima van de Veldmuis, *Microtus arvalis* (Pallas) in Nederland, 1806-1956; Vakblad voor Biologie 37 (4), 1-8

甜菜地里的普通田鼠洞穴

被普通田鼠吃掉并且破坏的甜菜

# 水䶄（*Arvicola terrestris* L.）

### （1）鼠体特征、寄主

水䶄的平均重量为80 ～ 130g，最重可达280g。水䶄的大小变化很明显，从12cm到28cm，长度差达10 ～ 12cm。水䶄的皮毛颜色为黄褐到黑色。头部粗笨，口鼻部很钝，耳朵很小，甚至很容易被忽视。

水䶄首先喜欢出现在水果种植园和花园，当然它们也会破坏森林。它们会啃食树木的根部，还会啃食破坏新长出来的草地。此外，它们还会吃光它们能吃的所有草本植物的根部，它们也非常喜欢多汁的块茎和球茎。水䶄的食物谱无所不包，不胜枚举。因此，甜菜只是水䶄众多食物来源中的一个而已。除了地下部分，水䶄在晚上也会吃植物叶子。此外，还有少数水䶄会吃昆虫、瓣鳃纲、蛙科、蛋类、雏鸟。

### （2）症状及可能的混淆

水䶄多数情况是在矮树篱或者森林边附近生活，这与鼹科动物很像。但是它们是无规律的形式。洞道沿着地下的植物进行。甜菜是从这里被啃食，一部分是被掏空，一部分是被完全吃掉。水䶄挖出的土堆经常易与鼹科动物挖的土堆混淆。然而鼹科动物是不吃植物的。借助于扬土棒可以区分通道系统的不同，用扬土棒刺被翻起的小土堆。如果小土堆突然下沉，通道就会消失在土堆下面，那么这就是鼹科动物，因为水䶄是把土堆扬起到洞穴的一边的。

### （3）生物学、影响因子

水䶄几乎可以生活在所有土壤类型的田里，但是它们不喜欢松软的沙子和潮湿的沼泽地。人

水䶄只在夜晚离开保护它的洞穴

们将之区分为陆生和水生模式。通常是水生模式会对甜菜造成危害。在田地或者花园里水䶄可以挖掘一条85m长的通道系统。

通道大概5cm宽，6～8cm高。在30～50cm深的地方水䶄驻窝。母水䶄和公水䶄交配后，20～22d生产会产下2～7只没睁开眼睛的幼鼠，每只母鼠一年可以交配3～4次，9～10d之后幼鼠会睁开双眼，2个半月后性成熟。水䶄可以存活2年，最多可存活4年。水䶄昼夜活动。冬季，它们休息，吃收集起来的树根和提前储备的食物，但它们不进行完全的冬眠。人们发现水䶄的洞穴几乎一直在甜菜地的边缘区域，还有在森林或者旁边的矮树篱里。水䶄需要植物的根茎进行磨牙，避免其迅速生长的门牙长长。因此，田地旁边的小丛林常受到侵害。除此之外，潮湿、温暖的夏季和暖和的冬季不利于水䶄的繁殖。

## （4）发生率、重要性

水䶄在欧洲很普遍。此外，人们在小亚细亚和中亚，西伯利亚几乎到了鄂霍次克海，北部到

冻原边缘都发现了水䶄。正常看，水䶄对于甜菜种植的经济影响不大。

## （5）预防措施

通常情况下没有必要采取预防措施，如果真需要的话可以考虑使用驱赶手段或者猎捕。

## （6）自然天敌

首先是鼬属，特别是那种小的鼬属。此外自然天敌还有狐狸、猫头鹰、猫。还有就是水䶄对兔热病很敏感。

**Literatur**

Fröschle, M. (1991): zu den Zyklen der Massenvermehrung der Schermaus (*Arvicola terrestris* L.) in Baden Württemberg; Gesunde Pflanzen 43, 408-411

Gemmeke, H. (1985): Aktionsräume wasserlebender Schermäuse (*Arvicola terrestris*) in den Obstanlagen an der Niederelbe; Zeitschrift für angewandte Zoologie 72, 213-217

Klemm, A. (1960): Beitrag zur Prognose des Auftretens der Großen Wühlmaus (*Arvicola terrestris* L.) in Deutschland; Zeitschrift für angewandte Zoologie 47, 129-158

Kminiak, M. (1989): Die Große Wühlmaus (*Arvicola terrestris* L. 1758, Microtidae, Rodentia) in der Slowakei; Slowakische Akademie der Wissenschaften, Bratislava, 1989, 110 Seiten

Kopp, R. (1988): Les choix alimentaires de la forme fouisseuse du campagnol terrestre (*Arvicola terrestris* Sherman): essais en terrarium; EPPO Bulletin 18, 393-400

van Wijngaarden, A. (1954): Biologie en Bestrijding van de Woelrat *Arvicola terrestris* L. in Nederland; Plantenziektenkundige Dienst Wageningen; Meded. Nr. 123, 13-147

Müller, K. (1998): Abhilfe schaffen gegen Maulwurf und Wühlmaus. Der praktische Schädlingsbekämpfer 50, Heft 8, 20-21

Zejda, J. (1992): The weight growth of the water vole (*Arvicola terrestris*) under natural conditions; Folia zoologica 41, 213-219

# 欧洲仓鼠 (*Cricetus cricetus* L.)

### （1）鼠体特征、寄主

欧洲仓鼠体长可达26cm，尾巴长6cm。肚子为黑色，上面毛皮的颜色为红至灰黄和棕色。头部和肩膀部为铁黄色，口鼻部的前端、咽喉部、脚部以及耳部边缘为白色。在德国图林根州也有黑色的欧洲仓鼠。欧洲仓鼠会破坏一些作物，如谷物、玉米、甜菜、芸薹、豌豆属、菜豆、苜蓿、三叶草属、马铃薯、胡萝卜、卷心菜、生菜、罂粟属、亚麻还有向日葵。此外，欧洲仓鼠也吃昆虫、老鼠和雏鸟（偶尔）。

### （2）症状及可能的混淆

5月份的时候欧洲仓鼠会吃掉洞穴周围10～15m范围内的植物，然后再啃掉一些叶子和植物块根。欧洲仓鼠后期对植物造成的破坏易与普通田鼠混淆，然而在洞穴附近的入洞口泄露了谁才是真正的破坏者。

### （3）生物学、影响因子

欧洲仓鼠的洞穴距离地面1～2m深，直径大约20cm。洞穴用草和秸秆填充。此外，欧洲仓鼠洞有一个或者多个储藏室。一个直径为6～8cm的相对垂直的管道以及一个倾斜的走向入口通道是欧洲仓鼠洞的例外特征。母仓鼠铺设了更

土壤被翻掘后，欧洲仓鼠寻找新的生活空间

多的入口通道。入口处周围的土质堆积物相对平坦。母仓鼠每年产崽2～3胎，每胎有4～18只无毛的、最初看不见东西的幼鼠。幼鼠大概两个星期后睁眼，三周内它们的颊囊会充满食物。在储藏室里成年欧洲仓鼠已经储藏了25kg的谷物、颖果以及甜菜。冬天的时候它们会冬眠。欧洲仓鼠可存活6～10年。少雨水、阳光充足的年份是影响因子。

### （4）发生率、重要性

欧洲仓鼠喜欢重的土壤，例如黄土。它们主要生活在中欧。欧洲仓鼠的栖居地东可到达白俄罗斯、乌克兰和小亚细亚，西部可到比利时、大不列颠和法国。在德国，相对而言欧洲仓鼠经常出现在萨克森安哈尔特州和图林根州，最向西生活在赫尔姆施泰特—沃尔芬比特尔。在德国的其他地方会发现了更多的岛状的出现地。欧洲仓鼠首先破坏庄稼。在甜菜田可明显观察到每公顷范围内有3～5个欧洲仓鼠洞。特别是作物的表皮受损后，会导致生长失去平衡。此外，由于欧洲仓鼠洞的存在可能也会增加收获时的额外负担。

### （5）预防措施

欧洲仓鼠属于《联邦野生动植物种类保护条例》中规定的保护动物。

### （6）自然天敌

狐狸、猫头鹰、部分白天捕食的鸟类。

**Literatur**

Petzsch, H. (1950): Der Hamster: Neue BrehmBücherei Nr. 21, A. Ziemsen-Verlag Leipzig + Wittenberg

Petzsch, H. (1949): Der vegetabilische und animalische Nahrungsbereich des Hamsters (*Cricetus cricetus* L.) Anzeiger für Schädlingskunde 22, 107-110

# 欧鼹 (*Talpa europaea* L.，同义词：Mull)

### （1）鼠体特征、寄主

欧鼹的颜色是闪烁着黑色、灰蓝色光的。欧鼹体长可达15cm，尾巴短。用于掘土的前爪十分有力，像铁铲的形状。眼睛特别小，只适合于生活在光线暗的地下。耳朵也非常小。欧鼹不吃植物，只吃昆虫的幼虫和各种各样的害虫。

### （2）症状及可能的混淆

只有欧鼹喜欢吃的虫子如蛴螬、毛虫幼虫、蚊子幼虫、线虫还有蚯蚓等出现在甜菜地里的时候，欧鼹才会出现在甜菜地里。它们在甜菜地里挖掘能捕捉到食物的通道，这样会破坏甜菜的根系，还会堆起小土堆。人们会混淆欧鼹和水䶄挖的通道和小土堆。区别参阅前面介绍水䶄的部分。

### （3）生物学、影响因子

根据食物供给和土壤结构来看，欧鼹挖掘的通道平坦，深度可达50cm。这些通道中的大多数在地表30～60cm下，连接着12～15cm直径的窝。欧鼹在冬春之交交配。大概40d后，母欧鼹会产3～7只幼崽，幼崽在生长5～6周后可独立生活，并且能挖自己的通道。土壤里的害虫和十分多的蚯蚓是影响因子。

### （4）发生率、重要性

欧鼹在欧洲广泛存在。它们不喜欢太松的砂质土壤和非常潮湿的地方。它们不应该被视作有害鼠，欧鼹只是通过疏松植物根茎才导致植物枯萎的。因为欧鼹能消灭害虫的幼虫，所以从这点来看它们是有益的。

### （5）预防措施

没有预防措施。欧鼹属于《联邦野生动植物种类保护条例》中保护规定的保护动物。

### （6）自然天敌

与水䶄相同。猫虽然会杀掉欧鼹，但是大多数情况下猫不吃欧鼹的肉。

**Literatur**

Lavanceau, P. (1985): Donnees biologiques sur *Talpa europaea*; Def. Vegetaux 39, 9-11

Pradier, B. (1990): La taupe. Biologie, methodes de lutte; Def. Vegetaux 44, 74-80

Rieckmann, W. (1990): Meister Mull, mein Maulwurf; Hanns Land- und Zeitung 143, 46-48

Sachtleben, H. (1938): Der Maulwurf; Flugblatt Nr. 24, Biologische Reichsanstalt für Landund Forstwirtschaft

Schaerffenberg, B. (1940): Die Nahrung des Maulwurfs (*Talpa europaea* L.): Zeitschrift für angewandte Entomologie 27, 1-70

欧鼹挖出的小土堆（上）地表附近的通道

欧鼹捕食昆虫幼虫、甲虫、蠕虫等，因此欧鼹是有益的

横贯的椭圆形通道可以区分欧鼹与水䶄（高的椭圆形）

# 野生哺乳动物

野生动物能给甜菜造成损害的包括鹿、兔子、野兔、野猪，偶尔也包括马鹿和驼鹿。

鹿不会专门寻找甜菜地块但如果路过，它们也会吃掉很多甜菜植株。一般它们会吃掉整片叶子，或只剩下叶柄，或者只是拔出植株。马鹿和驼鹿情形与此类似，它们偶尔侵害离森林不远的地块。兔子也喜欢吃甜菜幼苗的叶，随后吃掉叶柄，有时还啃噬块根的头部。一般来讲兔子侵害甜菜地块一会这，一会那，对于单个植株的损害有限。根据地面上的刨痕以及粪便的颜色、形状可以判断是何种动物。靠近林地、拐弯处、坡地是损害的常发地带。

野兔可以吃掉整株甜菜幼苗。对老甜菜植株，它们喜欢吃新鲜的心叶，可能是为了补充水分。它们只吃部分老叶片，而大多被啃而散落地上。长期干旱时兔子还喜欢啃食块根顶部直至地表。

与兔子不同，鹿会将单个植株完全损害。它的粪便比兔子的粪便粗，呈灰棕色，零星散落，这也是判断鹿危害的证据。

野猪有时拱甜菜地是在寻找蛴螬和老鼠等，但有时它们也吃甜菜。甜菜被整株从土里拔出来。野猪一般不吃叶子，而危害的地方显得非常混乱。

有时野鹿吃掉整株植株

脚印表明是野鹿危害

## Literatur

Gerard, J. E, Cargnelutti, B, Spitz, E, Valet, G., und Sardin,T. (1991): Habitat use of wild boar in a French agroecosystem from late winter to early summer, Acta theriologica 36, 119-129

Homolka, M. (1983): The diet of *Lepus europaeus* in agrocoenoses, Acta Sci. Nat. Acad. Sci. Bohemoslov.,Brno NS 17, 1-41

Homolka, M. (1987): The diet of brown hare (*Lepus europaeus*) in Central Bohemia, Folia Zool. 36, 103-110

Jarfas, J., Szenek, Z. (1989): Studies on wild boar (*Sus scrofa* L.) as a pest (1983—1988), Növenyvedelem 25, 217-218 (in ungarisch)

Röhrig, Chr., Jentzsch, J., Zühlke, Th. (1999): Mäuse, Hasen und Kaninchen nagen gern an Pflanzen. Der praktische Schädlingsbekämpfer 51,29

典型的兔子危害

野猪危害后留下的一片狼藉

野猪寻觅可食蛴螬后留下的现场

野猪一般只吃甜菜的块根（上），野兔（下）

# 鸟　　害

## 鸟害 (*Aves*)

鸟害可以分为对刚播种后种子的危害和随后对甜菜植株的危害两种。

### 对种子危害

鸽子、野鸡、野云雀及各种麻雀都可能危害新播的种子。例如鸽子喜欢将没有完全覆盖的丸粒种子作为小石子的替代物（膝囊中的食物消化需要小石子）。为了吃掉种子，它们还通过有选择地啄出和啄破种子。

野鸡也造成同样的危害。野云雀和各种麻雀也喜欢将种子啄出吃掉。这种危害只是在早期使用非丸粒分级种子时常见，同时也只是在大批鸟类出现时有影响，因为当时播种的株距比今天密得多。很自然今天播种的株距大、无须间苗，这种危害对最终的产量影响要大。一般来说，云雀和麻雀造成的危害有限。在开阔的地段野鸡一般不出现，它们大多只危害藏身地附近的地块。最重要的害鸟是各类鸽子。它们的危害特征区别为：

鸽子和野鸡：

它们在甜菜地常啄出相对匀称的三角形漏斗，有目的地将种子从地里刨出来（对气味的嗅觉）。而经常被认为造成此类危害的老鼠，它在地里显现的是不对称的坑凹。在轻质土壤特别是长时间干旱后，判断是何种危害会有困难。

云雀和麻雀：

云雀和麻雀漫无目标，在播种行间或者没有种子的地方也寻觅，由此而形成的混乱的危害现场也与其他大型的鸟类有区别。麻雀喜欢在田边，特别是接近灌木丛的田边，而云雀喜欢在地中间。

鸽子啄食甜菜叶片

乌鸦捕食蛴螬而带出整株甜菜

麻雀和云雀啄食甜菜叶子和幼叶，一般情况下不破坏生长点，所以随后植株一般再恢复生长。斑尾鸽子（*columba palumbus*）也喜欢啄食大些的叶子，特别是叶脉之间的部分。野鸡有时也啄坏甜菜根头部分从而危害整株甜菜，但不常见。甜菜幼苗通常都是因为鸟类寻食而被啄或者被拔出土来。各种乌鸦（*Corvus frugilegus* L.，*Corvus cornix* L.，*Corvus pulchroniger* KL.）用喙寻觅蛴螬和地老虎而将甜菜苗啄出土壤，而它们并没有觅食的意图。这种危害是次生的危害，特别是蛴螬，没有乌鸦和野鸡的出现甜菜可能也会致死。在此鸟类的出现是有益的，它们将有效减轻来年地下害虫的压力。

**Literatur**

Flegg, J. J. M. (1981): Crop damage by birds. In: Tresh, J.M.: Pests, pathogens and vegetation; The role of weeds and wild plants in the ecology of crop pests and diseases, Pitman Books (London 1981), 365-373

Gersdorf, E. (1971): Waldmäuse und Vögel zerstören pillierte Rübensaat, Nachrichtenblatt des Deutschen Pflanzenschutzdienstes (Braunschweig) 23, 151-152

麻雀和云雀啄食后的甜菜叶子

早期麻雀和其他雀类啄食整片甜菜叶片

# 索　引

## 对害虫有影响的寄主植物目录

| 原　文 | 中　文 |
|---|---|
| **A** | |
| Ackerbohne-*Vicia faba*　(L.) | 饲用蚕豆(豆科) |
| Ackerfuchsschwanz-*Alopecurus myosuroides* (L.) | 大穗看麦娘(禾本科) |
| Ackerhellerkraut-*Thlaspi arvense* L. | 菥蓂(十字花科) |
| Ackerhohlzahn-*Galeopsis ladanum* L. | 鼬瓣花 (唇形花科) |
| Ackersenf-*Sinapls arvensis* L. | 荆芥 (唇形科) |
| Ackerstiefmutterchen-*Viola arvensis* L. | 野生堇菜(堇菜科) |
| Ackerwinde-*Convolvulus arvensis* L. | 田旋花(旋花科) |
| Ahorn-*Acer* ssp. | 枫树属 (枫树科) |
| Akelel-*Aquilegia vulgaris* L. | 耧斗菜(毛茛科) |
| Alpenveilchen-*Cyclamen* ssp. | 仙客来属(紫金牛科) |
| Amaranth-*Amaranthus* ssp. | 苋属(苋科) |
| Ampfer-*Rumex* ssp. | 酸模属 (蓼科) |
| Ampfer.stumpfblattriger-*Rumex obtusifolius* L. | 钝叶酸模(蓼科) |
| Ampferknoterich-*Polygonum lapathifolium* L. | 酸模叶蓼(蓼科) |
| Apfel-*Malus* ssp. | 苹果属(蔷薇科) |
| Aster-*Aster* ssp. | 紫菀属(菊科) |
| Aubergine-*Solanum melongena* L. | 茄子(茄科) |
| **B** | |
| Baldrian-*Valeriana* ssp. | 缬草属(败酱科) |
| Barlauch-*Allium ursinum* L. | 熊葱(葱科) |
| Begonia-*Begonia* ssp. | 秋海棠属(秋海棠) |
| Beifub-*Artemisia* ssp. | 蒿属(菊科) |
| Besenginster-*Sarothamnus scoparius*　(Wimm) | 金雀儿(豆科) |
| Beta-Rube-*Beta vulgaris* L. | 甜菜(藜科) |
| Bilsenkraut-*Hyoscyamus* ssp. | 天仙子属(茄科) |
| Bingelkraut-*Mercurialis* ssp. | 山靛属(大戟科) |
| Birke-*Betula* ssp. | 桦木属 (桦木科) |
| Birne-*Pyrus* ssp. | 梨属(蔷薇科) |
| Bohne-*Vicia* ssp. | 野豌豆属 (豆科) |
| Breitwegenich-*Plantago major* L. | 大车前(车前科) |
| Brennessel, grobe-*Urtica dioica* L. | 异株荨麻(荨麻科) |
| Brombecre-*Rubus* ssp. | 悬钩子属(蔷薇科) |
| Buche-*Fagus* ssp. | 水青冈属(壳斗科) |
| Buchweizen-*Fagopyrum* ssp. | 荞麦属(蓼科) |
| Buschbohne-*Phaseolus vulgaris* nanus | 菜豆(豆科) |
| **C** | |
| Chysantheme-*Chrysanthemum* ssp. | 茼蒿属(菊科) |
| **D** | |
| Dahlie-*Dahlia* ssp. | 大丽花属(菊科) |
| Distel-*Carduus* ssp. | 飞廉属(菊科) |

（续）

| 原　文 | 中　文 |
|---|---|
| Dost-*Origanum* ssp. | 牛至属(唇形科) |
| **E** | |
| Eberesche-*Sorbus aucuparia* L. | 欧洲花楸(蔷薇科) |
| Ehrenpreis-*Veronica* ssp. | 婆婆纳属(玄参科) |
| Eiche-*Quercus* ssp. | 栎属(壳斗科) |
| Erbse-*Pisum sativum* L. | 豌豆(豆科) |
| Erdbeere-*Fragaria* ssp. | 草莓属(蔷薇科) |
| Esparsette-*Onobrychis* ssp. | 驴食草属(豆科) |
| **F** | |
| Fenchel-*Foeniculum vulgare* (Mill.) | 茴香(伞形科) |
| Fichle-*Picea* ssp. | 云杉属(松科) |
| Fingerhut-*Digitalis* ssp. | 毛地黄属(玄参科) |
| Fingerkraut-*Potentilla* ssp. | 委陵菜属(蔷薇科) |
| Flachs-*Linum usitatissinuim* (L.) | 亚麻(亚麻科) |
| Flohknoteriieh-*Polygonum ersicaria* (L.) | 春蓼(蓼科) |
| Flughafer-*Avena fatua* (L.) | 野燕麦(禾本科) |
| Franzosekraut-*Galinsoga* ssp. | 牛膝菊属(菊科) |
| Freesie-*Freesia* ssp. | 香雪兰属(鸢尾科) |
| Futterrube-*Beta vulgaris alba* (L.) | 甜菜(藜科) |
| **G** | |
| Ganseblumchen-*Bellis* ssp. | 雏菊属(菊科) |
| Gansedistel-*Sonchus* ssp. | 苦苣菜属(菊科) |
| Gansefub-*Chenopodium* ssp. | 藜属(藜科) |
| GansefuB, WeiBer-*Chenopodium album* (L.) | 灰菜(藜科) |
| Gartenbohne-*Phaseolus* ssp. | 菜豆属(豆科) |
| Gartenrettich-*Raphanus sativus* var. *albus* (L.) | 白萝卜(十字花科) |
| Gauchheil-*Anagallis* ssp. | 琉璃繁缕属(报春花科) |
| GeiBblatt-*Lonicera* ssp. | 忍冬属(忍冬科) |
| Gelbklee-*Trifolium ochroleucum* (Huds.) | 三叶草(豆科) |
| Geranie-*Chrysanthemum* ssp. | 茼蒿属(菊科) |
| Gerste-*Hordeum* ssp. | 大麦属(禾本科) |
| Giersch-*Aegopodium podagraria* (L.) | 羊角芹(伞形科) |
| Gilbweiderich-*Lysimachia* ssp. | 珍珠菜属(报春花科) |
| Gladiole-*Gladiolus* ssp. | 唐菖蒲属(鸢尾科) |
| Gloxinie-*Sinningia* ssp. | 大岩桐属(苦苣苔属) |
| Grauheide-*Erica cinerea* (L.) | 枞枝欧石楠(杜鹃花科) |
| Gurke-*Cucumis sativus* (L.) | 黄瓜(葫芦科) |
| **H** | |
| Hafer-*Avena* ssp. | 燕麦属(禾本科) |
| HahnenfuB-*Ranunculus* ssp. | 毛茛属(毛茛科) |
| Hainbuche-*Carpinus* ssp. | 鹅耳枥属(桦木科) |
| Hanf-*Cannabis sativa* (L.) | 大麻(桑科) |
| Hasel-*Corylus* ssp. | 榛属(桦木科) |

（续）

| 原　文 | 中　文 |
| --- | --- |
| Hederich-*Raphanus raphanistrum* (L.) | 野萝卜(十字花科) |
| Himbeere-*Rubus idaeus* (L.) | 复盆子(蔷薇科) |
| Hirtentaschel-*Capsella* ssp. | 荠属(十字花科) |
| Hohlzahn-*Galeopsis* ssp. | 鼬瓣花属(唇形科) |
| Hohlzahn, Gemeiner-*Galeopsis tetrahit* (L.) | 鼬瓣花(唇形科) |
| Hopfen-*Humulus* ssp. | 葎草属(桑科) |
| Huflattich-*Tussilago farara* (L.) | 款冬花(菊科) |
| Hundskamille-*Anthemis* ssp. | 春黄菊属(菊科) |
| Hyazinthe-*Hyacinthus orientalis* (L.) | 风信子(风信子科) |
| **I** | |
| Ilex-*Ilex aquifolium* (L.) | 构骨叶冬青(冬青科) |
| **J** | |
| Johannisbeere-*Ribes* ssp. | 茶藨子属(虎耳草科) |
| **K** | |
| Kamille-*Matricaria* ssp. | 母菊属(菊科) |
| Karde-*Dipsacus* ssp. | 川续断属(川续断科) |
| Kartoffel-*Solanum tuberosum* (L.) | 马铃薯(茄科) |
| Kastanie-*Castanea* ssp. | 栗属(壳斗科) |
| Kiefer-*Pinus* ssp. | 松属(松科) |
| Kirsche-*Cerasus* ssp. | 樱属(蔷薇科) |
| Klatschmohn-*Papaver rhoeas* (L.) | 虞美人(罂粟科) |
| Klebkraut-*Galium aparine* (L.) | 原拉拉藤(茜草科) |
| Klee-*Trifolium* ssp. | 车轴草属(豆科) |
| Klette-*Arctium* ssp. | 牛蒡属(菊科) |
| Klettenlabkraut-*Galium aparine* (L.) | 原拉拉藤(茜草科) |
| Knoblauch-*Allium sativum* (L.) | 蒜(百合科) |
| Knoterich-*Polygonum* ssp. | 蓼属(蓼科) |
| Kohl-*Brassica* ssp. | 芸薹属(十字花科) |
| Kohlrabi-*Brassica oleracea gongylodes* (L.) | 擘蓝(十字花科) |
| Kohlrube-*Brassica napus napobrassica* (L.) | 欧洲油菜(十字花科) |
| Konigskerze-*Verbascum* ssp. | 毛蕊花属(玄参科) |
| Kopfsalat-*Lactuca sativa capitata* (L.) | 结球莴苣(菊科) |
| Kornblume-*Centaurea cyanus* (L.) | 矢车菊(菊科) |
| Kratzdistel-*Cirsium* ssp. | 蓟属(菊科) |
| Kresse-*Lepidium* ssp. | 独行菜属(十字花科) |
| Kreuzkraut-*Senecio vulgaris* (L.) | 欧洲千里光(菊科) |
| Kreuzkraut-*Senecio* ssp. | 千里光属(菊科) |
| Krokus-*Crocus* ssp. | 番红花属(鸢尾科) |
| Kuckuckslichtnelke-*Lychnis flos - cuculi* (L.) | 剪秋罗(菊科) |
| Kurbis-*Cucurbita* ssp. | 南瓜属(葫芦科) |
| **L** | |
| Lattich-*Lactuca* ssp. | 莴苣属(菊科) |
| Lauch-*Allium* ssp. | 葱属(百合科) |

（续）

| 原　文 | 中　文 |
| --- | --- |
| Lein-*Linum* ssp. | 亚麻属（亚麻科） |
| Liebesgras-*Eragrostis* ssp. | 画眉草属（禾本科） |
| Lilie-*Lilium* ssp. | 百合属（百合科） |
| Linde-*Tilia* ssp. | 椴树属（椴树科） |
| Linsen-*Lens* ssp. | 兵豆属（豆科） |
| Lowenzahn-*Leontodon* ssp. | 狮牙草状风毛菊（菊科） |
| Lupine-*Lupinus* ssp. | 羽扇豆属（豆科） |
| Luzerne-*Medicago sativa* (L.) | 紫苜蓿（豆科） |
| **M** | |
| Margerite-*Leucanthenum* ssp. | 菊属（菊科） |
| Maiglockchen-*Convallaria majalis* (L.) | 铃兰（百合科） |
| Mais-*Zea mays* (L.) | 玉米（禾本科） |
| Majoran-*Majorana hortensis* (Moench) | 马郁兰（唇形科） |
| Malve-*Malva* ssp. | 锦葵属（锦葵科） |
| Mangold-*Beta vulgaris vulgaris* (L.) | 甜菜（藜科） |
| Markstammkohl-*Brassica oleracea medullosa* (Thell.) | 甘蓝（十字花科） |
| MaBliebchen-*Bellis perennis* (L.) | 雏菊（菊科） |
| Melde-*Atriplex* ssp. | 滨藜属（藜科） |
| Melisse-*Melissa officinalis* | 香蜂花（唇形科） |
| Minze-*Mentha* ssp. | 薄荷属（唇形科） |
| Mirabelle-*Prunus domestica syriaca* (Borkh.) | 黄香李（蔷薇科） |
| Mohn-*Papaver* ssp. | 罂粟属（罂粟科） |
| Mohre-*Daucus carota* (L.) | 野胡萝卜（伞形科） |
| **N** | |
| Nachtschatten, Schwarzer-*Solanum nigrum* (L.) | 龙葵（茄科） |
| Narzisse-*Narcissus* ssp. | 水仙属（石蒜科） |
| Nelke-*Dianthus* ssp. | 石竹属（石竹科） |
| **O** | |
| Olrettich-*Raphanus sativus oleiformis* (Pers.) | 萝卜（十字花科） |
| **P** | |
| Pappel-*Populus* ssp. | 杨属（杨柳科） |
| Pastinak-*Pastinaca sativa* (L.) | 欧防风（伞形科） |
| Pfaffenhutchen-*Euonymus* ssp. | 卫矛属（卫矛科） |
| Pfeifenstrauch-*Philadelphus coronarius* (L.) | 欧洲山梅花（绣球科） |
| Pfirsich-*Persica vulgaris* (L.) | 桃（蔷薇科） |
| Pflaume-*Prunus domestica* (L.) | 欧洲李（蔷薇科） |
| Porree-*Allium porrum* (L.) | 韭葱（百合科） |
| Primel-*Primula* ssp. | 报春花属（报春花科） |
| **Q** | |
| Quecke-*Agropyron* ssp. | 冰草属（禾本科） |
| Quitte-*Cydonia* ssp. | 榅桲属（蔷薇科） |
| **R** | |
| Radieschen-*Raphanus* ssp. | 萝卜属（十字花科） |

（续）

| 原　　文 | 中　　文 |
|---|---|
| Rainfarn-*Chrysanthemum vulgare* (L.) | 菊蒿(菊科) |
| Rainkohl, Gemeiner-*Lapsana communis* (L.) | 稻槎菜(菊科) |
| Raps-*Brassica napus* (L.) | 欧洲油菜(十字花科) |
| Rebe-*Vitis* ssp. | 葡萄属(葡萄科) |
| Reiherschnabel, Gemeiner-*Erodium cicutarium* (L'Her.) | 芹叶牻牛儿苗(牻牛儿苗科) |
| Rettich-*Raphanus* ssp. | 萝卜属(十字花科) |
| Rhabarber-*Rheum* ssp. | 大黄属(蓼科) |
| Ringelblume-*Calendula* ssp. | 金盏花属(菊科) |
| Rispe, Jahrige-*Poa annua* (L.) | 早熟禾(禾本科) |
| Rittersporn-*Delphinium* ssp. | 翠雀属(毛茛科) |
| Robinie-*Robinia pseudoacacia* (L.) | 洋槐(豆科) |
| Roggen-*Secale cereale* (L.) | 黑麦(禾本科) |
| Rose-*Rosa* ssp. | 蔷薇属(蔷薇科) |
| Rote Beete-*Beta vulgaris conditiva* (Alef.) | 红甜菜(藜科) |
| Rotklee-*Trifolium pratense* (L.) | 红三叶(豆科) |
| Rube-*Beta vulgaris* (L.) | 甜菜(藜科) |
| Rubsen-*Brassica rapa* (L.) | 芜根(十字花科) |
| Ruhrkaut-*Gnaphalium* ssp. | 鼠麴草属(菊科) |
| Runkelrube-*Beta vulgaris* (L.) | 甜菜(藜科) |
| **S** | |
| Saatwicke-*Vicia sativa* (L.) | 救荒野豌豆(豆科) |
| Saatwucherblume-*Chrysanthemum segetum* (L.) | 南菊蒿(菊科) |
| Salat-*Lactuca sativa* (L.) | 莴苣(菊科) |
| Sauerampfer-*Rumex* ssp. | 酸模属(蓼科) |
| Schafgarbe-*Achillea* ssp. | 蓍属(菊科) |
| Schneeball- *Viburnum* ssp. | 荚蒾属(忍冬科) |
| Schnittlauch -*Allium schoenoprasum* (L.) | 北葱(百合科) |
| Schwarzwurzel -*Scorzonera* ssp. | 鸦葱属(菊科) |
| Schwertlilie -*Iris* ssp. | 鸢尾属(鸢尾科) |
| Schwertlilie, Deutsche -*Iris germanica* (L.) | 德国鸢尾(鸢尾科) |
| Sellerie-*Apium* ssp. | 芹属(伞形科) |
| Senf-*Sinapis* ssp. | 白芥属(十字花科) |
| Serradella-*Ornithopus* ssp. | 鸟足豆属(豆科) |
| Sojabohne-*Glycine max* (L.) | 大豆(豆科) |
| Sommerlinde-*Tilia plaryphyllos* (Scop) | 椴(椴树科) |
| Sonnenblume-*Helianthus* ssp. | 向日葵属(菊科) |
| Spargel-*Asparagus officinalis* (L.) | 芦笋(百合科) |
| Spinat-*Spinacia oleracea* (L.) | 菠菜(藜科) |
| Stangenbohne -*Phaseolus vulgais* (L.) | 菜豆(豆科) |
| Stechapfel -*Datura sramonium* (L.) | 曼陀罗(茄科) |
| Steckruben-*Brassica rapifera* (L.) | 芜菁(十字花科) |
| Steinklee-*Melilotus* ssp. | 草木犀属(豆科) |
| Stemmere-*Stellaria* ssp. | 繁缕属(石竹科) |

# 营养缺乏

# 非病原性病害

## 硼缺乏

### （1）症状以及与其他相似病害的区别

老叶叶片上生成较细的网状裂隙，叶片失去其表面光泽，皮革一般，易碎，暗淡无光。有时可见叶片较强卷曲。在叶柄的上部（叶柄沟内）形成很多横向的裂隙，致使堵塞并变成黑色。新叶同样可能突然变黑并死亡（心腐）。

在更进一步发病过程中，外围叶片萎蔫，向外弯曲，泛黄色，然后变成褐棕色，卷曲最后死亡。

心叶处的腐烂可以深入块根的根冠部，引起根冠破裂并变成黑色。维管束变成深褐色，整个块根干腐。

如果及时下雨，腐烂根冠的边沿将发新叶。如果多次发新叶，消耗养分，并可导致整个甜菜植株死亡。

缺硼生成的黑色心叶易与霜霉病混淆，特别是早期只有部分植株显现症状时。缺硼时叶片的背面跟霜霉病不一样，没有菌丝体。缺硼症状后期，老叶片变黄，易与黄化病（病毒病害）、土壤结构破坏及土壤渍水等产生的症状相混淆，但上述情况下的心叶为健康的绿色。

### （2）重要性及分布

甜菜是一种对硼需求量很大的作物，最大需求量在叶片生长旺盛期（封垄期）。因缺硼导致的根体腐烂可以使根产量明显降低。后期因发生新叶，也引起糖分下降。

在正常硼水平情况下，中等产量水平的甜菜地块每生育期每公顷需要吸取纯硼400g左右。通过收获物还田，大约一半左右的硼能返回土壤。

硼在植株体内稳定细胞壁，促进形成层的发育，在导管构建上有重要作用。缺硼时，叶片内生成的代谢物的运输受阻。缺乏能量，营养物质及水的主动吸收也受到影响。

缺硼的甜菜植株蒸腾量增加，如果水分供应

田间缺硼症状

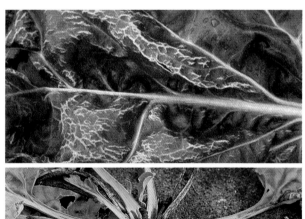

叶部症状（上）
心叶变黑，死亡（下）

不足，植株整个水分代谢平衡将受到破坏。

植株体内的硼不能从老叶片转移到新叶片，因此大多是新叶最先显现缺失症状。硼在很多土壤中含量丰富，但它的利用率较低。植物可吸收的硼与土壤水分、黏土、粉沙、有机质、主要营养元素特别是碳酸钙的含量有关。碳酸钙含量高，硼与其生成难以溶解的钙硼化合物影响硼的供应。土壤pH越高，硼的有效性越低。

在土壤干旱条件下，硼对植株的有效性同样降低，因为硼被土壤颗粒表面的吸附随土壤水分的降低而增强。硼缺失是典型的干旱年份条件下的生理性病害，当然，在多雨的年份也能发生，因为硼也能被淋失。

### （3）防治措施

经常对土壤营养状况包括硼素营养状况进行分析是生产高质量甜菜的保证。对土壤进行超量施肥使土壤储存硼是可行的。 更有效的方法是与其他措施配合使用可溶性叶面硼肥。

因为土壤供应硼的能力不同，同时在生育期硼供应的不可预测性，可能短期硼缺乏。这种现象肉眼不能判断，但产量和质量可能已经受到了影响。正因为如此，在大多数甜菜种植区，至少在封垄之前或者封垄时叶面喷施硼肥 。

缺硼对植株已经产生的危害不能通过施用硼肥来挽回。新的组织要生长发育。一旦观察到缺硼症状就必须喷施叶面硼肥。 在干旱和高温条件下特别需要仔细检查。

### Literatur

Bergmann,W.,1993: Ernährungsstörungen bei Kulturpflanzen. Dritter erw. Auflage, Gustav Fischer Verlag, Jena und Stuttgart

König, H.-P., Stockfisch, N., Koch, H.-J., 2002: Borversorgung von Zuckerrüben mittels Blatt- und Bodendüngung. Zuckerrübe, 51, S. 132-135

Mengel, K., 1984: Ernährung und Stoffwechsel der Pflanze. Sechste, überarb. Auflage, Gustav Fischer Verlag, Stuttgart

"心腐"深入根头内部

缺硼的块根颜色变深

# 锰缺乏

## （1）症状以及与其他相似病害的区别

缺锰一般表现在中等叶龄和新叶上，呈现小的不规则的黄斑（点斑状）。单个叶片可布满斑点（大理石斑纹），整个植株则从中间开始变为黄绿色。缺绿症可以蔓延并扩展到整个叶片除叶脉周边之外的叶面积，而叶脉周边则还长时间保持绿色。随后叶片颜色变浅的部分开始死亡，生成黄棕色的斑块。 缺锰植株叶片僵硬并向上生长，通常在缺锰的地块出现大小不一的多个缺锰点片，反映了土壤的锰水平的不均一性。

缺锰易与丛根病（罕见的非典型黄化）症状（叶脉黄化）相混淆。但详细观察是可以分辨的，丛根病的黄化可能覆盖叶片和叶脉，而缺锰引起的黄化叶脉将保持绿色。

## （2）重要性及分布

锰作为微量元素只被甜菜植株少量吸收，但它在植物体内对酶的激活有重要作用。锰参与叶绿素、蛋白质以及碳水化合物的合成代谢，在甜菜上能提高含糖量。土壤中的锰含量在自然条件下总是很充裕的，但其有效性受制特定的土壤性质。

在土壤pH高的（大于7.0）条件下，锰将被固定，植物不能吸收。有机质含量过高，土壤短期干旱，以及土壤压板和土壤渍水都影响锰的植物有效性。因此，通常在富含碳酸钙的土壤，腐殖土和沼泽土壤，以及低地沼泽土壤都会显现缺锰（症状不明显）或严重缺锰的现象。干旱条件下缺锰可以因下雨而消失。在黏重土壤以及pH低于6.5的土壤条件下，一般不会发生缺锰现象。对铁离

黄绿色的带大理石状花纹的叶片

子浓度过高和/或对钾离子的过量吸收可能导致缺锰（离子拮抗作用）。

### （3）防治措施

在轻质酸性土壤上进行补施锰肥是可行的。在土壤pH高于6.0的情况下施用锰肥是无效的，因为施入的锰会迅速被土壤固定。在这类土壤上，可以通过施用生理酸性的肥料降低土壤pH，提高锰的有效性，满足喜锰作物对锰的需求。

严重缺锰时可以叶面喷施硫酸锰（10kg/hm²）或者锰的螯合物（1～2 kg/hm²），因为营养元素也能通过叶片吸收。施用硫酸锰时需要检查其与其他植物保护制剂的兼容性。

**Literatur**

Bergmann, W., Neubert, P., 1976: Pflanzendiagnose und Pflanzenanalyse. VEB Gustav Fischer Verlag, Jena

Hege, U., 1984: Manganmangel. Die Landtechnische Zeitschrift. 35, S. 1575

Mengel, K., 1984: Ernährung und Stoffwechsel der Pflanze. Sechste, überarb. Auflage, GuStav 'Fischer Verlag, Stuttgart

Orlovius, K., 2000: Zuckerrüben reagieren empfindlich auf Bor- und Manganmangel. Zuckerrübe, 49, S. 99-101

缺锰点状斑块

缺锰叶片开始坏死

# 镁缺乏

### （1）症状以及与其他相似病害的区别

缺镁症状总是在老叶片上最先显现。典型症状是叶片的脉间以及叶尖变黄（大理石斑纹）。黄化部分与剩余的绿色部分区别明显。缺镁症状从叶尖呈楔形向叶片中部推进。缺镁的植物组织略厚，脉间部分略微突起，叶的边缘易碎。在干旱情况下，隐性缺镁的植株显萎蔫，表明植株的水分供应受到影响。但明显缺镁并黄化的植株叶片僵硬易碎。

黄化后的组织从叶缘开始逐步向叶片中部死亡。这种组织部位为较弱的病原菌（例如 alternaria spp.）提供了次生浸染的机会。

缺镁症状与病毒黄化相类似，所以这两种情况容易混淆。如果仔细观察会发现，病毒性黄化开始时在地里形成小的圆形的点片，但缺镁是由土壤条件决定的，通常形成较大点片。

### （2）重要性及分布

镁是植物体细胞内叶绿素的核心组成部分。镁使光合作用，也即叶片在光的作用下通过土壤中的水以及大气中的二氧化碳合成碳水化合物，成为可能。此外，植物体内一系列的不同的生物化学反应如碳水化合物和蛋白质代谢 以及能量转化等与植物镁密切相关。与粮食作物相比，甜菜对镁的需求相对较多。从它对植物的重要性来说，镁是排列第四的大量营养元素。

在土壤母质本身缺镁的地区要特别注意镁的缺乏。缺镁与土壤质地条件关系密切。在轻质的、受到淋溶威胁的酸性土壤有可能产生缺镁。河流及河床类流沙等石英砂母质生成的沙性土壤，由片麻岩和花岗石风化而形成的土壤因母质本身就缺少镁所以土壤也缺乏镁。相反，由玄武岩以及白云岩等风化而成的土壤则富含镁。

种植频度高且产量高的地块容易产生缺镁，特别是没有牲畜养殖的农场，没有粪肥还田。 除此之外，还要考虑土壤酸碱度以及其他离子之间的拮抗作用（$H^+$、$K^+$、$NH^+$、$Ca^{2+}$、$Mn^{2+}$）对植物镁的吸收量的影响。在极低的pH条件下，$H^+$离子阻碍镁在根表的吸附，而在高的pH情况下，$Ca^{2+}$离子排斥镁离子。在镁不太充足，而钾镁比超过 3 : 1情况下，施用大量钾肥可能导致缺镁。

缺镁叶尖黄化

### （3）防治措施

迄今为止，甜菜缺镁还不很普遍，但菜农要经常进行土壤分析，保证在越来越少的施肥条件下镁的供应。镁的含量水平，沙性土壤每100g为4 ~ 6mg，黏重土壤每100g 7 ~ 14mg为适中。缺镁时可以施用单一的镁肥或者同时带有其他元素的复合肥料。在酸性土壤上建议施用带镁的石灰，这样同时可以提高土壤pH，增加镁的有效性。在不需要施石灰的土壤上，建议施用单一镁肥如水镁矾或者其他单一镁肥或多元素肥料。严重缺镁可以通过叶面喷施也能被植物吸收的硫酸镁（泻盐）。

**Literatur**

Hege, U., 1982: Magnesiummangel. Die Landtechnische Zeitschrift. 33, S. 802

Mengel, K., 1984: Ernährung und Stoffwechsel der Pflanze. Sechste, überarb. Auflage, Gustav Fischer Verlag, Stuttgart

Orlovius, K., 1994: Magnesium-Ansprüche der Zuckerrübe. Zuckerrübe, 43, S. 42-44

缺镁黄化以及次生感染

# 钾缺乏

## （1）症状以及与其他相似病害的区别

可见的缺钾症状一般表现在老龄叶片上，因为土壤供钾不足时，钾将从老叶片向新叶片转移。缺钾一般表现在叶缘，而随后在叶片上显棕色坏死，通常没有事先黄化的过程。叶片通常变为棕色并干枯最后彻底死亡。

在极度缺钾情况下，新叶也表现症状：通常叶片小、窄，轻度卷曲，经常略带蓝绿色。在后期，可能与缺镁症状相混淆。但缺镁引起的黄化以及坏死是从叶片中心向叶缘扩展。缺钾通常不产生黄化，缺镁时新叶大多保持不变。喷药引起的叶缘灼伤可能会与缺钾症状相混淆。

## （2）重要性及分布

钾对甜菜来说是必不可少的营养元素。在植物体内，钾不形成有机化合物，大多以游离的可移动的形式存在于细胞液中（木质部和韧皮部）。它主要调控物质的集成与运输。例如，钾促进水的吸收以及水的运输，优化细胞质的膨胀。如果钾供应不够，植物将萎蔫。因为缺钾，水的蒸腾量增大，水不能保持在植物体内。虽然甜菜对钾需求量大，但缺钾很少发生。通过施肥对作物带走的钾进行补充，有效保证了钾素的供应。

一定的黏土矿物（Illit，Vermerculit）可以将钾固定，使植物不能吸收，一般的土壤分析方法也无法测定。典型的对钾产生固定的土壤是黏重的淤积土壤。其他冲积性土壤也能发生钾固定，降低钾有效性，特别是土壤分析表明镁浓度高时，因为阳离子的相互拮抗作用（促进和阻碍植物吸收）。

## （3）防治措施

反复的土壤测试搞清楚土壤钾供应水平，根据产质量要求加施钾肥，保证土壤钾肥供应。如果每100g土壤钾$K_2O$明显低于10mg，钾就有可能被固定。再通过特别的土壤分析，确定钾肥施用量。

**Literatur**

Bergmann, W., Neubert, P., 1976: Pflanzendiagnose und Pflanzenanalyse. VEB Gustav Flscher Verlag, Jena

Hege, U., 1982: Kalium-Mangel. Die Landtechnische Zeitschrift 33, S. 1008

Mengel, K., 1984: Ernährung und Stoffwechsel der Pflanze. Sechste, überarb Auflage, Gustav Fischer Verlag, Stuttgart

棕色叶缘坏死

叶缘坏死逐步向叶中部发展

# 自然灾害

## 闪电

### （1）症状以及与其他相似病害的区别

或多或少成圆形，直径5～15m的面积，所有甜菜突然变黄，卷曲。在受害面积的正中心，植株受害最重并几天之内死亡。这类植物的块根缩小。维管束变为棕色；根尖部分或完全坏死。开始并不能发现病原。从受害到非受害的过渡是渐进的。受害较轻的植株变形，发出的新叶一般是畸形的。闪电确诊是有一定难度的，因为它的为害与丝核菌引起的根腐（*Rhizoctonia solani*）容易混淆。但丝核菌根腐不会形成圆形缺苗区。最可靠的证据应通过实验室鉴定。

### （2）重要性及分布

闪电造成的损失较罕见，虽然大多数地方可能发生，但经济上基本没有意义。

**Literatur**

Schäufele, W. R., 1982: Schädlinge und Krankheiten der Zuckerrübe. Verlag Th. Mann, Gelsenkirchen-Buer

成片缺苗

叶部症状

甜菜块根内部颜色改变

# 风蚀

### （1）症状以及与其他相似病害的区别

甜菜幼苗期易被风危害。通过气流的剧烈流动，一般矿物性土壤表面的沙粒，低地沼泽土壤表面的贝壳碎片被风吹起并带走。风带起的沙粒及贝壳碎片像切割机一样不停地切割幼小而嫩软的甜菜幼苗，使其子叶和营养叶死亡。下胚轴的迎风面，在子叶根部和土壤表面之间显棕褐色，随后形成缢痕。较大的叶片在受风害时易折断，叶边缘受损。缢痕可能与由镰刀菌引起的猝倒相混淆。但猝倒发生于单个植株，而风蚀是所有植株，至少是在比较暴露的地块是这样。

### （2）重要性及分布

在北德和东德部分地区以及一些其他地区（轻质土壤，地势比较暴露）都不时发生风蚀对植株的危害。

**Literatur**

Schäufele, W. R., 1982: Schädlinge und Krankheiten der Zuckerrübe. Verlag Th. Mann Gelsenkirchen-Buer

甜菜苗可能被风危害

风沙危害

# 冰雹

### （1）症状以及与其他相似病害的区别

在第一对功能叶展开前，冰雹可能造成甜菜苗严重损失：打碎被风卷起的叶片，破坏植物生长点，通过造成土壤表面压板以及结壳影响出苗。

后期冰雹可能破坏叶片结构。 根据冰雹的强度以及冰雹的大小，外围的叶片可能完全被损坏或者生成无规则穿孔。叶柄也可能受损，有时伤很深甚至折断。

冰雹灾害一般易于识别。有时候叶片上的穿孔可能与先前的虫害相混淆，但虫害的穿孔外环一般是平滑的。

### （2）重要性及分布

冰雹危害对甜菜经济效益上的重要性必须针对地块进行分析。关键是冰雹危害的时间、危害程度，以及危害发生后的气候变化。 较早的雹灾可能致使翻种。 在封垄前发生雹灾，叶片能快速恢复，对产量的影响要比在主要生长期6～8月造成的危害要小。同时，夏季的干旱以及炎热可能影响叶片的恢复从而引起减产，加重危害。

雹灾发生越晚，对产糖量的影响越大。通过多年的模拟试验表明7月份的雹灾对产糖量影响最大。在降雨量不多的地区，产糖量在叶片受轻度雹灾（30%叶片受损）降低17%，在叶片严重受雹灾后（70%叶片受损）降低26%。

受损程度需要多次评估，因为大多数情况下，第一眼的印象都非常严重。雹灾后良好的生长条件可以明显减轻雹灾的危害程度。

**Literatur**

Bachmann, L., 1993: Hagelschäden an Zuckerrübenblättern und Auswirkungen auf das Wachstum. Zuckerrübe 42, S. 241-243

Engels, T., 2004: Ertragsverlust durch Hagel in Zuckerrüben. DZZ, 3, S. 20

轻度冰雹(上)
严重雹害（下）

雹害三周后

# 干旱/日灼

### （1）症状以及与其他相似病害的区别

在较干旱的土壤上播种后遇到长时间干旱（播种深度浅、苗床整理不细致），可导致出苗延缓和出苗不均匀（分期出苗）。

随后在生育期内，如果水分蒸腾量大于植物根系吸收的量，植物将失水。在极热的条件下，植株叶片或多或少将萎蔫。叶龄大的叶片可能完全干枯。在还是绿色但萎蔫的叶片的叶柄上面变为棕色，部分顺叶柄方向开裂。在叶片中间，因为日光强烈照射，叶片组织可能突然干枯，与周围组织形成鲜明对比。随后干枯部分从叶片上完全脱落。

干旱最先影响的是一些因为其他原因已经很弱的植株。从外观看不能确定危害的原因（质地条件、线虫、丛根病、Rhizoctonia 丝核菌）。

### （2）重要性及分布

受干热影响的甜菜块根的发育与正常的甜菜比较明显缓慢，但干物资以及含糖明显提高。长期干旱后下雨，甜菜发生新叶，块根重新开始生长。在成熟的地块可能严重降低糖分含量。

在轻质沙性土壤上，长期干旱的影响比在黏重土壤上明显，而且影响持续时间更长。

### Literatur

Schäufele, W. R., 1982: Schädlinge und Krankheiten der Zuckerrübe. Verlag Th. Mann, Gelsenkirchen-Buer

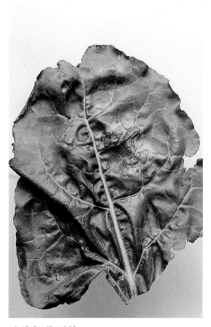

叶片部分干枯

叶片萎蔫并干枯

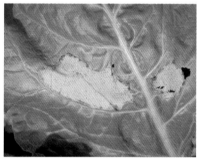

叶片部分日灼（上）
叶柄棕色，干裂（下）

# 冻害

### （1）症状以及与其他相似病害的区别

冻害可能在春天的甜菜幼苗上以及秋天收获后的甜菜块根上发生。春天发生较强的夜霜（低于 − 7 ～ − 6℃）后，子叶以及发育早的功能叶会软弱无力，就像油浸了一样。这些叶片干枯或者变黑。 如果土壤干燥，冻害还能深入土壤，在下胚轴上造成缢痕，使植株极易在此处被折断。 在刚刚破土而出，而子叶还没有完全展开时，是甜菜植株对冻害的敏感期。这时只需要零下几度的低温就能对甜菜植株造成不可逆的损失。

只要生长点没有被破坏，受损植株在有利条件下（如土壤重新获得充足水分）将继续发育生长。只要下胚轴上子叶着生点与土壤表面之间没有受害，下一对功能也将很快产生。但如果显现

深色缢痕，植株死亡的可能性就很大。

对刚出土的幼苗轻度冻害或者雪覆盖使已有叶片形成带有银色、白绿色斑点的外观。 子叶向上卷曲，最后大多干枯，功能叶最初都能活下来。冻害后生成的叶片发育正常。

起收后的甜菜也可能冻害。受冻期间不发生损害，但解冻后，受冻害的地方软化，玻璃状并变深色。感染根腐病原后（真菌、细菌），块根迅速开始腐烂。

### （2）重要性及分布

强夜霜是一个地区性问题，有时可能因此必须补种。而随后的气候条件决定补种后对产量是否有影响。受害后比较困难的决定是受害面积的质地条件不太优越，重新翻种吧，现有的苗又不少。

甜菜幼苗叶尖冻害

在下雪或轻度霜冻后的甜菜子叶

短暂降雪后的甜菜功能叶片

受冻后的块根如果解冻后提供给糖厂加工会引起加工困难。

冻害到处都可能发生，不可预测。

### （3）防治措施

甜菜早播是有好处的，但越早播，其受倒春寒冻害的危险性就越高。这要根据各地区的长年经验来确定具体的播种时间。

收获后甜菜块根的冻害只能通过对甜菜加以覆盖来避免。特别是今后糖厂必须延长加工期，甜菜覆盖将变得越来越重要。目前有覆盖物（Vlies），能够遮挡霜和雨，不产生冷凝水，只须少量人工就可以覆盖到甜菜堆上。

**Literatur**

Engels, T., Steuerwald, M., 2004: Wenn Spätfrost Ihre Rüben eiskalt erwischt. Top Agrar, 4, S. 80-81

Westerdorff, D., 1994: Versuch zur Abdeckung von Zuckerrübenmieten 1993 in Wohlenhausen bei Bockenem. Zuckerrübe 43, S. 60-61

甜菜幼苗受害

轻度冻害后叶表面组织受损

# 杂 草

# 甜菜杂草

## 甜菜杂草

在苗期，甜菜是特别弱势的大田作物。与出苗快，以及早期发育快的杂草相比，甜菜没有竞争力。

从播种到封垄，根据天气以及气温的条件一般要经历10～12周的时间。在这段时间内，一定要控制好快速生长的杂草，以保证甜菜幼苗发育不受影响。目前市场上出售的除草剂可进行组合搭配，并分期喷施，但关键是把握好即对甜菜不产生药害，又能有效控制杂草生长的平衡。特别是对比较顽固的杂草，如蓼属、山靛属、苋属等大量出现的话将更加困难。杂草防治各种措施都要及时到位，因为错过了最佳施药期后杂草就不易控制。到晚季喜温杂草出土，将使防治很难找到最佳时期，因而通常需要额外的田间喷施作业。

不控制杂草，不仅仅影响甜菜生长以及产量。值得一提的是许多杂草还是甜菜病害病原的寄主，同时杂草丛生也严重影响机械收获。

过去几年，在传统的种植区，甜菜地的杂草有所变化。有部分已知的杂草其重要性改变了，也有一些新的杂草出现。

出现这个现象的原因是多方面的。在过去的数年里，一方面除草剂大多数改为苗后除草剂，另一方面轮作制度更加严格，土壤耕作也更加完善。

以苗床准备为例，土壤翻耕面积减少，免耕以及直接播种方式增多，间作作物面积增加。这些措施有利于保持土壤养分，例如为预防甜菜线虫病种植油萝卜等。另外，一个经常性的影响因素就是除草剂的使用，反复使用为数不多的除草剂对甜菜杂草的种类产生了选择效应。

山靛属类是甜菜地里比较顽固的杂草

前作油菜可以导致大幅减产

到目前为止，最重要的影响因素可能要数生育期平均提早10天，由此产生了温度的提升以及全年的温度变化过程。例如我们观察到在过去的数年，某些地区由原来的典型杂草种类逐渐向喜温的杂草种类，如山靛属、龙葵、法国菊、苋属以及栗草等演变。另外，蓼属、藜属等因为日照的增强，空气湿度的降低，对叶面除草剂的抗药性越来越强。

虽然甜菜地的杂草种类繁多，但并不是所有的杂草在所有的地区都出现。不同杂草的重要性以及持久性只是在小范围内变化。例如酸模属、聚合草、油莎草、罂粟属、马齿苋属、水苏属等在某些的地块可能会构成问题，因为它们用除草剂很难控制，有时根本不可能控制。

除了这些野生的杂草外，一些栽培作物也可能形成严重的草害。例如前茬留下的油菜，间作作物残留，特别是前茬留下的马铃薯等。

经常可见因为甜菜抽薹散落的种子萌发以及野生甜菜引起的大面积草荒。这些因为田间管理不当引起的草害不可能通过选择性除草剂进行控制。

下述的杂草只是一些常见的种类。这些杂草将分类如下：

典型和重要的杂草，在大多种植区域严重危害甜菜。

其他种类，区域性的或者特定地理条件下的杂草，在其他区域少见或者是因为自身的竞争能力不够而造成的危害不严重的杂草。

甜菜地里的前作马铃薯

因抽薹甜菜形成的严重草害

# 典型和重要的杂草

## 一年生山靛属杂草（*Mercurialis annua* L.）

### （1）所属植物科

大戟科（Euphorbiaceae）。

### （2）特性

子叶：强壮，宽大，椭圆状，叶尖平滑，淡绿色，叶脉呈白色。

功能叶：对生，带叶柄，纵向呈卵形，叶尖，带不规则锯齿，叶缘带毛，浅绿色。

茎：直立且宽大的株形，分叉，少棱角，节粗大，40～50cm高。

花：绿黄色，雄花为带长柄的花球，雌花着生于叶轴，雌雄异株。

种子：每株产4 000～20 000粒种子，在土壤中存活时间长（大约10年）。

### （3）生命周期

生育期：一年生。

繁殖：有性繁殖。

萌发时间：春天后期。

萌发温度：7～40℃。

开花时间：6月至秋天。

### （4）分布

山靛属杂草在整个欧洲分布广泛。作为萌发较晚的杂草它主要出现在易于受杂草危害的块根作物田。特别是富含碳酸盐、有机质和养分的沙土或壤土田里。

### （5）重要性

属大戟科的一年生山靛属杂草含有毒的皂角苷。因为其发芽需要高温以及光照，所以大多数生长在晚发育的块根作物，如甜菜、马铃薯以及玉米地里。由于山靛根系发达，特别是在遇干旱时会与作物争水肥，在杂草多的地区将造成严重危害。发芽延续时间长，产籽多，因此在严重地区需加大防治力度，并需多次防治。

子叶期（上）
2片叶期（下）

盛花期

雄性植株上带柄的花簇

# 欧荨麻 （*Urtica urens* L.）

### （1）所属植物科

欧荨科（Urticaceae）。

### （2）特性

子叶：小，倒心形，叶尖轻微内凹。

功能叶：交叉对生，小，带叶柄，最初的叶为椭圆形，带规则的深齿状，平滑。上部叶子椭圆形，带锯齿，有螫毛。

茎：从基部开始分叉，四棱形，大约60cm高，带螫毛。

花：不显眼，直立或着生于叶基部，圆锥花序，黛绿色。

种子：每株可产100～1 000粒种子，在土壤中可存活数年。

### （3）生命周期

生育期：夏季一年生。

繁殖：有性繁殖。

萌发时间：春天。

萌发温度：2～34℃，最佳25℃。

开花时间：5月至秋天。

### （4）分布

分布广泛，特别常见于根茎作物和蔬菜地里，喜氮肥充足、有机质丰富、透气性好的土壤。

### （5）重要性

除了园艺以及蔬菜作物外，欧荨麻目前在许多甜菜地区内也常见。如果数量众多，可造成明显减产。但欧荨麻引起甜菜地草荒的情况很少见。一般可以利用除草剂进行有效控制。

子叶期（上）
2片叶期（下）

幼龄植株

逐渐发育的植株

# 苦苣菜 [*Sonchus asper* (L.) Hill.]

## （1）所属植物科

菊科（Asteraceae）。

## （2）特性

子叶：带红色，刮刀至窄卵状，带短叶柄。

功能叶：最初的叶片长形，椭圆形，向叶柄方向逐渐变窄。后期的叶片柳叶刀型，深绿色，有光泽，叶缘带刺，粗糙，蜗牛一样卷曲的叶底部，环绕植株的茎而生长。

茎：直立，空心，上部分叉，通体绿色或紫色，30～150cm高。

花：在稠密的、少头的群体上，篮状花，花柄不带腺毛，篮状花呈亮黄色。

种子：每株可产5 000（1 000～6 000）粒种子。在土壤中存活时间相对短。

## （3）生命周期

生育期：夏季一年生，很少冬季一年生。

繁殖：有性繁殖。

萌发时间：主要在春天，夏天少见。

萌发温度：7～35℃。

开花时间：6～10月。

## （4）分布

分布广泛，喜欢刚施肥、营养供应充分、加施过石灰的壤质沙土。

子叶期（上）
4片叶期（下）

盛花期植株

# 甘蓝苦苣菜 （*Sonchus oleraceus* L.）

## （1）所属植物科

菊科（Asteraceae）。

## （2）特性

子叶：卵形、圆形，叶尖常带浅凹陷，有叶缘、带叶柄、浅绿色。

功能叶：最先出的叶片接近圆形，并带细锯齿缘，随后的叶片为羽状复叶或不分开、锯齿状、带刺、柔软，绕茎生长，呈蓝绿色。

茎：直立，仅顶部分叉，空心，通体绿色或紫色，30～100cm高。

花：篮形花、花柄无腺毛，花头浅绿色至绿黄色。

种子：每株大约可产4 500（4 000～5 000）粒种子，在土壤中可存活10年。

## （3）生命周期

生育期：夏季一年生，少见冬季一年生。
繁殖：有性繁殖。
萌发时间：多春季。
萌发温度：7～35℃。
开花时间：6～10月。

## （4）分布

世界各地均有分布，喜富含有机质、碳酸钙、肥力充足的黏土及壤土。

## （5）重要性

苦苣菜类在茎、叶中含乳汁。种子可以通过果实上的毛萼借风力传播。特别是在根茎类作物中，苦苣和甘蓝苦苣通常一起出现。如果数量众多，将与甜菜形成竞争，但苦苣菜的竞争力更强些。在幼苗期，这两种杂草都可以用常规除草剂相对容易得到控制，但产生主根的后期苦苣植株将很难铲除。

其他的苦苣类还有田苦苣（*Sonchus arvensis* L.）。这种多年生杂草主要靠在地下生长的、带多胚芽的匍匐茎繁殖。当然，通过风力也能传播种子。它是土壤渍水层的标识植物。不翻耕的土壤对苦苣类杂草传播有利。

子叶期（上）
1叶期（下）

绕茎生长的功能叶片

盛花植株

# 波斯婆婆纳 (*Veronica persica* Poiret)

## （1）所属植物科

玄参属（Scrophulariaceae）。

## （2）特性

子叶：刮刀至三角形，顶部平，短叶柄。

功能叶：宽卵形，底部心形，叶缘有规律凹陷，带毛，叶柄短。

茎：一般多茎，匍匐式至直立，分叉或单支，高可达40cm。

花：单个着生于叶轴上，带长而斜立的叶柄，天蓝色，顶部略显黄色。

## （3）生命周期

生育期：夏季一年生。

繁殖：有性繁殖，但也可以通过根上的叶枕进行无性繁殖并部分越冬。

萌发时间：全年。

萌发温度：2 ~ 45℃，最适15 ~ 25℃。

开花时间：3 ~ 10月。

## （4）分布

时至今日在中欧地区的园艺以及农地上广为分布，喜欢营养丰富、富有机质的壤土。

子叶期（上）
4叶期（下）

幼小植株

盛花期植株：天蓝色加带黄色的咽头

# 常春藤叶婆婆纳（*Veronica hederifolia* L.）

## （1）特性

子叶：强壮，厚，叶柄明显。

功能叶：心形至常春藤状，带毛，有叶柄。

茎：分支多，带稀疏的毛，只有约30cm长。

花：比波斯婆婆纳的花小，叶柄长，浅蓝色至淡紫色。

## （2）婆婆纳类杂草的重要性

除分布最广的波斯和常春藤婆婆纳外，在农作物中，还有很多婆婆纳种类。常春藤婆婆纳需要较强的光照，因此在高秆作物地里较少见，但这两种婆婆纳在甜菜田均属常见杂草。因为对养分需求量大，对甜菜构成了竞争。

其他常见的种类，如亮婆婆纳（*Veronica polita* Fries），农地婆婆纳（*Veronica agrestis*），田婆婆纳（*Veronica arvensis* L.）。如果及时喷施除草剂，婆婆纳类杂草一般都能得到有效控制。

子叶健壮，长形，叶柄明显（上）
2～3叶期（上右），4叶期（下）

盛花期植株，花：浅蓝色至淡紫色（放大部分）

# 田蓟 [*Cirsium arvense*（L.）*Scop.*]

## （1）所属植物科

菊科（Asteraceae）。

## （2）特性

子叶：宽椭圆形，肉质，叶缘明显，基本无叶柄，深绿色。

功能叶：最初叶片倒卵形，后期叶片柳叶刀形，完整至带细锯齿状，有波纹，卷曲，平卧，叶缘柔软，带硬刺。

茎：直立，分叉，几乎无叶柄，有棱角，带沟，40～150cm高。

花：通常形成多个松散的总状花序，小花，球状，花盘淡紫色至粉红色，雌雄异株，从花上不易区分雄株和雌株。

种子：每株可产4000（3 000～5 000粒）粒种子，在土壤中可存活20年。

## （3）生命周期

生育期：多年生。

繁殖：多无性繁殖，少数有性繁殖。

萌发时间：春天到初夏，地表萌发。

萌发温度：5～30℃，最适宜温度15℃，匍匐根的不定芽最适宜温度为5℃。

开花时间：6～9月。

## （4）分布

全世界各类土壤均有分布。

## （5）重要性

田蓟在所有栽培作物地均有发生。特别在根茎作物地里，因为作物封垄较晚，为田蓟早期发育提供了有利条件。田蓟可以从深层土壤的根茎或根茎部再生，这就使得它难于控制，只能利用含Clopyralid的特殊除草剂防治。对通过种子萌发生成的田蓟的防控就简单一些，利用常见的选择性除草剂就能有效控制。种子传播在最近几年增多了。最初形成的一片片杂草通过土壤耕作会进一步扩散。

在轮作系统内，防治方法包括在禾谷类作物上使用生长调节剂，和含硫黄脲的除草剂或者含草甘膦的封闭式除草剂。

子叶期（左），2叶期（右）
幼苗植株（下）

盛花期植株，花簇及花蕾

# 蓝堇 (*Fumaria officinalis* L.)

## （1）所属植物科

罂粟科（Papaveraceae）。

## （2）特性

子叶：窄，长直形，叶尖，有叶柄，浅红色下胚轴。

功能叶：细嫩，带叶柄，羽状复叶，叶片像手一样分叉，有叶柄，蓝绿色。

茎：单茎或多茎，分叉多，平卧或直立，整体带红色，高可达30cm。

花：小，长形，直立多花的总状花序，红紫色。

种子：每株可产400（300～1 600）粒种子，在土壤里存活时间达10年。

## （3）生命周期

生育期：夏季一年生，有时可越冬。

繁殖：有性繁殖。

萌发时间：晚春或秋天。

萌发温度：2～20℃，最适7℃。

开花时间：4月至秋天。

## （4）分布

在中欧和东欧夏天不很干燥的气候条件下，大田以及园艺作物田里均有分布，喜欢土壤结构良好，土壤肥力丰富，排水性好的壤土条件。

## （5）重要性

蓝堇是土壤结构良好的标志植物。作为杂草，特别常见于根茎作物田。它与其他植物的竞争力相对较弱，特别是它萌发较晚。但它发达的主根影响除草剂的效果，特别是发育较充分的植株。在甜菜地，最近几年蓝堇越来越常见。

子叶期（左上），1叶期（右上）
幼苗植株

盛花期植株

210

# 小花牛膝菊（*Galinsoga parviflora* Cav.）

## （1）所属植物科

菊科（Asteraceae）。

## （2）特性

子叶：椭圆形至接近四边形，叶尖扁平、中间略微凹陷。

功能叶：卵圆形，叶尖逐渐变尖，对生，叶缘带细锯齿，下部叶片带柄，上部叶片几乎平卧，浅绿色。毛牛膝菊功能叶为圆三角形，叶缘锯齿明显，正、背面均有毛。

茎：分枝多，大多直立，六边形，零星有毛，10～80cm高。毛牛膝菊的茎上多毛。

花：头状花序，头状花内为黄色的管状花盘，外围为白色花环的舌形花。

种子：每株可产5 000～10 000粒种子，在土壤中的存活期大约10年。

## （3）生命周期

生育期：夏季一年生。

繁殖：有性繁殖。

萌发时间：春季后期至夏季。

萌发温度：5～35℃，最适宜温度22℃。

开花时间：6月至秋天。

## （4）分布

全世界都有分布，特别对根茎作物危害严重。喜欢营养丰富但碳酸钙少的沙土至中性的壤土，在重壤土以及黏土地也常见。

子叶期（左上），4叶期（右上）
无毛的功能叶（下）

盛花期植株

# 毛牛膝菊 [*Galinsoga ciliata*（Raf.）Blake]

## 重要性

一般小花牛膝菊和毛牛膝菊会同时出现。牛膝菊属喜温、喜光、萌发晚的杂草类。特别在中耕作物如玉米、马铃薯及甜菜地，如果降雨量充足，牛膝菊生长旺盛，而且再生能力强。因为牛膝菊根系发达，它还可以从土壤中吸取大量的水分和养分。同时其种子生产潜力大，而且结籽快，可致使土壤被大量的种子所污染。

子叶期（左上），4～6叶期（右上）
叶片和茎带毛（下）

盛花期植株

# 红心藜 (*Chenopodium album* L.)

## (1) 所属植物科

藜科 (Chenopodiaceae)。

## (2) 特性

子叶：长形，窄，叶尖圆形，有粉，背面显红色。

功能叶：椭圆形至三角形，叶柄长，叶缘带不规则锯齿，新叶有粉。

茎：钝棱角形，直立、分枝，高至200cm。

花：不显眼，密集的叶腋生花球，黛绿色。

种子：每株可产3 000(200 ~ 20 000)粒种子，在土壤中存活时间非常长。

## (3) 生命周期

生育期：夏季一年生。

繁殖：有性繁殖。

萌发时间：春季至早夏。

萌发温度：2 ~ 40℃，最适宜温度20 ~ 25℃。

开花时间：7 ~ 9月。

## (4) 分布

全世界广泛分布，喜欢通气性好、富含有机质的壤土和沙土。特别危害需中耕的大田和园艺作物。

子叶期（左）；4 ~ 6叶期（右）

多叶期（下）

结实后植株

# 大叶藜（*Chenopodium hybridum* L.）

## （1）所属植物科

藜科（Chenopodiaceae）。

## （2）特性

子叶：长椭圆形，有叶柄。

功能叶：互生，大叶，有叶柄，长矛形和三角形，叶缘有大锯齿或平滑。

茎：有棱角，上部有分叉，直立，无毛，高达100cm。

花：较小，圆锥状花序，浅绿色。

种子：每株可产1 000～1 500粒种子，在土壤中存活时间长。

## （3）生命周期

生育期：夏季一年生。

繁殖：有性繁殖。

萌发时间：春天至早夏。

开花时间：7～10月。

## （4）分布

分布广泛，喜欢温暖地区营养丰富、透气性好的疏松土壤。

大叶藜：子叶期（上）；2叶期（下）

盛花植株（右）

# 多籽藜（*Chenopodium polyspermum* L.）

## （1）所属植物科

藜科（Chenopodiaceae）。

## （2）特性

子叶：较窄，卵形，上端尖，背面常带红色。

功能叶：有柄，底部卵形，中部长形，上部柳叶刀形，全缘叶，光滑，通常叶缘带红色。

茎：分叉众多，有菱角，无毛，常带红色，15～100cm高。

花：小，腋生和顶生花序，红绿色。

种子：每株可产4 000粒种子，在土壤中存活期长。

## （3）生命周期

生育期：夏季一年生。

多籽藜：1叶期（上）；2叶期（下）

开花的植株（右）

繁殖：有性繁殖。

萌发时间：春季至早夏。

开花时间：7～9月。

### （4）分布

在欧洲、西亚以及北美洲中部广泛分布，喜欢营养丰富的鲜壤土。

### （5）藜科杂草的重要性

红心藜是甜菜杂草中最为重要的杂草之一。它对养分的吸收能力，和较高的植株高度，以及快速的生长速度，使它成为一种很有竞争力的杂草。种子产量高以及在土壤中存活时间长，因此需要不间断的控制措施。成熟植株仅靠遮阴就能使甜菜明显减产。通常在夏初的强降雨后，因土壤中的除草剂都已降解，特别在发育不好、缺苗的地块，藜科杂草会重新萌发，并造成后期草荒，严重影响甜菜机械收获。在干燥土壤条件下，可观察到杂草幼苗从土壤裂隙（因为裂隙处无除草剂）萌发。红心藜有时会被误认为是滨藜。

在主要农业产区，大叶藜（*Chenopodium hybridum* L.），特别是在较好的土地条件下，传播广泛。与红心藜最显著的区别就是大叶藜可达20cm长、心形的深绿色的叶片。在温暖且氮肥充足的土壤条件下，大叶藜可能形成群体并遮盖住甜菜。但对甜菜的竞争力及危害与红心藜相比，相差很远。

目前也观察到了多籽藜的传播，特别在中耕作物如甜菜上。在特定地块可产生数量众多的杂草，但重要性同样无法与红心藜相比。

在利用除草剂防治方面，这几种藜科杂草之间无区别。

藜科杂草为主要杂草并附有卷茎蓼

# 滨藜（*Atriplex patula* L.）

## （1）所属植物科

藜科（Chenopodiaceae）。

## （2）特性

子叶：长形，窄，叶尖圆形，叶背面绿色。

功能叶：互生，有柄，卵形至三角形，下部叶片常呈长矛形，较老叶片带锯齿，新叶片有粉。

茎：有凹槽，直立或向上，基部四棱形，高达100cm。

花：较小，腋生花球，单性花，浅绿色

种子：每株可产1 000（100～6 000）粒种子，在土壤中存活时间长（30多年）。

## （3）生命周期

生育期：夏季一年生。

繁殖：有性繁殖。

萌发时间：春季至早夏。

萌发温度：8～35℃，最适宜温度20～25℃。

开花时间：4～10月。

## （4）分布

几乎全世界均有分布，喜欢营养好、有机质丰富、透气性好的黏土和壤土。

## （5）重要性

在春天萌发较晚的滨藜常易与红心藜相混淆。它也是一种在中耕作物地里常见的典型杂草。现在，滨藜在甜菜田是与红心藜等同样重要的杂草。因为产籽多，在土壤中存活时间长，如果地块一旦受到它的危害，防治措施必须持之以恒。在甜菜田，滨藜与红心藜一样也可能引发后期草荒。特别是在玉米茬较多的地区，已观察到对Triazin产生抗性的变种。但一般情况下可以利用除草剂有效防控。

子叶期（上）
1叶期（下）

成熟植株

甜菜地里的滨藜

216

# 野萝卜（*Raphanus raphanistrum* L.）

## （1）所属植物科

十字花科（Brassicaceae）。

## （2）特性

子叶：宽，心形，叶尖内缩，长柄。

功能叶：琴形羽状叶，卵形，叶缘锯齿，向叶尖方向叶脉两边的羽叶逐渐变大。

茎：直立，有分支，带毛，约60cm高。

花：白色至淡黄色，叶脉紫色，花萼直立，多毛。

种子：每株可产150（100～300）粒种子。在土壤存活时间长（大于10年）。

## （3）生命周期

生育期：夏季一年生。
繁殖：有性繁殖。
萌发时间：春季至秋季。

萌发温度：2～35℃，最适宜温度20℃。
开花时间：5月至秋天。

## （4）分布

全世界均有分布，在中耕作物及夏粮作物田常见。喜欢肥力好的、pH低的沙土和壤土。是土壤酸化的标识植物。

## （5）重要性

野萝卜常见于不同土地条件下竞争力较弱的作物，如甜菜和马铃薯地里。一般情况下，用现有常规的除草剂可以有效控制甜菜地里的野萝卜，但除草剂必须及时使用。发育完全的植株很难或只能利用特殊除草剂才能控制。必须避免野萝卜生长成熟以及其完成产籽。

在油菜茬口种甜菜，油菜也能变成甜菜地的杂草。它的竞争力以及防治方法与野萝卜相似。因为其种子在土壤中的存活时间长，特别是在pH低的轻质土壤上，要长期防止野萝卜和油菜的危害。

子叶期（上）；2叶期（下）

开花植株

# 遏兰菜（*Thlaspi arvense* L.）

## （1）所属植物科

十字花科（Brassicaceae）。

## （2）特性

子叶：圆至椭圆形，短柄，全缘叶，淡绿色

功能叶：最初的叶片宽至长椭圆形。全缘叶或者有浅锯齿。有柄，簇生于地表，随后的叶片长形，多带浅锯齿，绕茎生长。

茎：直立，带菱角，有分枝。10～30cm高。

花：小，白色，后期花茎伸长。

种子：每株可产500～2 000粒种子，在土壤中存活时间长（大约30年）。

## （3）生命周期

生育期：多夏季一年生，极少冬季一年生。

繁殖：有性繁殖。

萌发时间：春天和秋天。

萌发温度：1～30℃。

开花时间：5～10月。

## （4）分布

主要分布在温带气候带，特别是土壤肥力好的壤土上。

## （5）重要性

遏兰菜几乎发生在所有栽培作物地里。在甜菜田其竞争力中等，但在部分地块可能大面积发生。防治相对比较简单。

椭圆形子叶（上）
2叶期（下）　　　　盛花期植株：白色、位于末端的花朵，单株植物（片断）　　　带丰满豆荚的果枝

# 荠菜 [*Capsella-bursa pastoris* (L.) Med.]

## （1）所属植物科

十字花科（Brassicaceae）。

## （2）特性

子叶：长椭圆形，较小，短柄。

功能叶：最初呈勺状，全缘叶，随后的叶片带长锯齿或深度锯齿，有叶柄，柄端宽管状，绕茎生长。

花：小，白色，位于末端，形似伞形花序。

种子：每株约产5 000（1 000～40 000）粒种子，在土壤中存活时间长（大约35年）。

## （3）生命周期

生育期：冬季和夏季一年生。
繁殖：有性繁殖。
萌发时间：几乎全年。

萌发温度：1～30 ℃。
开花时间：几乎全年。

## （4）分布

几乎遍布全球，对土壤及土地条件的要求相对较低，喜氮肥含量高的、疏松、大多有机质含量高的壤土和砂壤土。

## （5）重要性

荠菜几乎在所有栽培作物田均发生。但主要萌发时间在秋季，因此，它主要还是常见于冬季粮食作物和冬油菜上。甜菜上很少能形成大面积危害。但个别植株可能因为营养状况好，与在冬季作物地里不一样，可形成极大的个体。它的竞争力相对来说较弱。因为种子数量多，因此在几乎所有作物上都能遇到荠菜问题。

子叶期（上）
4叶期（下）

叶簇期（上和下）

花茎带三角形的豆荚（荠菜豆荚）

# 繁缕 [*Stellaria media*（L.）Vill.]

### （1）所属植物科

石竹科（Cariophyllaceae）。

### （2）特性

子叶：小，柳叶形，浅绿色。

功能叶：对生，小，尖卵形，下部叶片带柄，叶柄有毛。

茎：大多低矮，有毛，茎结处可生根，5～40cm高。

花：小，星状，带柄，分叉，白色。

种子：每株约产15 000（10 000～20 000）粒种子，在土壤中存活时间很长（大于50年）。

### （3）生命周期

生育期：一年生。

繁殖：有性繁殖。

萌发时间：全年。

萌发温度：2～30℃，最适13～20℃。

开花时间：全年。

### （4）分布

全世界均有分布。喜欢透气性好、疏松、营养丰富、水分充足但不渍水的土壤。

### （5）重要性

繁缕几乎在所有耕作地都发生。因为种子数量巨大，在中耕作物田对土壤养分和水形成激烈竞争。在甜菜田，如果不控制，可能在整块地将长满繁缕，而甜菜则受到抑制。但单株繁缕的竞争能力不强，地上部分繁茂的品种可以将其遮盖。但作为多个病原的寄住，我们不能对繁缕放任自流。通常情况下，常规的杂草控制措施就够了。

子叶期（上）
2叶期（下）

多叶期

盛花植株

花及果枝
单朵花（下）

# 甘菊 [*Chamomilla recutita*（L.）Rauschert]

## （1）所属植物科

菊科（Asteraceae）。

## （2）特性

子叶：长至宽椭圆形，顶端变细，不带柄。

功能叶：羽状复叶，不带或很少带毛，后续叶为双重或三重羽状复叶。窄，线状羽叶。

茎：直立或向上，多分叉，不带叶，40～50cm高。

花：头状花序，单花带黄色的花盘以及白色的花边，花底盘圆锥状，空心。

种子：每株约产5 000（1 000～10 000）粒种子，在土壤中存活时间长（大于10年）。

萌发深度：最深0.5cm。

## （3）生命周期

生育期：冬天和夏天一年生。

繁殖：有性繁殖。

萌发时间：秋天至春天。

萌发温度：3～35 ℃。

开花时间：5～8月。

## （4）分布

目前在全世界都有分布，在欧洲的所有栽培作物田均发生，包括田边以及垃圾堆积场。喜欢新鲜的、营养丰富但不含碳酸盐的黏土或者沙性壤土。是壤土和渍水的标识植物。

子叶期（上）
2叶期（下）　　　　　　　多片叶期　　　　　　盛花植株：花底盘剖面：空心（片断）

# 淡甘菊（*Matricaria inodora* L.）

## （1）所属植物科

菊科（Asteraceae）。

## （2）特性

子叶：长至宽椭圆形，顶端变细，带长柄。

功能叶：羽状复叶，不带毛，叶窄，线状，下部带沟。

茎：直立，分叉很多，50～100cm高。

花：头状花序，单花带黄色的花盘，花底盘微曲，实心，没有气味。

种子：每株约产5 000（最多100 000）粒种子，在土壤中存活时间长（大于10年）。

萌发深度：最深0.5cm。

## （3）生命周期

生育期：冬天和夏天一年生。

繁殖：有性繁殖。

萌发时间：大多秋天，春天也可。

萌发温度：3～35℃。

开花时间：6～8月。

## （4）分布

在欧洲分布特别广泛，在所有栽培作物田均发生。喜欢黏重的、营养丰富的、湿润土壤，如近沼泽或沼泽地，以及富含碳酸盐的黏重壤土。

## （5）甘菊类杂草的重要性

甘菊即发生于秋季的冬季作物田，如冬季粮食作物，也发生于春季所有粮食作物以及中耕作物田。通常易与淡甘菊相混淆，虽然两者对土壤以及温度要求近似。淡甘菊开花时间稍晚，因此在杂草控制不好的中耕作物田成了主要杂草。两者因为种子数量巨大以及较强的竞争能力被看作重要杂草。与甘菊相比，淡甘菊的子叶带长柄。淡甘菊的茎是甘菊的两倍高，不带典型的菊花香味。其他不太重要的菊科杂草有*Matricaria matricarioides*（Less.）Porter以及*Anthemis arvensis*（Less.）Porter。

两片叶期（上）
4叶期（下）

开花前紧凑的，柱状植株

盛花植株：花底盘剖面：不空心
（片断）

# 猪殃殃 (*Galium aparine* L.)

### （1）所属植物科

茜草科（Rubiaceae）。

### （2）特性

子叶：多肉，长椭圆形，叶尖内凹。灰绿至蓝绿。

功能叶：柳叶状，每轮生长节簇生4～8片叶，叶背面带向下伸展的毛刺。

茎：匍匐状或攀缘状，四棱形并带向下生长的攀缘钩毛。高达120cm。

花：轮生聚伞花序，花小，白色。

种子：每株约产350（100～500）粒种子，在土壤中存活时间约8年。

### （3）生命周期

生育期：冬天和夏天一年生。

繁殖：有性繁殖。

萌发时间：秋天至春天。

萌发温度：2～20℃，最适温度7～13℃。

开花时间：5～10月。

### （4）分布

在欧洲以及北亚和西亚有分布，喜欢氮肥多、富含有机质的湿润壤土和黏重土。

### （5）重要性

猪殃殃作为重要杂草几乎发生在所有栽培作物田。近年来，虽然有严格的杂草控制措施，但因为各类冬季粮食作物以及土壤养分充足，使猪殃殃得到进一步的扩散。单株就能够产生大量叶片并完全遮盖甜菜，这使得猪殃殃成为在其危害地区甜菜种植田的最重要杂草之一。

猪殃殃杂草控制并不困难，但在使用除草剂时需要注意选择药剂类型和施药时机。

子叶期（上）
第一轮生长体（下）

年轻植株

果枝

# 卷茎蓼 [*Fallopia convolvulus*（L.）A. Löve]

## （1）所属植物科

蓼科（Polygonaceae）。

## （2）特性

子叶：窄，长度是宽度的3倍，叶片两边不对称，深绿色。

功能叶：心箭状，带柄，叶尖向下，艳绿色，通常带红色。

茎：细，单一或有分叉，带棱角有沟槽，缠绕的，20～200cm长。

花：小，不起眼，带短柄，两个或多个生于叶腋处，淡绿色。

种子：每株约产100～1 000粒种子，在土壤中存活时间很长（大于20年）。

## （3）生命周期

生育期：一年生。

繁殖：有性繁殖。

萌发时间：早春至春天。

萌发温度：0～30℃，最适2～5℃。

开花时间：7～10月。

## （4）分布

全世界都有分布，所有土壤类型均有发生，喜欢营养丰富的耕地。

子叶期（上）
1叶期（下）

幼苗

开花植株

# 扁竹 (*Polygonum aviculare* L.)

## （1）所属植物科

蓼科（Polygonaceae）。

## （2）特性

子叶：很长，整体而窄，前端圆形，下胚轴通常红色。

功能叶：椭圆形，卵形至柳叶形，几乎不带柄，羽状脉。

茎：大多卧式，多分枝，按节分段，圆形，带绿色，下部后期变红色，5～50cm高。

花：小，带短柄，2～5枚集生于叶腋处，粉红色或淡绿色。

种子：每株产125～200粒种子，在土壤中存活时间很长（至50年）。

## （3）生命周期

生育期：一年生。

繁殖：有性繁殖。

萌发时间：主要在早春。

萌发温度：5～35℃。

开花时间：5月至晚秋。

## （4）分布

全世界都有分布，不论土壤类型。喜欢富含氮肥的壤土或沙土。在渍水或透气性不好的土壤上不发生。

## （5）重要性

见柳叶大马蓼章节。

两片叶期（上）
年轻植株

匍匐的植株

叶腋上的花序

# 春蓼 (*Polygonum persicaria* L.)

## （1）所属植物科

蓼科（Polygonaceae）。

## （2）特性

子叶：长至椭圆形，前端圆形，深绿色至红色。

功能叶：柳叶形至卵形，中间最宽，叶片上部带深色斑，短柄，叶脉及边缘有毛。

茎：直立或向上，通常有枝条，没有叶柄，有红斑，托叶鞘带刚毛，80～100cm高。

花：小，粉红色，花序为直立的，稠密的穗型花序。

种子：每株产200～500粒种子，在土壤中存活时间达30年。

## （3）生命周期

生育期：一年生。

繁殖：有性繁殖。

萌发时间：晚春。

萌发温度：2～40℃，最适温度高于30℃。

开花时间：晚夏至10月。

## （4）分布

在全欧洲都有分布，是所有作物的重要杂草，在路边和垃圾堆放场也多有发生。喜欢透气性好、湿润、富含营养的壤土和沙土。

## （5）重要性

见柳叶大马蓼章节。

子叶期（左上）1叶期（右上）
年轻植株（下）

带刚毛的托叶鞘

春蓼：粉红色花植株

# 柳叶大马蓼（*Polygonum lapathifolium* L.）

## （1）所属植物科

蓼科（Polygonaceae）。

## （2）特性

子叶：长至椭圆形，前端圆形，深绿色至红色。

功能叶：柳叶形至卵形，中间最宽，叶片上部带深色斑，短柄，叶脉及边缘有毛。

茎：直立或向上，单一或有枝条，有节，有红斑，托叶鞘光滑，大约100cm高。

花：小，淡绿色，花序为直立而稠密的穗型花序。

种子：每株产200～800粒种子，在土壤中存活时间大约10年。

## （3）生命周期

生育期：一年生。

繁殖：有性繁殖。

萌发时间：晚春。

萌发温度：2～40℃，最适温度高于30℃。

开花时间：晚夏至10月。

## （4）分布

在全欧洲都有分布，对所有作物都是重要的杂草之一，它还发生于路边和垃圾堆放场。喜欢透气性好的湿润的富含营养的壤土和沙土。

子叶期（上）
3叶期（下）

叶背面：叶脉带毛（上）
托叶鞘光滑（下）

开花植株

### （5）蓼科杂草卷茎蓼、扁竹、春蓼以及柳叶大马蓼的重要性

产于欧洲的蓼科杂草只有少数几类为重要杂草。因为它们对土地条件的要求不同，不可能在同一地点出现所有种类。因为蓼科杂草不好控制，所以最近在中耕作物田里发现蓼科杂草的危害越来越广。

在甜菜田，卷茎蓼属于很难控制的杂草之一。单一植株在早熟或中早熟品种田会形成较大个体，将遮盖较大的土壤面积。春季出现情况与气候条件有关，温度变化有利于杂草萌发。杂草种子在土壤成活时间长以及控制的困难使得这类杂草持续蔓延。与其他蓼科杂草一样，为了有效控制，需要及时使用除草剂。

扁竹是一类杂草的总称，可以分为不同的亚类。广泛分布于不同的堆积场或需要耐践踏的体育场地表。因为喜光，在中耕作物田作为杂草显得较为重要。虽然竞争力有限，但因为利用除草剂不能直接控制，使其最近变得更重要了。春蓼和较易混淆的柳叶大马蓼一样，在中耕作物田较为重要。柳叶大马蓼带白花以及光滑的托叶，可以此与春蓼区别开来。这两种杂草在甜菜田也属不易靠除草剂控制的杂草，因此在甜菜田显得很有竞争力，能造成较大的危害。

卷茎蓼在甜菜上属于很难控制的杂草

# 龙葵（*Solanum nigrum* L.）

## （1）所属植物科

茄科（Solanaceae）。

## （2）特性

子叶：宽椭圆形、尖长、全缘、有柄、部分带毛，中脉明显。

功能叶：卵形至菱形，有齿或是全缘叶，带毛较少，有叶柄，wechselständig，深绿，无光泽。

茎：常直立，分叉，部分有短毛，与叶柄相似呈微紫色，50～60cm高。

花：星状，白色，带短柄，多个簇拥一起。

种子：每株约产500（100～1 000）粒种子，典型的是开始为绿色，后转为黑色浆果。在土壤中存活时间长（大约40年）。

## （3）生命周期

生育期：夏季一年生。

繁殖：有性繁殖。
萌发时间：晚春。
萌发温度：10～35 ℃。
开花时间：6～10月。

## （4）分布

分布广泛，主要在中耕作物上，但也常见于园艺作物；在道路边，堆土上等也常见。喜通透性好、疏松、有机质以及氮素丰富的壤土。

## （5）重要性

龙葵是典型的晚发芽杂草，一般在甜菜出苗后发生。土壤温度适宜时，龙葵生长迅速，可以达到很高的密度，如果防治不及时将对甜菜构成强大的竞争压力并遮盖甜菜。特别在玉米种植频繁的地区，因为其种子在土壤中的成活时间较长，常常发生危害。龙葵略带毒性。

子叶期（上）
1叶期（下）

幼苗期

开花植株，有花柄

# 披碱草 [*Elymus repens*（L.）Pal. Beauv.]

## （1）所属植物科

禾本科（Poaceae）。

## （2）特性

子叶：较小，从叶缘开始有些内卷，基部常显红色。

功能叶：宽可至5毫米，常有些内卷，gerieft（有凹槽），叶鞘光滑，一般不带毛，叶耳爪状，叶舌很短，钝形，细锯齿状，多呈不明显灰色

茎秆：直立，光滑，20～150cm高。

花：花序表现为细窄穗，带4～8朵花，在主轴两侧分两棱，颖和秕有芒。

开花时间夏季，秋季较少见。

种子：每株可产150～200粒种子，在土壤中可存活4年。

## （3）生命周期

生育期：长期的多年生。

繁殖：主要是通过地下部分的分支（根茎）进行无性繁殖，少数有性繁殖。

萌发时间：春季至秋季。
萌发温度：3～35 ℃。
开花时间：6～8月。

## （4）分布

主要分布在世界温带气候带，喜富含营养的土壤，但几乎在所有土壤条件下均能生长。

## （5）重要性

近年来，在很多作物特别是中耕作物田，发现披碱草的危害越来越严重。起初在地块边缘或者少耕、免耕地块可形成片状危害，但随时间推移甚至危及整个地块。作为喜光植物，披碱草在甜菜上特别有优势。因其主要通过根茎繁殖，使防治有一定难度。另一方面，种子繁殖也不容忽视。披碱草能从很深的土层中发芽，开花后种子能很快成熟，使它借助种子也能有效传播。表层土壤的耕作措施可将根茎携带到其他区域，结果使其广布于整个地块。目前市场上已经有甜菜专用的有效的除草剂。但长期有效的方法还是在谷物类作物收获前不久或者收获后施用草甘膦类产品。

根茎分蘖（下）
爪形的Blattröhrchen（上）

幼苗（上）
甜菜地的披碱草荒（下）

花序（穗子）以及两边的小穗

# 狐尾草（*Alopecurus myosuroides* Huds.）

## （1）所属植物科

禾本科（Poaceae）。

## （2）特性

子叶：柔弱，螺旋状弯曲，叶片窄，无毛，叶基常见深紫色。

功能叶：细窄，叶缘锋利，叶面光滑，有凹槽，没有叶耳、叶舌。

花：长形，不规则开叉。

茎秆：直立，可达75cm高。

种子：每株可产200（40～400）粒种子，在土壤中可存活数年。

## （3）生命周期

生育期：冬季或夏季一年生。

繁殖：有性繁殖。

萌发时间：主要在秋季和春季。

萌发温度：3～35℃。

开花时间：早夏。

## （4）分布

主要分布在欧洲、亚洲和北美洲的温带气候带。喜欢中度至黏重的、适度施用石灰、水分供应良好的土壤。

## （5）重要性

狐尾草是冬季粮食作物田里的重要杂草之一。近年来，它开始从传统的高发地区向其他地区传播，包括一些中耕作物。在甜菜上，狐尾草一般不会造成严重危害，因为在苗后有一系列的防治方法。单个狐尾草植株在中耕作物上如果能够授粉结籽，就能有效增加土壤中其种子数量。草多而又没有进行有效除草，狐尾草将成为与甜菜争水争肥的竞争者，且在收获时还将造成困难。目前已观察到部分狐尾草群体对现在在其他作物上常用的除草剂有抗性。

刚萌发植株

3叶期

狐尾草荒严重（上）
叶舌（左下），花序及小穗（右下）

# 稗草 [*Echinochloa crus-galli* (L.) Pal. Beauv.]

## （1）所属植物科

禾本科（Poaceae）。

## （2）特性

子叶：强壮，宽披针形。

功能叶：宽，叶片在茎秆基部有少量毛，没有叶舌，叶片光滑，深灰绿色。

茎秆：直立或分叉向上。通常分叉较多，茎节处有毛绺。30 ～ 100cm高。

花：每穗只生一朵花，在主轴上交叉或对生，有3个内稃，外稃尖下有长芒。

种子：每株可产400（200 ～ 1 000）粒种子，在土壤中可长期存活（10年以上）。

## （3）生命周期

生育期：一年生。

繁殖：有性繁殖。

萌发时间：早夏。

萌发温度：13 ～ 45℃。

最适温度：约30 ℃。

开花时间：7 ～ 10月。

## （4）分布

稗草是一种喜温杂草，遍布全球。喜有机质丰富、富含营养的不太潮湿的沙土或壤土。

## （5）重要性

近年来，稗草类杂草传播逐渐广泛，这与不断扩大的玉米种植有关，在甜菜种植上也能观察到这种现象。在甜菜田主要是稗草。因为稗草的发芽相对早，将与作物同时出苗。单个植株可产生很多分蘖，并且因其庞大的根系，将与甜菜争水、肥。除影响产量的外，稗草植株也严重影响机械收获。

稗草类杂草的防治，早期可以通过施用土壤除草剂，但如果土壤干燥，效果会不理想。后期防治只能施用作用于叶面的特殊除草剂。施用除草剂时还需考虑稗草不规律的发芽以制定准确的施药时间。

两叶期植株

稗草幼苗

开花群体

# 三色堇、蝴蝶花 （*Viola arvensis* Murr. /*Viola tricolor* L.）

### （1）所属植物科

堇菜科（Violaceae）。

### （2）特性

子叶：卵圆形。

功能叶：卵形至长形。叶缘有缺口，带毛。基部长有椭圆形小羽片叶托。

茎秆：升序状或直立状，多有分支，10～60cm高。

花：单一的，带长柄，腋生，五片花瓣（浅黄、乳白、粉红至白色）。

种子：每株可产（150～3 000）粒种子，在土壤中可存活10年。

### （3）生命周期

生育期：冬季或夏季一年生。

繁殖：有性繁殖。

萌发时间：全年，主要在秋季。

萌发温度：2～35℃。

开花时间：4～10月。

### （4）不同特征

茎秆：明显高大，可达60cm。

功能叶：窄，呈线条状。

花：深黄至深紫色。

萼片：比花瓣短。

蝴蝶花：圆形子叶

蝴蝶花：黄色至紫色花

### （5）分布

这两类杂草在温带气候带分布广泛，在各种类型土壤上均发生，但喜好轻质、沙性、肥力较好的土壤。

### （6）重要性

在中欧地区，一般秋天就萌发，所以对冬季粮食作物很重要。在中耕作物，如甜菜田，虽然常见，但因为竞争能力弱，不属重要杂草。除草剂防治一般没有问题。

三色堇：子叶期（上）、
2叶期（下）

4叶期

开花植株白色至黄色花

# 野芝麻（*Lamium purpureum* L.）

### （1）所属植物科

唇型花科（Lamiaceae）。

### （2）特性

子叶：小，圆至椭圆形，叶尖内缩，带柄。

功能叶：交叉对生，带柄，心形，叶缘不规则，有软毛，有皱纹，叶脉明显。

茎秆：直立或向上，四棱形，上端红色，15～40cm高。

花：紫红色，腋生的轮状聚伞花序。上花唇穹形，带毛。

种子：每株可产200（60～300）粒种子，在土壤中最多可存活5年。

### （3）生命周期

生育期：冬季或夏季一年生。

繁殖：有性繁殖。

萌发时间：全年，主要在秋季。

萌发温度：2～40℃。

开花时间：3～10月。

子叶期（左上）、2叶期（右上）、
4叶期（下）

开花植株：紫红色花

# 接骨草、珍珠莲（*Lamium amplexicaule* L.）

## （1）不同特性

功能叶：对生，圆至肾形，带长柄，花萼环绕茎秆。

茎秆：10 ~ 30cm高。

## （2）分布

以上两类杂草在农地上分布广泛，如粮食作物、中耕作物、玉米、园艺作物、葡萄以及土堆和路边均发生。喜通气好、含碳酸钙、营养丰富、水分供应充足的壤土。

## （3）重要性

野芝麻常见于很多栽培作物田里，常年能萌发，因此在一个生长周期可能发生多代。在竞争力弱的作物，如甜菜田，如果不能有效防治，将造成大面积危害。但其竞争力总体上较弱。接骨草比野芝麻少见。一般这两种杂草可在同一地点发生。利用现有的除草剂大多可以有效控制这两类杂草。

子叶期（上）
4叶期（下）

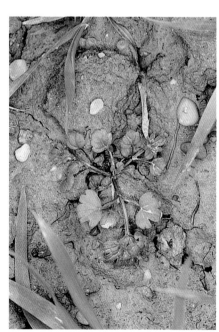

幼苗

开花植株：花粉红至胭脂红；花萼环绕茎秆（截图）

# 其他种类杂草

## 反枝苋 (*Amaranthus retroflexus* L.)

### (1) 所属植物科

苋菜科 (Amaranthaceae)。

### (2) 特性

子叶：长椭圆至刮刀形，明显带柄，叶背红色。

功能叶：卵至刮刀形，互生，叶尖通常呈波状，全缘叶，带长柄，叶背红色。

茎秆：直立，一次或多次分支，淡绿至红色，带蓬松的毛，可达200cm高。

花：小，不显眼，花球位于茎端，成绿色、致密、突出的花束。花被带刺，很尖。

种子：每株可产1 000 ~ 5 000（个别达100 000）粒种子。在土壤中可存活时间很长。

### (3) 生命周期

生育期：夏季一年生。

繁殖：有性繁殖。

萌发时间：晚春至夏季。

萌发温度：7 ~ 35 ℃。

最适温度：20 ~ 25 ℃。

开花时间：7 ~ 9月。

### (4) 分布

目前在欧洲均有分布。喜温植物，喜欢营养丰富，特别是富含氮、通透性好的土壤。

### (5) 重要性

作为喜温、晚萌发杂草，反枝苋最早起源于北美洲，它是中耕作物的典型杂草。目前在欧洲的广泛传播与不断扩大的玉米种植有关。特别在中耕作物与蔬菜作物轮作上这类杂草得到更进一步传播。根系非常发达、扎土很深，单株强大的产籽能力以及在土壤中长期的成活能力使它成为部分甜菜产区危害严重的杂草之一，特别对叶片较少的甜菜品种会引起严重减产。因为萌发较晚，使用除草剂防治不一定很有效。

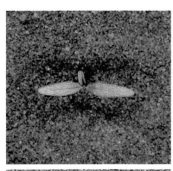

子叶期（上）
2叶期（下）

幼苗（上）
很多植株同时出现（下）

开花植株

# 野燕麦 (*Avena fatua* L.)

## (1) 所属植物科

禾本科（Poaceae）。

## (2) 特性

子叶：强壮，长叶片，中叶脉明显，浓绿色。

功能叶：长形，新叶向左卷曲，特别是最初没有叶耳的叶片，叶鞘与叶片底部有细毛，浓绿色。

茎秆：直立，强壮，50 ~ 120cm高。

花：小穗常带3朵花，低垂，呈散穗花序状。每朵花均带深色的长芒。

种子：每株可产50（50 ~ 100粒）粒种子。在土壤中可存活3年，极少部分可存活10年左右。

## (3) 生命周期

生育期：夏季一年生。
繁殖：有性繁殖。

萌发时间：主要在早春。
萌发温度：3 ~ 35 ℃。
最适温度：35℃。
开花时间：6 ~ 8月。

## (4) 分布

分布广泛，主要在温带气候带。喜黏重、含碳酸钙、湿润的黏土或壤土。

## (5) 重要性

作为春季粮食作物的典型杂草，野燕麦在相应的轮作过程中，在中耕作物田也常常出现。能从很深的土壤中出苗，机械防治，如翻耕，难以奏效。如果发生多，对甜菜也能造成严重危害。现在针对野燕麦有价格便宜的特效除草剂，除草效果良好，在甜菜上也可以使用，所以野燕麦作为杂草在甜菜种植上的重要性正逐步减少。

子叶期

2叶期

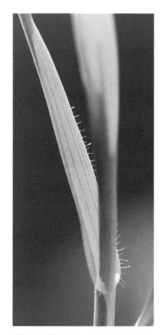

带毛叶缘

散穗花序

# 金色狗尾草 [*Setaria glauca* (L.) Pal. Beauv.]
# 狗尾草 [*Setaria viridis* (L.) Pal. Beauv.]

## （1）所属植物科

禾本科（Poaceae）。

## （2）特性

子叶：短，卵形，前端尖。

功能叶：叶片中部叶脉浅绿，部分带红色，带毛少，叶鞘光滑，狗尾草叶缘有毛，无叶舌，但叶基部有毛冠，叶耳缺失。

茎秆：直立至曲折向上，可达120cm高，狗尾草只有60cm高。

花：花序矮壮，敦实，柱状的假穗，小穗带双稃，花无芒，但有直立、黄色、随后变成狐狸红的长刺毛，狗尾草为绿至紫色刺毛。

种子：每株可产600粒种子。在土壤中可存活5年，狗尾草每株可产400粒种子，在土壤中存活时间很长（可达40年）。

## （3）生命周期

生育期：一年生。

繁殖：有性繁殖。

萌发时间：最晚在春季，狗尾草夏天也萌发。

萌发温度：7～40℃。

最适温度：20～25℃。

开花时间：7～9月。

## （4）分布

作为喜温植物分布全球。喜营养丰富的砂壤至弱砂壤土。

金色狗尾草：2叶期（上）、3叶期（下）

金色狗尾草：柱状假穗

狗尾草：4叶期

狗尾草：绿色至紫色的刺毛

# 马唐 [*Digitaria sanguinalis*（L.）Scop]

## （1）所属植物科

禾本科（Poaceae）。

## （2）特性

子叶：强壮，宽矛形。

功能叶：叶片带蚕丝光泽，下部多毛，叶舌缘光滑，约2毫米长，没有叶耳。

茎秆：最初下垂，然后曲折向上，有节处带毛少，30 ~ 50cm高。

花：小穗含一朵花，成双相邻分布在穗轴上。带柄但长短不一，不带芒，松散，约10cm长的假穗。

种子：每株可产2 000粒种子。在土壤中只能可存活数年。

## （3）生命周期

生育期：一年生。

繁殖：有性繁殖。

萌发时间：最晚在春季。

萌发温度：5 ~ 35℃。

最适温度：25 ℃。

开花时间：7 ~ 10月。

## （4）分布

喜温植物，全球分布，喜沙性、细质、碳酸钙含量少、营养丰富的土壤。

## （5）重要性

与在甜菜种植区域分布广泛的稗草不同，金色狗尾草、狗尾草以及马唐只是区域性出现。因为它们萌发较晚，总是有少数植株能够完成结籽，从而对该地区造成杂草压力。总体来说，这类杂草在甜菜种植中显得越来越重要。

2片叶期

3片叶期上植株分蘖下

指状花序

# 琉璃繁缕 (*Anagallis arvensis* L.)

## （1）所属植物科

报春花科（Primulacea）。

## （2）特性

子叶：刮刀状尖叶，带柄，叶缘光滑，背面有棕色斑点。

功能叶：椭圆至卵形，深绿色，有光泽，全缘叶，交叉对生。

茎秆：下垂，四棱形，分支较少，浅绿色，15～30cm高。

花：星形，亮红色，极少蓝色，腋生，带长柄。

种子：每株可产100～300粒种子，在土壤中存活时间长（10年以上）。

## （3）生命周期

生育期：夏季一年生，部分冬季一年生。

繁殖：有性繁殖。

萌发时间：晚春。

开花时间：7～10月。

## （4）分布

全球均有分布，特别在温带气候带。

## （5）重要性

琉璃繁缕在粮食作物和中耕作物田均发生。其外形经常与繁缕混淆，但其竞争力要小些。在甜菜田对其防治不成问题。

子叶期（上）
4片叶期（下）

开花植株

241

# 黄鼬瓣花（*Galeopsis tetrahit* L.）

## （1）所属植物科

唇型花科（Lamiaceae）。

## （2）特性

子叶：大，椭圆形，全缘叶，带柄，叶尖平缓向内收缩，叶基部有两个尖角。

功能叶：长形，卵至长矛形，叶顶端尖，带齿，有柄，叶柄红棕色。

茎秆：直立，多数有分支，带下垂刺毛，结节变粗，可至40cm高。

花：唇型花，明显分两唇，红或白色，冠状叶角，上花唇扁形。

种子：每株可产100～600粒种子。在土壤中可存活时间很长（50年以上）。

## （3）生命周期

生育期：夏季一年生。

繁殖：有性繁殖。

萌发时间：早春。

萌发温度：2～20℃。

最适温度：13℃

开花时间：6月至秋季。

## （4）分布

广泛出现在各种作物田，特别是粮食作物以及中耕作物。在道路边，灌木丛中也常见。喜营养丰富、氮素供应好、地下水位高的土壤。

## （5）重要性

因为其种子在土壤中极长的生命力，黄鼬瓣花在很多条件下均能发生。但其竞争能力弱，对甜菜生长不构成压力。极少数植株能够高出甜菜植株。防治一般不成问题。在有机质含量极高的土壤上，也发生宽叶黄鼬瓣花（*Galeopsis ladanum* L.），它的重要性与黄鼬瓣花一致。

子叶期（上）
4片叶期（下）

幼苗

开花植株

# 犬毒芹 *(Aethusa cynapium L.)*

### （1）所属植物科

伞形花科（Apiaceae）。

### （2）特性

子叶：窄椭圆形，光滑，带长叶柄。

功能叶：最早的功能叶分为3瓣，后来的为两回或三回羽状复叶，深绿色光泽。

茎秆：直立，分支多，光滑，可至120cm高。

花：很多，白色的伞形小花。

种子：每株可产500～600粒种子。

### （3）生命周期

生育期：一年至两生。

繁殖：有性繁殖。

萌发时间：春季。

开花时间：6～10月。

### （4）分布

广泛分布于欧洲以及欧亚交界地带，喜疏松、含碳酸钙、营养丰富的土壤。

### （5）重要性

犬毒芹在过去曾经是甜菜种植上较大的问题杂草之一。但现在已经有了有效的除草剂用以防治。不过因为老年杂草不能被有效杀死，所以这类杂草还需要密切关注。其较强的竞争能力，会给甜菜带来明显减产。注意，此类杂草有毒！

子叶及最早功能叶

幼犬毒芹（上）
开花植株（下）

# 毛叶两栖蓼 [*Polygonum amphibium* L.（var. *terrestre*）]

[同义词：*Persicaria amphibian*（L.）Delarbre var. *terrestre*]

## （1）所属植物科

蓼科（Polygonaceae）。

## （2）特性

功能叶：特长，窄长矛形，顶端尖，中间最宽，叶面有深色斑点，有柄或无柄，有带毛的长副叶鞘。

茎秆：直立或向上，一次或多次分支，光滑或部分带毛，多节，30～100cm高。

花：很小，粉红色，呈致密假穗，分布在花茎末端。

种子：每株可产700（500～1 500）粒种子。形成约铅笔粗的地下带胚芽匍匐茎。

## （3）生命周期

生育期：多年生。

繁殖：在农地上多无性繁殖，间或有性繁殖。

萌发时间：主要在春天。

开花时间：夏天。

## （4）分布

目前全欧洲都有分布，特别在中耕作物田。喜黏重、滞水的土壤。它的根系遍布在带水的土层。

## （5）重要性

毛叶两栖蓼主要在滞水的土壤上为问题杂草。因为其地下匍匐型根茎以及多年生特点，基本上没有办法防治。在农地的繁殖主要为无性繁殖。如果不小心将其根茎因耕作从一地带到另一地将引起传播。

子叶期（上）
2片叶期（下）

草害严重发生

茎为红棕至深红色

# 欧洲千里光 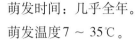（*Senecio vulgaris* L.）

## （1）所属植物科

菊科（Asteraceae）。

## （2）特性

子叶：小，直尺至长矛状，叶尖圆，全缘叶，背面部分为红色。

功能叶：最初刮刀形，带柄，齿形。随后不规则小叶至羽状叶，最顶端茎生，深绿有光泽。

茎秆：多直立，多分枝，至40cm高，有时红色。

花：花头小，黄色，单行，管状花。

种子：每株可产4 000（1 500 ～ 7 000）粒种子。可以通过风力传播，在土壤中存活时间相对较短。

## （3）生命周期

生育期：夏季或冬季一年生。

繁殖：有性繁殖。

萌发时间：几乎全年。

萌发温度7 ～ 35℃。

开花时间：全年。

## （4）分布

在全球各类土壤上都有分布。喜营养丰富、潮湿、氮素充足的土壤。

## （5）重要性

欧洲千里光是竞争力相对弱的杂草，但在所有中耕作物上均发生。虽然其种子在土壤中存活较短，但有时能集中萌发，对作物造成竞争。如果栽培作物竞争力弱，它能在一个生育季内产生数代。特别是在玉米轮作倒茬过程中产生的对敌菌灵有抗性的生态亚类。刚萌发的幼株可以利用甜菜除草剂有效防治，但高大的植株抵抗能力强。

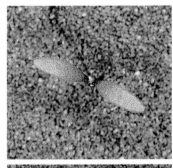

子叶期（上）
2片叶期（下）

幼苗

花及果实

# 野薄荷（*Mentha arvensis* L.）

### （1）所属植物科

唇型花科（Laminceae）。

### （2）特性

子叶：宽，钝三角形。

功能叶：交叉对生，卵或椭圆形，带柄，叶缘有浅齿或圆齿。

茎秆：绿色，毛面。略带紫色，下垂至直立，四棱形，常带分支，15～50cm高。

花：漏斗状，致密，球状、腋生、轮状聚伞花序，带短的五齿萼片。紫色。

种子：每株可产200（90～300）粒种子。

### （3）生命周期

生育期：多年生。

繁殖：多为有性繁殖。

萌发时间：大多在秋季。

萌发温度7～35℃。

开花时间：6～10月。

### （4）分布

在欧洲农业主产区几乎都有分布。喜欢黏重至沙性、易滞水的土壤。因为其地下根系发达，能经受干旱。同时在酸性、营养缺乏的土壤上也能大面积发生。

### （5）重要性

特别在竞争力较弱的中耕作物甜菜田，只要条件适宜，野薄荷就能大面积发生。在较早期就能造成甜菜草荒。在这种情况下，野薄荷将与甜菜争营养。应用除草剂防治一般比较困难，因为野薄荷多年生的习性对除草剂的效果有很大影响。

子叶至一叶期（上）
2片叶期（下）

开花植株

# 野胡萝卜（*Daucus carota* L.）

## （1）所属植物科

伞形花科（Apiaceae）。

## （2）特性

子叶：很窄，长矛形，带长柄。

功能叶：2～3回羽状叶，长矛尖形。

茎秆：直立，带沟，分叉，带刺毛，30～80cm高，个别高达100cm。

花：白至黄白色，伞形花。

种子：每株可产4 000～8 000粒种子。

## （3）生命周期

生育期：多两年生，极少一年生。

繁殖：有性繁殖。

萌发时间：春季。

开花时间：5～6月。

## （4）分布

分布在欧洲以及相邻的南亚以及北非地区，喜欢温暖、干燥、营养丰富的轻质壤土。

## （5）重要性

只是极少甜菜种植区域受影响。与犬毒芹一样，它的防治有难度。

子叶期（上）
2叶期（下）

开花植株

# 苘麻（*Abutilon theophrasti* Med.）

## （1）所属植物科

锦葵科（Malvacea）。

## （2）特性

子叶：到心形，全缘叶，带柄，浅绿色，无光泽。

功能叶：宽心形，带长柄，叶尖，叶缘细齿状。

茎秆：直立，带丝绒般毛，分支少，100～200cm高。

花：黄色，多单生于叶腋。

种子：每株可产10 000粒种子，在土壤中存活时间很长（可达50年）。

## （3）生命周期

生育期：夏季一年生。
繁殖：有性繁殖。
萌发时间：晚春。
开花时间：夏季。

## （4）分布

全球分布，喜营养丰富、温暖地区的土壤。

## （5）重要性

苘麻是一种竞争力极强的杂草，特别在温暖的甜菜种植区域。因为其结籽力极强，种子在土壤中成活时间又很长，以及防治困难，使得它成了甜菜种植的问题杂草之一。

子叶期（上）
幼苗（下）

开花植株（上）
花及果实（下）

果实

# 曼陀罗（*Datura stramonium* L.）

## （1）所属植物科

茄科（Solanaceae）。

## （2）特性

子叶：长，窄，长矛状叶尖，带短柄。

功能叶：带长柄，卵形，叶尖，叶基部楔形，叶缘带大齿，叶正面深绿，背面浅绿。

茎秆：直立，圆形，光滑，多成叉状分支，40 ~ 120cm高，个别高达180cm。

花：大，带短柄，直立，花冠漏斗状，边缘带宽折皱，长管状萼片，背色。

种子：每株可产500 ~ 5 000粒种子。

## （3）生命周期

生育期：夏季一年生。

繁殖：有性繁殖。

萌发时间：晚春。

开花时间：夏季至秋季。

## （4）分布

全球分布，喜营养丰富、特别是氮素丰富的熟化土壤。

## （5）重要性

最近，特别是在中耕作物田，曼陀罗危害在增加。这种最早起源于北美后来进口的杂草含有有毒的生物碱。在中欧的甜菜以及马铃薯田能观察到单个植株的出现，在玉米上则少见些。应用除草剂防治基本不可能。防治措施只限于人工消灭其种子。其实，只要将未成熟的种子从种球中取出即可。

子叶期（上）
2片叶期（下）

幼苗

带刺果的植株

# 多裂叶老鹳草（*Geranium dissectum* L.）

## （1）所属植物科

牻牛儿苗科（Geraniaceae）。

## （2）特性

子叶：带长柄，肾形，轻度带毛。

功能叶：长柄，外围几乎圆形，有7～9个瓣，完全分离，双面带毛，尖角。

茎秆：直立或向上，带向后的毛刺，10～30cm高。

花：花序及果盖带毛，花瓣较萼片短，红紫色。

种子：每株可产100（40～150）粒种子，在土壤中约可存活10年。

## （3）生命周期

生育期：夏季一年生，极少能越冬。

繁殖：有性繁殖。

萌发时间：几乎全年。

萌发温度5～30℃。

开花时间：5～9月。

## （4）分布

全球分布，主要在温带气候带，适宜各类土壤，喜疏松、富含营养、碳酸钙含量不太多的土壤。

## （5）重要性

在最近观察到其在所有农作物田的危害在增加。这种总体不高的杂草对甜菜种植一般不是很重要。但利用除草剂防治比较困难，并不能一定成功。其他同类老鹳草科杂草在甜菜种植上不重要。

子叶期（上）
1片叶期（下）

幼苗（上）
红紫色花和带毛果实（下）

开花植株

# 田野勿忘草 [*Myosotis arvensis*（L.）Hill.]

## （1）所属植物科

紫草科（Boraginaceae）。

## （2）特性

子叶：宽卵形，多毛。

功能叶：匙状，矛形的丛生叶，下部叶片带柄，两面均多毛。

茎秆：直立，从基部起就分支，有毛，15～40cm高。

花：浅蓝色，幼花卷须状卷曲，与花梗分隔。

种子：每株可产500～1 000粒种子。

## （3）生命周期

生育期：夏季一年生，有时两年生。

繁殖：有性繁殖。

萌发时间：秋天至春天。

开花时间：5～7月或更晚。

## （4）分布

几乎全球分布，喜通气性好、湿润、营养丰富的土壤。

## （5）重要性

田野勿忘草虽然在甜菜地常见，但因其竞争力有限，不属重要杂草。但较大的植株难防治。

子叶期

2片叶期上
4片叶期下

花

# 泽漆、吾风草 (*Euphorbia helioscopia* L.)

### (1) 所属植物科

大戟科 (Euphorbiaceae)。

### (2) 特性

子叶: 椭圆形, 全缘叶, 带短柄。

功能叶: 倒卵形, 上部叶片大, 前叶缘带细齿。

茎秆: 直立, 下部有时分叉, 但大多数单立, 10 ~ 30cm高。

花: 黄绿色, 顶生, 花序由五瓣状苞萼包围, 单朵花带杯形花囊。

种子: 每株可产500 (100 ~ 800) 粒种子。在土壤中可存活5年。

### (3) 生命周期

生育期: 夏季一年生。

繁殖: 有性繁殖。

萌发时间: 春天。

开花时间: 4 ~ 11月。

### (4) 分布

全球分布, 特别在温带气候带, 喜较干燥、营养丰富的土壤。

### (5) 重要性

因为其较弱的竞争力以及相对容易防治, 泽漆是一种并不重要的田间杂草。

子叶期

2叶期 (上)
6叶期 (下)

盛花植株

# 狼把草、鬼刺（*Bidens tripartita* L.）

## （1）所属植物科

菊科（Asteraceae）。

## （2）特性

子叶：椭圆形，带柄。

功能叶：底部叶长至卵形，叶缘齿状至分离状，上部叶片多分为3～5瓣，长至矛形。

茎秆：直立，光滑，分支，多带紫色，很硬，40～150cm高，个别更高。

花：花序着生在侧枝顶端，棕至黄色。

种子：每株可产250（100～300）粒种子。在土壤中可存活5年。

## （3）生命周期

生育期：夏季一年生。

繁殖：有性繁殖。

萌发时间：晚春。

开花时间：7～10月。

## （4）分布

广泛分布于低洼地及河岸等易于滞水的地方，喜营养丰富、疏松的壤土或沙土。

## （5）重要性

狼把草有时在农地，特别在中耕作物田易出现。如果营养供应充分，它的生长潜力很大，加上它易于"木质化"的茎，使得在受其危害的地区的防治困难很大。危害严重的地区栽培作物基本不能发育。特别是其发达的深根系，即使在铲除茎秆后还能对机械收获造成障碍。

子叶期（上）
2片叶期（下）

幼苗

群体出现

# 附　录

# 附　　录

## 专业词汇注释

1. Afterfüße 腹足：鳞翅目毛虫和叶蜂科幼虫后腹部的对足。

2. Aftergriffel 臀节：金龟子身体的最后一部分，向下弯曲、狭长形状。

3. Aggressivität 侵略性：病原的特征表现在由病原导致的病害的严重程度或者表现在病原自身的繁殖能力。

4. Alate 有翅蚜虫：胎生的有翅雌性蚜虫的普遍名字，通过孤雌生殖的方式繁殖。

5. Anholozyklus：蚜虫科的不完全的换代顺序：秋季以无性形式出现，以孤雌生殖产出的幼虫形式冬眠。

6. Antennen 触角：位于昆虫的头部和千足虫里面的触角对。

7. Aphidophag：蚜虫噬菌体。

8. Appreeorium 附着胞：在寄主表面上的真菌的吸附器官。

9. Aptere 无翅蚜虫：胎生的无翅膀的雌性蚜虫科的普遍名字，本身再次以孤雌生殖的方式繁殖。

10. arid：干燥的。

11. Ascosporen 子囊：包囊真菌的有性孢子。

12. Ascus 子囊（复数为 Asci）：包囊真菌的孢子子囊，大多数带有 8 个子囊。

13. assimilieren 同化：从吸收的物质合成自身的物质，例如植物方面碳水化合物的形成。

14. Bakteriose 细菌病：细菌病害。

15. Bekämpfungsschwelle 防治措施临界限：病原群体的密度，这个密度可以确定经济方面是否采取防治措施。

16. biotroph 活体营养：生物营养模式，即生物体必须依靠活体寄主植物组织的营养模式。

17. Chenopodeaceen 藜属植物：藜属植物。

18. Chlamydosporen：由菌丝或者分子孢子形成的厚壁器官，有助于某些特定的真菌经受住不利的环境状况。

19. Chlorose 缺绿病：因为某种原因导致植物组织叶绿素缺失而变黄。

20. Deutonymphe：叶螨钻出虫卵后的第三个可移动发育阶段。

21. Diapause 性潜伏期：发育期间的休眠阶段。

22. E1E2E3：甲虫的第 1、2、3 龄：E 是幼虫的首个字母缩写。

23. Eilarve 卵幼虫：有性繁殖的昆虫的 1 龄幼虫。

24. Epidermis 表皮：植物细胞的外层。

25. Exsules：有翅蚜虫和无翅蚜虫的集合名词，通过孤雌繁殖出现然后再繁殖。

26. fakultativer Parasit 兼性寄生物：整个生育循环期内既可在活体寄主组织又可在基质上完成的生物体。

27. Fensterfraß 窗户状咬痕：昆虫在叶片上咬出的痕迹，从叶片一面咬至另一面，受害处透明可见。

28. Fruchtkörper 子实体：简单至复杂的菌丝网，载有或含有孢子。

29. Fundatrix 干母：源于以前交配后雌虫产下的冬卵，一般没有翅膀，无性繁殖。只出现在主要寄主上（冬季寄主）。

30. Fundatrigenie：通过孤雌生殖在主要寄主上产生的干母的下一代，第一代大多无翅。

31. Furca：弹尾目昆虫（跳甲）的足。

32. Gallen 虫瘿：因昆虫或其幼虫在植物上排泄导致的组织增生。

33. Genotyp 基因型：生物体遗传特质的总和。

34. Gradation 急剧增加：大量繁殖。

35. Gradtage 度日：积温单位，即一定天数内有效积温（高于发育零点温度）的总和达到的数值。在特定的范围内，昆虫在一定发育阶段这个值是恒定的。

36. Gynoparae：由孤雌繁殖在夏寄主（次要寄主）上产生的有翅雌虫，秋天飞回到主要寄主（冬寄主）上，通过同样的孤雌繁殖产生的无翅雌虫通过雄性交配产卵。

37. Hauptfruchtform 主要胚胎形式：真菌的有性繁殖阶段。

38. Hauptwirt 主要寄主：寄主植物，害虫在上面有性繁殖。

39. Haustorium 吸根：真菌病原的吸收器官，负责在活体寄主细胞内吸收养分。

40. Hinterleibsröhren 后腹部管：大多数蚜虫科后腹部上有2个（或多或少）的长管，受刺激时会分泌液体，吓退敌人。

41. Hinterleibssegment 后腹部节：昆虫后腹部的一节。

42. Holozyklus：全循环：例如蚜虫。有性的雌雄一代之后是无性繁殖的一代。雌虫产下越冬的卵，春季新一代的干母钻出虫卵。

43. Hypokotyl 下胚轴：子叶下面的胚芽部分。

44. Imago 成虫：性成熟的昆虫。

45. Immunität 免疫性：指植物由于基因特点对一定病原的绝对抵抗力。

46. Infektion 传染：病原侵入寄主并寄生于寄主。

47. Infektion, latente 传染、隐性的：无明显症状的传染。

48. Inkubationszeit 潜伏期：传染开始至第一个症状形成的时期。

49. Inokulum：接种物：病原体繁殖单位，接种于寄主会导致传染。

50. interzellulär：细胞间的。

51. intrazellulär：细胞内的。

52. Keimstengel 胚茎：子叶和胚之间的胚芽部分。

53. Kleistothezie：完全关闭的圆形的子实体：子囊在子实体壁撕裂后清空。

54. Konidien 分生孢子：许多真菌的无性繁殖细胞。

55. Kokon 茧：例如由鳞翅目幼虫生成的细纱用以成蛹。

56. Kosmopolit 世界种：分布于全球的物种。

57. kurativ 治愈的：治愈效果，例如内吸性杀菌剂，仅适用于隐性的传染。

58. Kurzflügler 隐翅虫科：甲虫属，很短的翅盖。

59. Kutikula 表皮：植物表皮细胞上的蜡质层，作为气化保护层。

60. Larve 幼虫：间接发育没有性成熟的昆虫的幼虫阶段，通过特别器官与成熟的成虫区分（例如鳞翅目幼虫），由幼虫至成虫经过多次蜕皮。

61. Läsion 损害：变色的、生病的植物的组织。

62. Lochfraß 噬洞：幼虫在植物叶片上留下的咬痕的一种，呈不规则的洞。

63. Makel 斑点：鳞翅目翅膀上的花纹，例如夜蛾的肾形图。

64. Meiose 减数分裂：成熟分裂，导致有单倍染色体的生殖细胞形成。

65. Mesophyll 叶肉：叶绿色含量高的叶片内部细胞。

66. Metamorphose 变形：动物在发育阶段形状的改变。

67. Migrante 迁徙虱：有翅的虱子，例如在春季和夏季的迁徙飞行中离开以前的生活空间。

68. Minen 潜道：幼虫在植物内部的蛀孔。

69. Mittellamellen 中间的菌褶：两个植物细胞间的果胶状物质形成的附加的隔板。

70. Morphen 变形：不同显现形式的总称（对于蚜虫科，例如 Fundatrix、Aptere、Alate）。

71. Mundhaken 口器钩：位于无头的蝇蛆食管处的钩状物，用以进食。

72. Mundstachel 口器刺：像针头似的身体部分，例如线虫，可以通过肌肉向前伸出或者缩回，刺破植物细胞以进食。

73. Mykotoxine 真菌霉素：真菌代谢物，少量对温血动物就有剧毒。

74. Myzel 菌丝：细菌菌丝总称。

75. Nebenfruchtform 次要胚胎形式：真菌无性繁殖阶段。

76. Nebenwirt 次要寄主：夏季寄主，病原在它们上完成完全循环生长的孤雌繁殖。

77. Nekrosen 坏死：局部坏死的细胞区域，经常出现棕色的凹陷斑点。

78. Nierenzeichnung 肾形图：大量夜蛾翅膀中间部位的肾形图案。

79. Nymphe 若虫：幼虫变成飞虫的最后阶段，翅膀部分清晰可见。

80. Ommen：单个昆虫复眼。

81. Oviparae：孤雌繁殖出的雌蚜虫，交配后冬季产卵。

82. Palaearktische Region 古北界：包括欧洲、中亚、东亚、北非部分区域的动物地理区域。喜马拉雅山脉以北的亚洲，撒哈拉以北的非洲。

83. Parasitierung 寄生：一种生物体依附在另一种生物体上并不直接杀死它的寄生状态，例如马蜂卵寄生在甜菜上。

84. Parasitoid 内寄生物：寄生在别的物种上生存并侵害，最后阻止其发育的寄生物。

85. Parthenogenese 孤雌繁殖：未受精的单性繁殖。

86. Pathogen：病原体。

87. Pathogenität 致病力：病原体在寄主上导致疾病的能力。

88. Pathotyp：生理种群。

89. Perithezium 子囊壳：带有包含子囊的顶点开口的圆的或者瓶状的真菌子实体。

90. persistente Virusübertragung 持久病毒传播：病毒传播的方式，病毒长时期内在传播媒介上存活。

91. Plasmodium 变形体：无细胞壁的多核质体。

92. polyphag 杂食性的：对寄主而言的杂食性。

93. Populationsdichte 群体密度：一定时期和一定空间内某物种的平均数量。

94. Präimaginales Stadium: 昆虫幼虫生长阶段的总称（卵、幼虫、若虫、蛹）。

95. Pronymphe：3龄蚜虫，即下一步是4龄。

96. Protonymphe：叶螨钻出虫卵后的第二个移动发育阶段。

97. Pseudothezie：子囊里包括孢子的真菌的单囊子实体。

98. Puppe 蛹：昆虫最后的没有性成熟的幼虫阶段。在蛹里完成成虫的转变。

99. Pyknosporen 分生孢子器：无性子实体。

100. Reifungsfraß 成熟啃食：性器官成熟的成虫的进食阶段。

101. Reproduktion：繁殖。

102. Resistenz 抗病性：植物固有的遗传特性，降低病原的繁殖和危害。反义词是 Anfälligkeit（感病性）。

103. Resistenz, horizontale 水平抗病性：品种对某种病原的所有毒性的可量化抗性，不是完全不感病而是感病较轻。

104. Resistenz, vertikale 垂直抗病性：品种对某种病原物的特定病性的非量化的抗性，即完全不感病。

105. Rüssel 喙：管状的身体延长部分，例如某些甲虫（象鼻虫）。

106. Saprophyt 腐生生物：靠死的有机基质生活的生物。

107. Schabefraß 刮子状咬痕：植物器官表面上边缘不清晰的和有残留物的咬痕。

108. Schadensschwelle, wirtschaftliche 经济损失临界值：特定受害程度，于此损失与预防措施投入的多少相等。

109. Schenkel 大腿：昆虫腿的一部分，位于护甲和腿环之间。

110. Schiene 护甲：昆虫腿的一部分，位于脚关节和大腿之间。

111. Schildchen 甲：臭虫和甲虫翅鞘之间的三角形物。

112. Sexuales：有性繁殖的雌雄蚜虫的总称。

113. Sexupares：在变化寄主的蚜虫类里通过无性繁殖出现的带翅膀的雌虫，它们从夏季寄主飞回冬季寄主，通过孤雌繁殖（雌或雄）繁育。

114. Siphonen 虹管：参阅后腹部管。

115. Skelettierfraß：叶子咬痕的一种，被咬的只剩叶脉。

116. Sklerotium 菌核：真菌菌丝的持续器官，可以抵御不利的环境影响。

117. Sommerwirt 夏季寄主：次要寄主，例如蚜虫在上面无性繁殖。

118. Sporodochien：垫子状的真菌网，充满分子孢子。

119. Sporulation：真菌孢子的形成。

120. Stammmutter 干母：参阅此前干母（Fundatrix）。

121. Staphyliniden：隐翅虫科。

122. Stirnhöcker：蚜虫额头位于触角内部的突起物。

123. Stroma 基质：紧密的真菌群，在里面形成子实体。

124. Thermik 热流：通过日照升温引起的气流上升。

125. Toleranz 耐性：植物抵抗病虫草等危害而产量与品质不受影响的能力；反义词是敏感性。

126. turgeszent 紧张的：因细胞内部压力大而鼓起的组织。

127. Varietät 变种：一个菌种内部的群组，因某种可遗传的特性与其他真菌相区别。

128. Vektor 传播媒介：生物体（例如蚜虫、真菌）把病原体从一个植物转移到另一种。

129. Virgines：参阅 Exsules。

130. Virose 病毒病：病毒病。

131. Virulenz 致病性：病原体对带有特定垂直抗性品种的致病能力，一定的病原小种因遗传特性能征服寄主内的相应抗性而使其感病。

132. Virus 病毒：从微管上看是由核酸和蛋白壳组成的小病原体；它需要依附在活体寄主细胞上，因为没有自己的新陈代谢。

133. Wehrdrüsen 防御腺：昆虫、千足虫等特定的身体的部分上的腺体，遇到天敌时排出分泌物。

134. Winterwirt 冬季寄主：主要寄主；在寄主植物上完成有性生殖阶段例如蚜虫。卵在主要寄主上越冬。

135. Wurzelhaare 根毛：年轻的植物根部上的表皮细胞物。形成于根部尖端几毫米处，帮助根部水分和矿物质的吸收。

136. Zapfenmakel 锥体斑点：一些夜蛾翅膀上的锥子状的标志，例如感叹号状。

137. Zoospore 游走孢子：在水中移动的孢子，以无性形式出现。

138. Zyklus 循环：病原的发育阶段，即一个接一个的生理过程的链条以及对寄主的影响。

139. Zyste 包囊：雌性根线虫的囊状的身体外壳，包裹着成熟过程中的卵和幼虫，为它们抵御外界不利环境提供保护。

**图书在版编目（CIP）数据**

甜菜病虫草害／（德）布莱德（Brendler，F.），（德）霍尔特舒尔德（Holtschulte，B.），（德）雷克曼（Rieckmann，W.）著；张海泉，马亚怀译．—北京：中国农业出版社，2015.9
ISBN 978-7-109-20994-7

Ⅰ．①甜… Ⅱ．①布…②霍…③雷…④张…⑤马… Ⅲ．①甜菜-病虫害防治②甜菜-除草 Ⅳ．①S435.663②S45

中国版本图书馆CIP数据核字（2015）第239703号

ZUCKERRÜBE Krankheiten·Schädlinge·Unkräuter
By Fritz Brendler, Bernd Holtschulte, Walter Rieckmann
Copyright 2008 AgroConcept GmbH
ISBN 978-3-9810575-4-6

**中国农业出版社出版**
（北京市朝阳区麦子店街18号楼）
（邮政编码 100125）
责任编辑　吴丽婷
————————
北京中科印刷有限公司印刷　　新华书店北京发行所发行
2015年10月第1版　　2015年10月北京第1次印刷
————————
开本：889mm×1194mm　1/16　　印张：17.5
字数：400千字
定价：298.00元
（凡本版图书出现印刷、装订错误，请向出版社发行部调换）